現場の即戦力

熊谷英樹●著

使いこなす シーケンス制御

技術評論社

まえがき

　本書は、工業系の学生や工場の生産設備に従事する技術者が、実用的なシーケンス制御を構築するために必要な知識と考え方を詰め込んであります。シーケンス制御は産業界における数多くの機械装置のなかに利用されているものづくりの基本となるもので、特に機械工場においてはなくてはならない制御技術です。

　このシーケンス制御の基本はリレー制御であるために、一見簡単そうに見えるので、試行錯誤しながら利用している技術者も少なくありません。しかしながら、効率よく確実にマスターするためには、自己流ではなく、本書に従って理論的に学習することが近道です。

　本書の構成は、基礎編、実用編、応用編の3編に分かれていて、シーケンス制御を構築するために必要な知識や理論を徐々に積み重ねながら、次第に深い知識が習得できるようになっています。

　また、制御になじみの浅い技術者や学生でも無理なく理解できるように、多くの具体例を使ってやさしく解説しました。

　さらに、シーケンス制御をソフトウェアで構成するためのコントローラであるPLCの利用方法や、プログラムの作り方、高度な機能の応用やネットワーク機能、ロボット制御の考え方といった、実際の生産現場における制御システムの構築に役立つ内容も網羅してあります。

　本書の中で解説している機器や制御理論はどれも実用的なシーケンス制御によく利用される重要なものばかりです。

　本書を十分に活用されて、実践的なシーケンス制御技術を身に付けて頂ければ幸いです。

　2009年2月

著者記す

使いこなすシーケンス制御　目次

まえがき　i

基礎編　シーケンス制御のための基礎知識

1章　シーケンス制御をマスターしよう　2

1.1　実用的なシーケンス制御回路 ——— 2
1.2　リレーを使った制御の基本知識 ——— 4
　❶　制御回路にリレーが使われる理由 ——— 4
　❷　電磁リレーの構造 ——— 6
　❸　電磁リレーの記号表現 ——— 7
　❹　電磁リレーの選定 ——— 9
1.3　重要なリレーの機能と2つの回路構造 ——— 11
　❶　リレーのインターフェイス機能 ——— 11
　❷　リレーによる情報の記憶機能 ——— 12
　❸　2通りしかないリレー回路の構造 ——— 13
　　【リレー回路構造1】論理組合せ回路 ——— 14
　　【リレー回路構造2】自己保持回路 ——— 14

2章　シーケンス制御に使う機器と回路図記号　16

2.1　スイッチとセンサ ——— 16
2.2　表示器、モータ、電磁弁 ——— 19
2.3　リレー、タイマ、カウンタ ——— 19
2.4　大きな電流の制御と過電流を保護する機器 ——— 25

3章　リレーによる空気圧シリンダの制御　28

3.1　バルブによる空気の流れの制御 ——— 28

❶	バルブの機能と構造 ———————————————— 28
❷	3ポート2位置方向制御弁 ———————————— 30
❸	4ポート2位置方向制御弁 ———————————— 31
❹	方向制御弁の回路図記号 ———————————— 32

3.2　空気圧シリンダのリレーシーケンス制御 ———— 35
(1) スタートスイッチを押したときに下降する回路 ———— 36
(2) スタートスイッチで下降してストップスイッチで上昇する回路 ———————————————————————— 36
(3) スタートスイッチで下降し、下降端リミットスイッチを使って自動的に一往復する回路 ———————————— 37
(4) 下降上昇を繰り返す回路 ———————————— 38
(5) スタートスイッチを押さないと往復しない回路 ——— 38
(6) 下降端で時間待ちをして連続往復する回路 ———— 39
(7) スタートスイッチを押すと5回シリンダが往復して停止する回路 ———————————————————————— 39

4章　PLCを使ったシーケンス制御　41

4.1　シーケンス制御のためのコントローラ ———————— 41
4.2　PLCかリレー回路か ———————————————— 42
❶ PLC制御とリレー制御の比較 ———————————— 42
❷ PLCが使われる理由 ————————————————— 44
4.3　PLCの配線と入出力リレー ———————————— 45
❶ PLCの配線 ————————————————————— 45
❷ PLCの入力リレーの取扱い ————————————— 45
❸ PLCの出力リレーの取扱い ————————————— 47
4.4　入出力リレーの割付とプログラミング ———————— 48
❶ 入出力リレーの割付図 ———————————————— 48

使いこなすシーケンス制御　目次

  2 入出力リレーを使った単純な制御プログラム ——— 50
  3 ラダープログラムの書込み方法 ——— 51
  4 ラダープログラムの実行とスキャンタイム ——— 56

5章　シーケンス制御プログラム構築例　*57*

 1．PLCを使った機械制御 ——— 57
  1-1　空気圧シリンダの往復制御 ——— 57
  1-2　ワーク搬送コンベアの制御 ——— 60
 2．PLCのタイマを使った制御 ——— 63
  2-1　タイマの動作と使い方 ——— 63
  2-2　タイマを使った駆動時間の制御 ——— 65
 3．PLCのカウンタを使った制御 ——— 67
  3-1　カウンタの機能と制御方法 ——— 67
 4．PLCのパルス信号を使った制御 ——— 69
  4-1　パルス信号のつくり方 ——— 69
  4-2　パルス信号を使った簡単な制御例 ——— 70
  4-3　パルス信号を使った機械制御 ——— 72

実用編　実用的な制御プログラムのつくり方とPLCの拡張機能

1章　PLCの演算処理とプログラムの解析方法　*78*

 1.1　PLCの演算処理 ——— 78
  1 プログラムの演算処理 ——— 78
  2 I/Oリフレッシュ ——— 80
  3 一般処理 ——— 81

1.2　PLC のプログラムの演算処理 ——————— 82
1.3　ラダー図の 2 つの解析方法 ——————— 87
1　電気回路として解析する方法 ——————— 87
2　論理演算で解析する方法 ——————— 89
1.4　データメモリの使い方 ——————— 92
1　データメモリの数値表現 ——————— 92
（1）正の数の表現 ——————— 92
（2）負の数の表現 ——————— 93
（3）2 進化 10 進数（BCD）——————— 93
2　データメモリに数値を設定するコマンド ——————— 94
3　数値演算命令 ——————— 95
4　比較演算命令 ——————— 98

2 章　シーケンス制御プログラムの 6 つの制御方式　99

2.1　制御方式の分類 ——————— 99
（1）入力条件制御方式 ——————— 99
（2）時系列制御方式 ——————— 100
2.2　6 つの制御方式を使ったプログラム作成方法 —— 101
●入力条件制御方式
制御方式 1　反射制御型 ——————— 101
制御方式 2　姿勢信号制御型 ——————— 104
制御方式 3　パルス信号制御型 ——————— 108
●時系列制御方式
制御方式 4　動作時間制御型 ——————— 112
1　機械の動作時間とタイマの関係 ——————— 112
2　タイマを使った機械の制御 ——————— 114
3　動作時間制御型のタイムチャートによる解析 ——————— 117

使いこなすシーケンス制御　目次

　　　制御方式 5　状態遷移制御型 ——————————— 120
　　　❶ 状態遷移制御型の考え方 ——————————— 120
　　　❷ 制御方式 4 のプログラムの修正 ——————— 122
　　　❸ 状態遷移制御型の制御プログラム ————— 124
　　　❹ 状態遷移制御型のプログラム例 —————— 127
　　　❺ 状態遷移制御型の時間待ちの処理 ————— 132
　　　制御方式 6　イベント順序制御型 ——————— 134

3 章　PLC の拡張機能　　139

　　3.1　PLC の高機能ユニット ————————— 139
　　3.2　アナログ入出力ユニット ————————— 140
　　　❶ A/D 変換と D/A 変換 ——————————— 140
　　　❷ アナログ入出力ユニットの配線 —————— 142
　　　❸ アナログ入出力ユニットの機能スイッチ設定 —— 143
　　　❹ バファメモリと制御リレー ————————— 145
　　　❺ A/D 変換プログラム例 —————————— 147
　　　❻ D/A 変換プログラム例 —————————— 147
　　　❼ A/D、D/A 連動プログラム例 ——————— 148
　　3.3　位置制御ユニット ———————————— 149
　　　❶ 位置制御ユニットの概要 ————————— 149
　　　❷ CPU 内蔵型位置制御ユニット ——————— 149
　　　❸ 拡張スロット増設タイプ位置制御ユニット —— 151

4 章　PLC の通信機能　　153

　　4.1　タッチパネル ——————————————— 153
　　4.2　パソコンと PLC の通信 —————————— 155
　　　❶ Excel を使ったパソコンと PLC の通信 ——— 156

❷ Visual Studio を使ったパソコンと PLC の通信 ——— 157
4.3 PLC の無手順通信 ——————————————— 158
❶ 無手順通信と手順あり通信 ————————————— 158
❷ Melsec Q シリーズの無手順通信 ————————— 159
❸ Sysmac CS1 シリーズの内蔵 COM ポート
無手順通信 ——————————————————— 160

5章　PLC のネットワーク機能　165

5.1 PLC ネットワーク ——————————————— 165
5.2 オープンフィールドネットワーク・I/O リンク ——— 168
❶ CC リンク ———————————————————— 168
❷ デバイスネット ————————————————— 170

応用編　自動化装置の構成と複雑なシステムのシーケンス制御

1章　自動化装置の構成とシーケンス制御　174

1.1 自動化装置の構成 ——————————————— 175
1.2 作業者によるセル生産方式 ———————————— 176
1.3 ステージ型半自動機の制御 ———————————— 177
1.4 シャトル型半自動機の制御 ———————————— 181
1.5 インデックス型自動機の制御 ——————————— 185
1.6 フリーフローライン型自動機 ——————————— 198
1.7 フリーフローライン型自動機の制御 ———————— 199
1.8 その他のフリーフローライン型自動機 ——————— 204

使いこなすシーケンス制御　目次

2章　複雑なシステムの制御方法　　206

- 2.1　制御構成と機能 ─────────────── 206
- 2.2　主制御部のプログラムのつくり方 ─────── 212
- 2.3　ユニット制御部のプログラムのつくり方 ──── 217
  - ❶ パレット移送ユニットの制御プログラム ───── 217
  - ❷ ロボットハンドリングユニットの制御プログラム ── 220
  - ❸ 小型コンベアユニットの制御プログラム ───── 226
- 2.4　システム全体を制御するプログラムの構成 ── 229

索　引 ─────────────────────── 233

【本書の図番号について】
　本書の図番号は各編とも、章番号の後にハイフォンをつけて図1-1のように表記していますが、基礎編の5章「シーケンス制御プログラム構築例」はリファレンスになっているため、他と区別して各節ごとに 図1からスタートしています。また、実用編の2章2節「6つの制御方式を使ったプルグラム作成方法」は6種類の制御方法を個別に解説している箇所なので、制御方式番号を頭につけてピリオドをはさみ図1.1のように表記しています。

基礎編
シーケンス制御のための基礎知識

シーケンス制御の基本は、リレーの動作を学ぶことからはじまります。そして、リレーを使って論理回路や記憶回路がつくれるようになることが重要です。PLC制御にもリレーの知識が役に立ちます。

●基礎編　シーケンス制御のための基礎知識

●基礎Ⅰ：リレー制御と制御機器

1章 シーケンス制御をマスターしよう

　シーケンス制御とは、機械装置などの制御対象を決められた順序で動作させるための制御方法です。機械装置が順序どおりに動くようになるので、シーケンス制御のことを順序制御と呼ぶこともあります。

　シーケンス制御のコントローラとしては、リレーやPLC（プログラマブルコントローラまたはシーケンサとも言う）を使うのが一般的です。PLCはマイクロコンピュータにリレー制御の演算機能を持たせたもので、PLCを使った制御でもリレーの知識が基本になります。

　シーケンス制御をマスターするためには、リレーの動作や機能を正しく理解しておかなくてはなりません。そして、リレーを使って論理回路や記憶回路を自在につくれるようになることが重要です。

1.1　実用的なシーケンス制御回路

　シーケンス制御の勉強はスイッチのオンオフやリレーの動作を知ることからはじめるのがよいでしょう。

　そして、リレーを使った順序制御の構成方法を理論的に学習することが必要です。

リレーを使った順序制御を理解して、ある程度使いこなせるようになると、自己流でも簡単な順序制御回路をつくれるようになってきます。

しかし、この自己流で制御回路をつくっている人たちは、その場しのぎのやり方で、「とりあえず動く回路」をつくっていることが少なくありません。自己流でも、出来上がった回路で機械を動かしてもらうと、一応要求どおりの動作をしているということで、つくった本人も動いているから満点だと考えています。

ところが、実はこれだけでは実務としては不十分で、次の5つのチェック項目を満足してはじめて実用性のある回路であると言えます。

【チェック項目1】 目的達成度はどうか
当初定めた目的どおりの動作をしていること

実際に機械を動かしてみたときに、目的どおりに正しく動作することです。

【チェック項目2】 論理性はどうか
なぜ、そのような動作になるのかを完全に説明できること

これは、その回路の中に使われているスイッチやリレーの動作とその意味をすべて説明できることです。

その場しのぎの方法では、適当に接点やリレーをやりくりして回路をつくっていることが多く、意味が不明なリレーや、そこに入っている接点の役割などを明確に説明することができなくなっていることがよくあります。1つひとつのリレーコイルの持つ意味や回路に使われている接点の必要性を正しく説明できなければなりません。

【チェック項目3】 応用性はどうか
動作順序の変更や動作の追加などが、容易にできるようになっていること

機械の制御では、動作が追加になったり動作順序が変更になるということは常に起こりうることです。そのような変更に柔軟に対応できる回

路構造になっていなくてはなりません。

> 【チェック項目４】　堅牢性はどうか
> 制御途中で人によるスイッチ操作などがあっても、機械が誤動作しないようになっていること

　これは、作業者などによるスイッチの操作は、どのようなタイミングで行われているか予想がつかないわけですから、いつ操作しても機械が誤動作しないような確実な順序制御になっている必要があるということです。また、非常停止や安全センサが働いて機械が停止した後などに安全で早急に復帰できるようになっていなければなりません。

> 【チェック項目５】　視認性はどうか
> 他の人でも読みやすい回路になっていること

　これは、回路構造がしっかり理論的に組立てられていて、無駄がなく、他人が見てもわかりやすい制御回路になっていることです。

　以上述べた５つの項目を満たしているようなシーケンス制御回路であれば、実用性のある回路であると言えます。このような制御回路をつくるには２つのことが重要です。
　　１）理論に基いてシーケンス制御回路を構成すること
　　２）計画性をもってわかりやすく回路をつくること
　このようなシーケンス制御回路は、リレーを使った電気回路の考え方をもとにつくることになるので、正しいリレーの知識が求められます。

1.2 リレーを使った制御の基本知識

1 制御回路にリレーが使われる理由

　リレーは電気で制御できるスイッチの働きをするだけのものと考えら

れがちですが、実際には制御回路にリレーを使う理由は思ったよりもたくさん挙げられます。そのいくつかの特徴的なものを列挙してみましょう。

1）電子回路を使わないのでノイズや環境に強い。
2）コイルと接点が絶縁されているので異なる電圧の制御や大きな電流の入り切りができる。
3）入力信号をリレーに置き換えることで、信号のオンオフを反転したり、入力信号の接点数を増やしたりできる。
4）論理演算回路をつくる機能（演算機能）を持たせることができる。
5）入力信号を保持する機能（メモリ機能）を持たせることができる。
6）リレーを組み合わせてシーケンス制御（順序制御）回路をつくることができる。
7）リレーによる制御回路にはコンピュータのような演算装置がないのでC言語などの高級言語を必要としない。

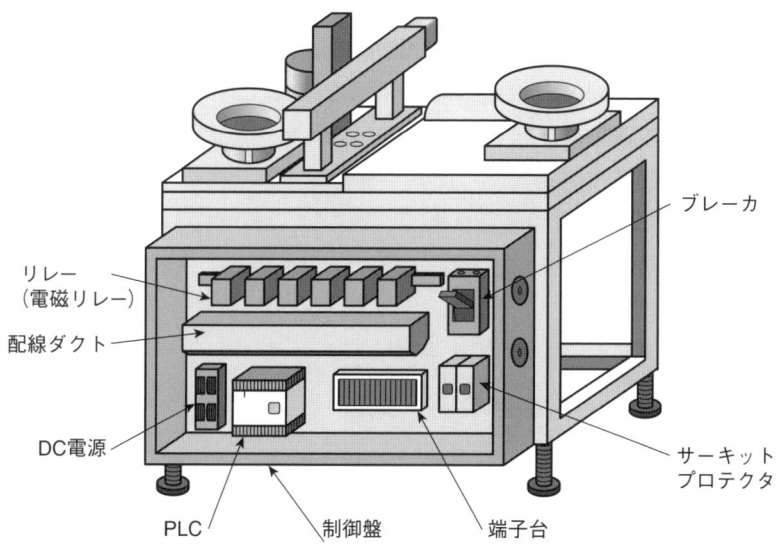

図 1-1 自動化装置の中の電磁リレー

8）比較的安価である。

一般によく見られる自動化装置などでは、図1-1のように制御盤の中の制御回路にはいくつものリレーがいろいろな目的で使われています。

このような特徴があるリレーの中で最もよく使われるのが電磁リレーです。

2 電磁リレーの構造

シーケンス制御を学ぶうえでリレーの知識は欠かせないものです。この動作がイメージできないとシーケンス制御もPLC制御も理解できません。そこで、まず、リレーの基本である電磁リレーの構造と機能を説明します。

電磁リレーは、図1-2のような構造になっています。この例の電磁リレーは3連になっていて、3つの接点が同時に切り換わるようになっています。

コイルと書いてある部分は電磁石になっています。コイル端子間に規定の電圧を印加すると電磁石が磁力を持って鉄片を引っ張ります。する

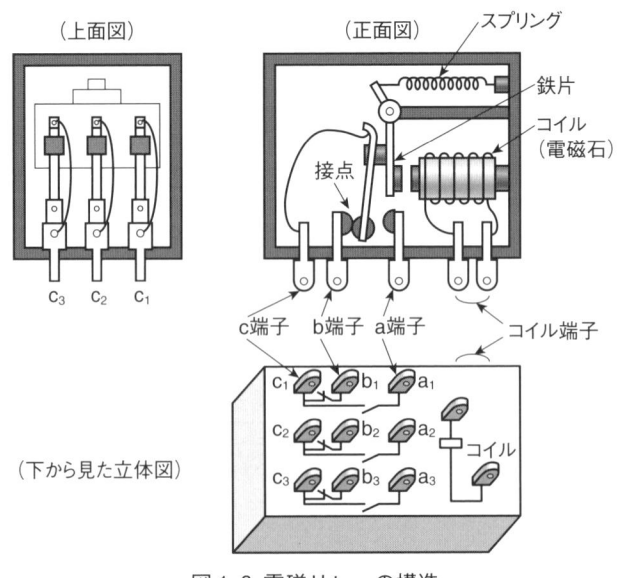

図1-2 電磁リレーの構造

と最初はスプリングでb端子側にあった接点がa端子側に移動します。その結果、もともとc端子とb端子間が導通していたものが離れて非導通になり、ほぼ同時にc端子とa端子間が導通に切り換わります。

このリレーの動作は、ちょうどモメンタリの押ボタンスイッチを指で押すかわりに電磁石で押したのと同じことになります。

このリレーの動作をひとことで言うと、

「コイルに通電すると、すべての接点のオンオフが反転し、通電を切ると元に戻る」

ということになります。

c端子とa端子間のように、ふだん離れていて通電すると導通になる接点をa接点、あるいは常開接点と呼びます。

c端子とb端子間のように、ふだん接触していて、コイルに通電すると離れる接点をb接点、あるいは常閉接点と呼びます。

一方、c端子から見ると、a接点とb接点がついていることになります。共通のc端子に一対のa接点とb接点を持つものをc接点と呼びます。図1-2のリレーは3つのc接点を持っていることになるので接点数を3cと数えることもあります。

3 電磁リレーの記号表現

図1-2のような3つのc接点を持つ電磁リレーを電気回路記号で図示するときには**図1-3**の(a)または(b)のように表示します。

この図は縦に書いてありますが、90°回転して横向きにしてもかまいません。図のc-a間がa接点で、c-b間がb接点になります。

ここで注意すべき点は、コイルと接点が分離して独立した形で描かれていることです。前に説明したように、コイルと接点の動作は機械的な連動なので電気回路上では接続されていないわけです。ただし、機械的に連動することを関連づけるために連動するコイルとその接点には同じ番号を付けておきます。番号を付けておけば電気回路図の中のどこにリレー接点を置いてもかまいません。コイルの近くにその接点を書かなければならないということはないのです。どんなに離れた場所にある接点

●基礎編　シーケンス制御のための基礎知識

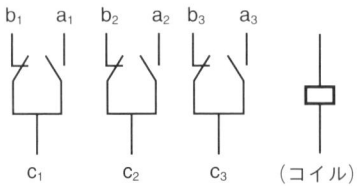

(a) a接点とb接点を独立して表現したもの

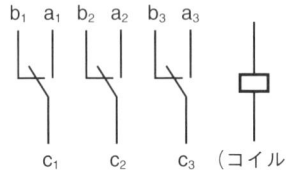

(b) a接点とb接点をまとめたもの

※上記は縦書きにしてありますが、図1-4のように横書きにしてもよい。

図1-3　3つのc接点を持つリレーの記号表現（縦書き）

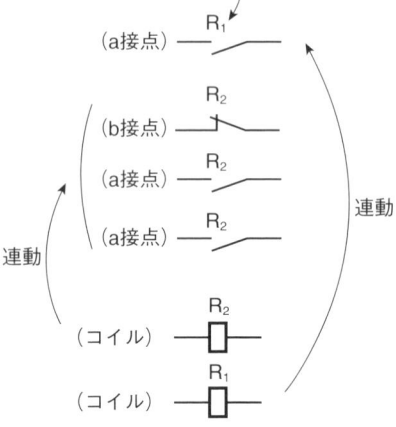

図1-4　一般的なリレーコイルとa接点とb接点の記号表現（横書き）

でも、リレーコイルと同じ番号であればそのコイルと連動するということになります。

　したがって、電気回路図の中では、どのコイルが動作したときにどのリレー接点が連動して切り換わるかがわかるように記述することになります。その様子を**図1-4**に示します。このリレーは横書きで、独立したa接点とb接点を持っているように描かれています。

　リレーコイルR_1に通電したときに切り換わる接点は、同じR_1の番号が振られている接点であるというように記述するわけです。実際のシーケンス回路にはたくさんのリレーが使われていますが、その一つひとつに必ずリレー番号を付けて管理します。

4 電磁リレーの選定

　電磁リレーのコイルに通電する電圧は、単相 AC200V、AC100V、DC24V、DC12V、DC5V などとさまざまなものが用意されています。コイルは電磁石ですから、それを駆動するのに必要な電力も決まっています。一方、電磁リレーの接点にも容量があって、開閉できる電圧や電流の最高値や最低値が決まっています。

　電磁リレーの接点側は接点が閉じているときに導通になり、開いているときに非導通になるだけなので、入り切りする電気の種類の制限はなさそうな気がするかもしれません。しかしながら、実際には小さな容量の接点で高い電圧や大きな電流を入り切りしていると接点の劣化がはげしく、ついには故障してしまいます。

　また、接点で入り切りする電圧や電流が小さすぎると接点の接触部の抵抗に負けてしまい、接点が閉じているのに通電しないということも起こります。

　さらに巻線（コイル）を持つモータやソレノイドなどの誘導負荷の電流を入り切りするときには火花が生じやすくなり、接点が溶けたり表面に皮膜ができたりして劣化するので、そのような用途に耐えられるようなリレーを選定することが大切です。

　このように入り切りする負荷の種類や電流・電圧によってリレーの種類を選定して使うようにしなければなりません。

　表 1-1 に電磁リレーのラインアップの一部を掲載しました。接点容量が大きくなると消費電力やリレー本体の大きさも大きくなることがわかります。

●基礎編　シーケンス制御のための基礎知識

表1-1　電磁リレーの特性例(オムロン社のカタログより一部抜粋)

	リレー型式	接点数	接点の定格負荷 (接点容量)	コイル電圧	コイル 消費電力	形状
プリント基板用	G5V-1	1c	AC125V　0.5A DC24V　1A	DC3、5、 6、9、12、 24V	150mW	
	G5V-2	2c	AC125V　0.5A DC30V　2A	DC3、5、 6、9、12、 24、48V	580mW	
	G6E	1c	AC125V　0.4A DC30V　2A	DC5、6、 9、12、24、 48V	400mW	
	G6A-434P	4c	AC125V　0.3A DC30V　1A	DC1.5、3、 4.5、5、6、9、 12、24、48V	320mW	
	G6B-1114	1a	AC250V　5A DC30V　5A	DC5、6、 12、24V	200mW	
	G6RN-1	1c	AC250V　8A DC30V　8A	DC5、6、 12、24V	220mW	
	G2RL-1	1c	AC250V　10A	DC5、12、 24、48V	400mW	
	G2R-1	1c	AC125V　10A DC30V　10A	DC5、6、 12、24、48、 100V	0.9W	
	G2R-2	2c	AC250V　5A DC30V　5A	AC12、24、 100、200V		
一般用	MY2	2c	AC220V　5A DC24V　5A	DC12、24、 (48)、100V	0.9W (DC)	
	MY4	4c	AC220V　3A DC24V　3A	AC24、 100、200V	1VA (AC)	
	LY1	1c	AC110V　15A DC24V　15A	DC12、24、 48、100V	0.9W (DC)	
	LY2	2c	AC110V　10A DC24V　10A	AC12、24、 100、200V	1VA (AC)	

※数値は解説のための大概の値です。実際の選定にはメーカーカタログを参照して下さい。
※誘導負荷の場合、最大接点電流は半分〜1/3程度になります。

1.3 リレーの機能と2つの回路構造

1 リレーのインターフェイス機能

　リレーが持っている重要な機能のひとつにインターフェイス機能が挙げられます。リレーのコイルと接点が独立した絶縁の状態になっているのを利用して電圧の異なる回路の動作を連動させたりすることができるので、インターフェイス機能があるということです。

　たとえば、**図1-5**の実体配線図は、押ボタンスイッチを押すとリレーコイルにDC5V電源電圧が印加されるので、電磁リレーのa接点が閉じるようになっています。そのa接点には、AC100V電源で駆動するインダクションモータが接続されているので押ボタンスイッチを押すとモータは回転することになります。

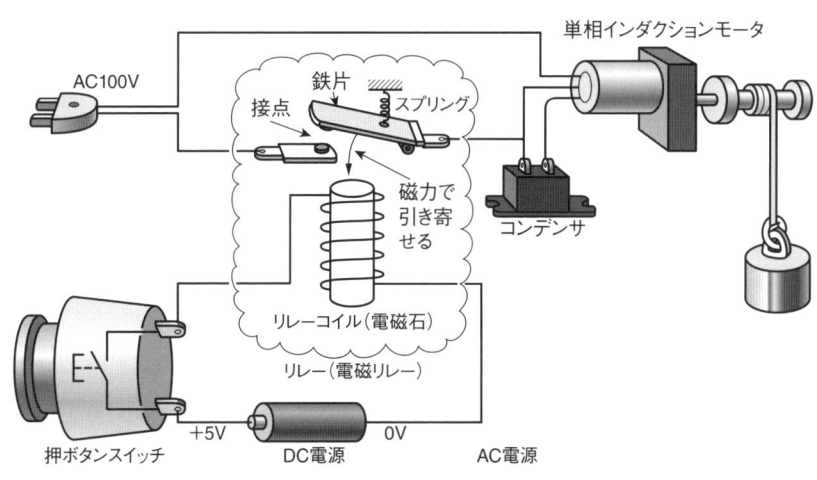

図1-5　電磁リレーによる絶縁回路

　この図を回路記号で表現すると、**図1-6**のように記述できます。この図を見ると、リレーコイルをオンオフするDC5Vの回路とインダクションモータを駆動するAC100Vの回路は独立した回路になっています。

●基礎編　シーケンス制御のための基礎知識

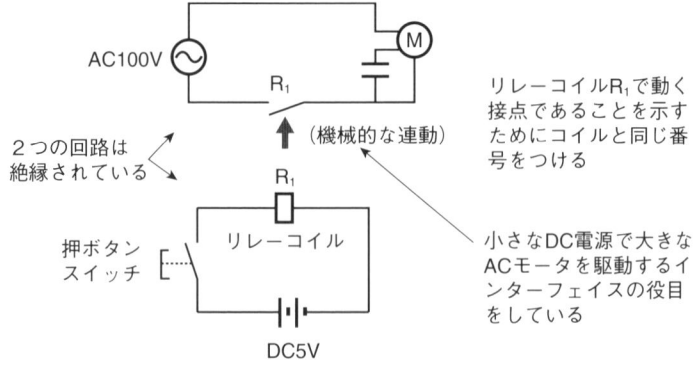

図1-6　JIS記号による表現

そして、リレーコイルR_1と接点R_1の間には機械的な動作の関係があることになります。

このように、制御的には連動するのですが、電気的には2つの回路に分離しているような絶縁構造のインターフェイスをリレーを使って実現することができます。この場合、リレーコイルに流す電流は小さくても大きな負荷の入り切りをリレー接点で行うことが可能になります。

2 リレーによる情報の記憶機能

リレーの自己保持回路を使うと、スイッチが押されたという接点の変化や人が通ったというようなオンオフの信号を情報として記憶することができます。

図1-7の装置を見て下さい。部屋の中に赤外線人感センサがあって人が侵入したときに警報を出すようになっています。この中のリレーRは人感センサのa接点でオンするようになっています。リレーRのコイルがいったんオンするとRのa接点が閉じるので電気は図中の矢印で示したルートでRのa接点を通ってRのコイルに流れるようになります。

その後、人感センサがオフになっても矢印の電流の流れは継続されるのでRのコイルはオンしたまま保持されます。このように、リレーが

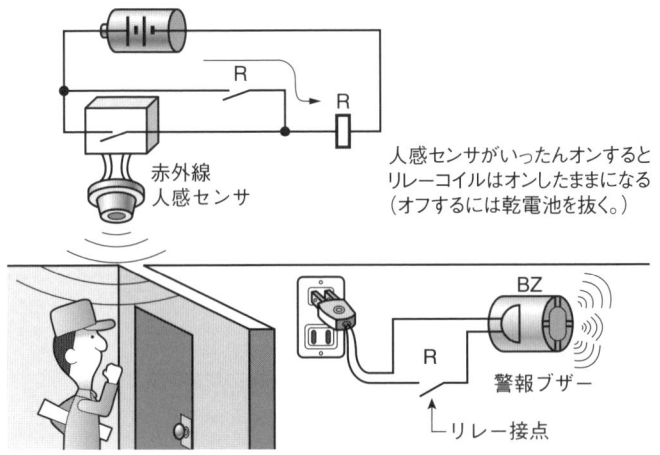

図1-7 人が侵入してきた情報の記憶

　自分の接点で自分のコイルを保持している状態を自己保持の状態になっていると言います。このようなリレー回路を自己保持回路と呼んでいます。

　このリレーが自己保持の状態になっているということは、見方を変えると、過去に少なくとも1回は人感センサが動作したということを意味しています。

　すなわち、自己保持回路で人がこの部屋に侵入したという情報を記憶していることになります。

　このように、リレーの自己保持回路を使うと、センサやスイッチが切り換わった信号を記録しておくことができるようになります。

3 2通りしかないリレー回路の構造

　シーケンス制御（順序制御）をリレーで構築する場合、リレー回路の構造は論理組合せ回路か自己保持回路かのいずれかの回路構造を持たせることになります。

● 基礎編　シーケンス制御のための基礎知識

【リレー回路構造１】　論理組合せ回路
［他の接点のオンオフでリレーコイルを直接オンオフする］

図 1-8 は論理回路の例です。論理回路部の接点の組合せによってリレーコイルに電気が流れるかどうかが決まります。論理回路部にはＲの接点は含まれません。

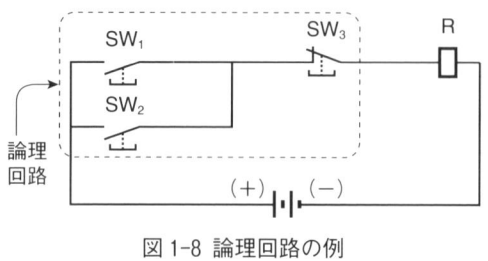

図 1-8 論理回路の例

表 1-2 真理値表

SW_1	SW_2	SW_3	R
ON	ON	ON	ON
ON	OFF	ON	ON
OFF	ON	ON	ON
OFF	OFF	ON	OFF
ON	ON	OFF	OFF
ON	OFF	OFF	OFF
OFF	ON	OFF	OFF
OFF	OFF	OFF	OFF

(ON：閉、OFF：開)　　(コイル)

この回路例は、SW_1、SW_2、SW_3 の ON／OFF の状態によって**表 1-2** の真理値表のようにリレー R のコイルの ON／OFF が変化します。

【リレー回路構造２】　自己保持回路
［自分のa接点で自分のリレーコイルを自己保持する］
（他の接点のオンオフで自己保持状態になり、さらに別の接点で自己保持を解除する。）

図 1-9 は、自己保持回路の例です。

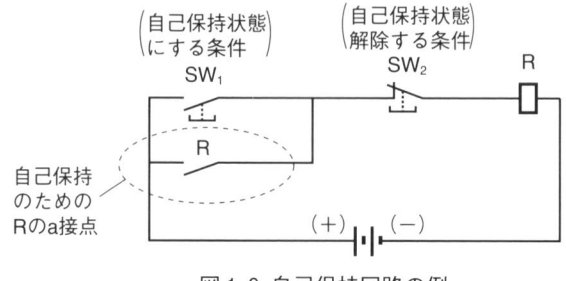

図 1-9 自己保持回路の例

自己保持回路には、保持するリレーコイルのa接点が少なくとも1つ含まれています。b接点では自己保持はできません。この例では、SW_1をONにするとRのa接点でコイルRが自己保持状態になり、SW_2を切り換えると自己保持状態は解除されます。

　自己保持回路を真理値表で書くと、自己保持状態に切り換わるときに図1-10の真理値表のように、RのコイルがONなのにRの接点OFFになる、という矛盾した状態になってしまうので真理値表では表現できないことになります。

SW_1	R	SW_2	R
ON	OFF	ON	ON
(接点の状態)		(コイル)	

図1-10　真理値表の中の矛盾

●基礎編　シーケンス制御のための基礎知識

2章
シーケンス制御に使う機器と回路図記号

　シーケンス制御回路には、さまざまな制御機器が利用されます。本章では、シーケンス制御によく利用される機器の特徴と電気回路上での表現方法について解説します。

2.1 スイッチとセンサ

　人が操作してオンオフを切り換えるスイッチは操作スイッチとかコマンドスイッチと呼ばれています。あるいは単にスイッチと呼ぶこともあります。
　スイッチは、操作の方法によって分類されていて、押ボタン式やトグル式、ひねり動作をするセレクタスイッチ、非常停止用のキノコ型でロック機構が付いたスイッチなどがよく使われます。
　JIS記号では、それぞれの操作方法によって**表 2-1**(a)、(b)のように記号が分類されているので、この記号を見ただけでどのような働きをするスイッチかがわかるようになっています。
　機械の動作や物の動きなどを検出するためのスイッチやセンサには、マイクロスイッチ、リミットスイッチ、近接スイッチとか温度センサ、超音波センサ、光電センサ、磁気センサというように、さまざまなものがあります。

表 2-1 スイッチとセンサの種類と回路図記号

	名称	形状		a接点（常開）	b接点（常閉）	本書で使う呼び名
(a) 押ボタンスイッチ	(1) 押ボタンスイッチ		モメンタリ型			BS (SW)
			オルタネイト型			BS (SW)
	(2) 非常停止スイッチ		キノコ型（戻り止め）			EMS (BS) (SW)
(b) 切換スイッチ	(3) トグルスイッチ・タンブランスイッチ					TS (TGS)
	(4) セレクタスイッチ（ひねり動作）		（チェンジ・オーバースイッチとも言う）			COS (CS)
(c) 検出スイッチ・センサ	(5) マイクロスイッチ・リミットスイッチ					LS
	(6) 光電センサ					PH (PHOS)
	(7) 磁気センサ近接スイッチ					PR (PROS)

よく使われる検出スイッチとセンサの記号を表2-1(c)に示します。

表2-2は、スイッチとセンサの使用例を実体図と回路記号で記述したものです。

●基礎編　シーケンス制御のための基礎知識

表2-2　スイッチとセンサの回路例

	実体図	回路図
（1）ボタンスイッチの例	モメンタリ押ボタンスイッチ／DC3V 電池／DCモータ	DC3V／BS／M
（2）切換スイッチの例	トグルスイッチ／ランプ	TGS／AC100V
（3）センサの例	光電センサ／DC電源／光学センサアンプ／ブザー／24V	PHOS／BZ／PHOS［アンプ］／DC24V

2.2 表示器、モータ、電磁弁

　表示器やアクチュエータなどは制御回路の中では出力機器にあたります。制御回路を構成しているものと同じ電圧で動作する出力機器であれば、直接制御回路の中に接続できる場合もあります。しかし、異なる電圧で動作させなければならないものや大きな電流を入り切りしなくてはいけない出力機器であれば、電磁リレーの接点などを介して駆動電源に接続します。

　表2-3(a)にあるような表示灯やブザーは、指定された電圧を端子に接続するだけで簡単に動作するものが多く見られます。

　表2-3(b)にあるように、モータでは直流モータ、三相誘導モータ、単相誘導モータがよく利用されます。直流モータは接続極性を逆にすると正転逆転が切り換わります。三相誘導モータは3本の線のうち2本を入れ換えると正転逆転ができます。

　単相リバーシブルタイプの誘導モータでは、コンデンサの両端のいずれかを駆動電源に接続することによって正転逆転が切り換わります。これらのモータの正逆転回路を図2-1に示します。

　表2-3(c)は空気圧制御に使う電磁弁です。空気圧用電磁弁はソレノイドで空気圧ポートの開閉を行うので一般的にはリレーと同じソレノイドの記号を使います。本書ではリレーコイルと区別するため、表2-3(c)にあるような記号を使うことにしています。空気圧制御については本編の3章で詳細に解説します。

2.3 リレー、タイマ、カウンタ

　リレーはシーケンス制御の要となる制御器です。リレーはコイルに通電すると瞬時に接点が切り換わります。タイマはコイルに通電してもすぐに接点が切り換わらずにしばらくしてから切り換わるようになってい

●基礎編　シーケンス制御のための基礎知識

表2-3 出力機器の種類と回路図記号

(a)表示器・警報器	(1)表示灯	LED / ランプ	RL ⊗	色指定 赤　RD　(R) 黄　YE　(Y) 緑　GN　(G) 青　BU　(B) 白　WH　(W)
	(2)ブザー		BZ	
(b)モータ	(3)直流モータ		Ⓜ	本書の中では簡単に下記のようにする
	(4)三相誘導モータ		Ⓜ	三相かご型誘導モータの内部結線が必要なときの表示 記号はMまたはIM
	(5)単相誘導モータ	コンデンサ	Ⓜ	記号はMまたはIM
(c)空気圧用電磁弁	(6)シングルソレノイドバルブ		ソレノイド　スプリング	ソレノイドは一般に─□─と書くが、本書ではリレーコイルと空気圧電磁弁の区別を明確にするため下記の記号をソレノイドに適用する シングルソレノイド ダブルソレノイド
	(7)ダブルソレノイドバルブ		ソレノイド　ソレノイド	

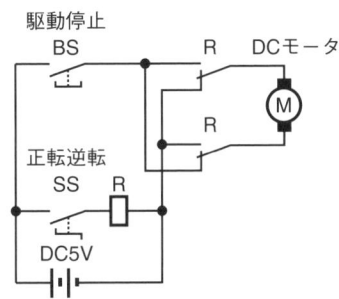
(a) DCモータの正転逆転回路例

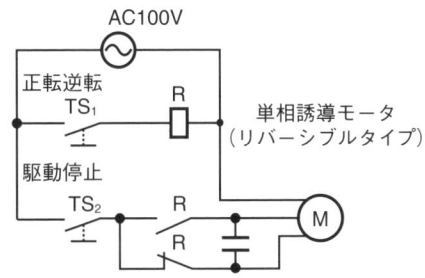
(b) 単相誘導モータ（リバーシブルタイプ）の正転逆転回路例

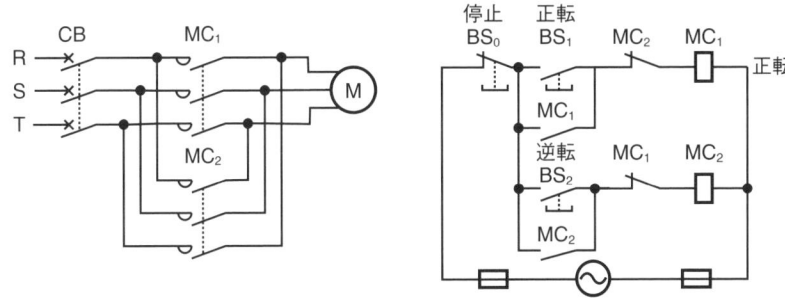
(MCは電磁開閉器)
(c) 三相誘導モータの正転逆転回路例

図2-1 三相誘導モータの正転逆転回路例

ます。そこで、たとえばスイッチを長押ししたときにモータを起動するような場合にはタイマを使います。

ふつうタイマというとオンディレイタイマのことを指します。一般的にタイマは、タイマ時間を設定できるようになっています。オンディレイタイマはタイマのコイルに通電して、設定時間になるとタイマの接点が切り換わるものです。

タイマの動作は、タイムチャートを使って説明することがよくあります。

図2-2はタイマの動作をタイムチャートで表わしたものです。ふつうのオンディレイタイマの動作は、このように、コイル(TLR_1)の通電時間が設定時間(t)を超えると接点が切り換わるようにタイムチャートに

●基礎編　シーケンス制御のための基礎知識

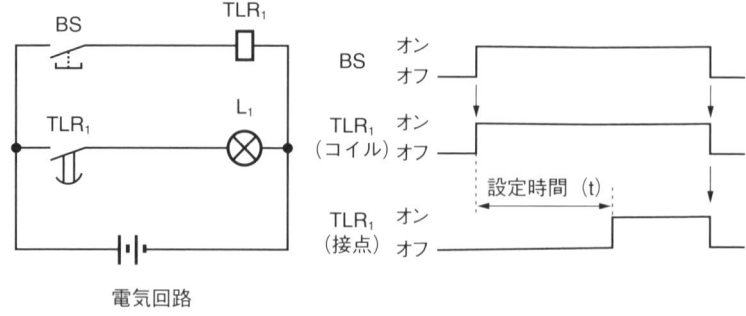

図 2-2　オンディレイタイマのタイムチャート

記述されます。そしてコイルの通電が切れると接点も元に戻るように描かれます。

しかしながら、実用上はこのタイムチャートの情報だけでは足りないことも出てきます。たとえば、次のような場合についての動作が不明です。

1）通電時間が設定時間に満たないときの動作
2）通電時間が断続的であったとき合計して設定時間に達したときの動作
3）接点が切り換わっているときにタイマコイルの通電を止めて接点が戻るまでに必要な時間

このようなさまざまな条件をすべて網羅しなければならないとすると、図2-2のタイムチャートに加えて**図 2-3**のようなタイムチャートも

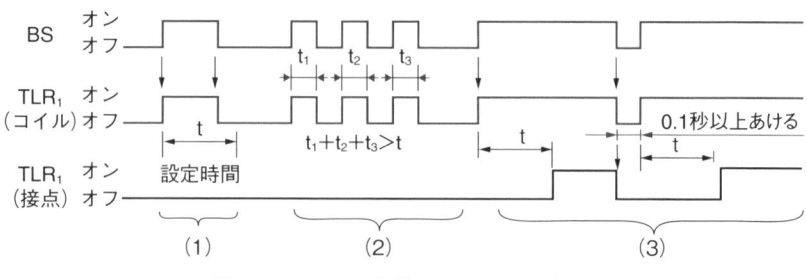

図 2-3　いろいろ条件でのタイマの動作

必要になります。

　積算タイマはタイマのコイルに通電している時間を積算して表示します。タイマコイルの通電を止めてもそこまでカウントした時間を記憶しているので、次に通電した時間は前の時間に合算されます。このようなカウントの仕方をするタイマを積算タイマと呼んでいます。

　カウンタはカウンタ値を手動操作で設定できるようになっています。カウンタのカウント入力端子に通電するとその立上がり信号でカウント値がひとつづつ繰り上がります。カウント値が設定値になるとカウンタの出力接点が切り換わります。その後さらにカウント入力が入ったときにカウント値が増えていくものと、設定値以上には上がらないものがあります。

　リセット入力端子に通電するとカウント値は強制的に初期値に戻ります。数を1、2、3…という順に加算して数えていくタイプの加算カウンタでは、初期値は0になります。

　減算カウンタでは、初期値は設定値に等しくセットされ、カウント入力が入ると1つづつ減算され、0になると出力接点が切り換わります。減算カウンタは残り数量が表示されるので用途によっては便利です。

　カウンタの使い方で気をつけなければいけないのは、カウント入力やリセット入力の反応速度です。入力信号を感知するには、たとえば0.1ms以上の電圧信号を与えるといったような決まりがあります。また、カウントの入力条件が1kHzとなっているものは1秒間に1000回オンオフしてもカウントできるという意味で、1回当たりのオンオフの時間は1ms以上であればよいということになります。

　この時間が短い高速カウンタというものもありますが、高速なものはスパイクノイズなどでも反応してしまうことがあるので注意します。

　アップダウンカウンタはUP入力をオンオフすると現在値が1ずつ繰り上がり、DOWN入力をオンオフすると現在値が1ずつ繰り下がるようになっています。アップダウンカウンタは設定値（プリセット値）を超えてもカウントをつづけるのが普通です。リレー、タイマ、カウンタの種類と動作、そして回路図記号を**表2-4**に示します。

●基礎編　シーケンス制御のための基礎知識

表2-4　リレー・タイマ・カウンタの種類と回路図記号

名称		形状	タイムチャート（動作説明）	本書で使う記号
リレー	(1)電磁リレー	（電磁リレー、リレーソケット）	コイル、a接点、b接点、c接点のタイムチャート（ON/OFF）	R (RY)
タイマ・カウンタ	(2)タイマ	設定時間／時間設定（デジタルタイマ、アナログタイマ、タイマソケット、タイマ時間設定ボタン）	オンディレイタイマ（t=設定時間）、オフディレイタイマ（t=設定時間）のコイル・a接点・b接点タイムチャート	T TIM (TLR) / TDR
	(3)カウンタ	現在値／設定値（プリセット値設定ボタン、現在値リセットボタン）	CNT（カウント、リセット、COM）、a接点、b接点、リセット・カウント・カウンタa接点のタイムチャート（設定値:2のとき） 0 1 2 3 0	C CNT
特殊タイマ・特殊カウンタ	(4)積算タイマ	今までのトータル通電時間／設定値／リセットボタン（0001／0003 HR）	コイルT、a接点（表示値）、リセットボタン（設定値が3のとき）のタイムチャート 2時間 1時間 (0001)(0002)(0003)(0000)	T TIM
	(5)アップダウンカウンタ	現在値／プリセット値（0001／0002、プリセット値設定ボタン、現在値リセットボタン）	CNT（リセット、UP、DOWN）、現在値CNTのタイムチャート 0 1 2 3 2 3 0（プリセット値:2のとき）	C CNT

2.4 大きな電流の制御と過電流を保護する機器

　電源回路を構成したり、電動機（モータ）などの大きな負荷に供給する電流を安全に入り切りするための制御機器のうち、よく利用されているものを**表2-5**に列挙します。

　ナイフスイッチは手動で大きな電流を入り切りするときに使います。ヒューズは過電流や回路が短絡したときなどの保護に使います。

　サーキットブレーカは、過電流や漏電のときに回路を遮断します。

　電磁開閉器は、大きな回路電流のオンオフをしたり、サーマルリレーと組み合わせて三相モータを安全に回転停止する回路を構成したりします。

　これらの機器を使って三相モータをオンオフする制御回路をつくってみると、たとえば**図2-4**のような回路が考えられます。

　操作回路部にあるスタート用押ボタンスイッチが押されると、マグネットスイッチMCのコイルがオンします。するとMCの補助接点が閉じてMCは自己保持の状態になります。MCのコイルがオンになると3連の主接点が閉じて三相誘導モータが起動します。

　モータ軸にかかる機械的な負荷が大きすぎるなどの原因でモータに過電流が流れるとサーマルリレーTHRが発熱してTHRのb接点が開いてMCの自己保持を解除するのでモータは停止します。この回路図では主回路と操作回路を独立した別電源にしていますが、実際には主回路のCBを通過したあとの配線から操作回路用の電源をとるのが一般的です。

●基礎編　シーケンス制御のための基礎知識

表2-5　大きな電流を制御する機器の種類と回路図記号

	名称	形状	記号	特徴
大きな電流の制御や過電流に対応する遮断機器	(1) ナイフスイッチ		(3極) 1次側 (2極) KS　　　KS 2次側	手動で電源の入り切りを行なう
	(2) ヒューズ		F	過電流のときにヒューズが溶けて回路を遮断する
	(3) 遮断機 サーキットブレーカ：CB サーキットプロテクタ：CP CB　CP		(3極) 1次側 (2極) CB　　CB 2次側	漏電や過電流を検出して回路を遮断する
	(4) 電磁開閉器（マグネットスイッチ）		(3極) 電源 制御回路 MC　　MC 負荷　（補助　（コイル） （モータなど）接点）	コイルを使って大きな電流の入り切りをする
	(5) サーマルリレー（電磁開閉器との組合せ） 電磁開閉器　電源 リセットスイッチ サーマルリレー 負荷（モータ・ヒータなど）に接続		(3極) 電源 制御回路 MC　　MC（電磁開閉器のコイル） （補助接点） THR　THR　サーマルリレーのb接点 負荷 制御回路 （モータなど） ここに流れる電流が大きくなるとサーマルリレー（THR）のb接点が開く	（サーマルリレーの接点が開くと電磁開閉器のコイルはオフになる） 過電流検知部（THRの）で過電流を検知したらサーマルリレーの接点が開くようになっている

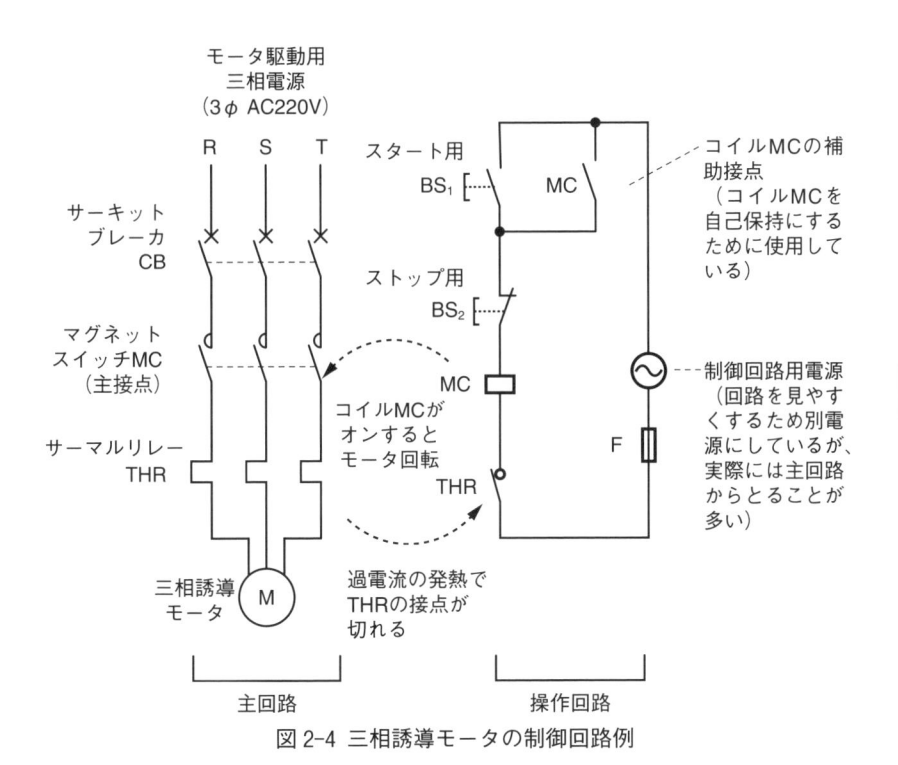

図 2-4 三相誘導モータの制御回路例

●基礎編　シーケンス制御のための基礎知識

3章
リレーによる空気圧シリンダの制御

　ここまで学んだリレーを使った制御方法の応用として、機械装置の中でよく利用される空気圧アクチュエータを制御する回路をつくってみます。まず、空気圧制御に必要な基礎知識から解説していきます。

3.1 バルブによる空気の流れの制御

1 バルブの機能と構造

　空気の流れを制御するにはバルブ（弁）を使います。最も簡単なバルブのひとつである2ポート2位置方向制御弁（2方弁）を例にとって空気の流れを切り換えるしくみを説明します。

　表3-1(1)にはこの弁の動作原理図を示します。この図では、筒の中で分銅のような形をしたスプールと呼ばれるブロックがスライドするようになっています。スプールが操作用押ボタンで押し下げられるとスプールの凹部が配管穴のところまで下降するので、それまで閉じていたP—Aポート間の管路が開いてPからAに空気が流れるようになります。

　これを簡略化したイメージが表3-1(2)です。(1)と同じ内容ですが2次元で表現されています。

　一方、空気圧回路図では押ボタン式2ポート2位置方向制御弁として

表3-1 2ポート2位置方向制御弁

	(a)平常状態	(b)切り換えた状態
(1)動作原理図	操作用押しボタン／配管穴／空気は出てこない／空気圧源→P　A／スプリング／スプール	押し下げる／空気が流れる／P　A／スプール
(2)簡略化したイメージ図	→×→ 空気は流れない	押し下げる／→→ 空気が流れる
(3)空気圧回路記号表示	空気圧源／流れない／スプリング／(矢印（→）は空気が流れることを意味し、T（⊣,⊢）は流れが止められることを意味する)	押し下げる／エア吹／ブローノズル／切り換えたときのイメージ

(3)の平常状態の図が使われます。

　回路図記号では、平常状態のものしか記述しないので、同図(b)の切り換えた状態の図を使うことはありませんが、ここでは押ボタンを押し下げたときのイメージを持ってもらうためにあえて記述してあります。

　バルブの回路図は、このような縦書きでもこれを90°回転した横書きにしてもかまいません。

　さらにこの操作部である押ボタンやスプリングを他の操作方法に変更

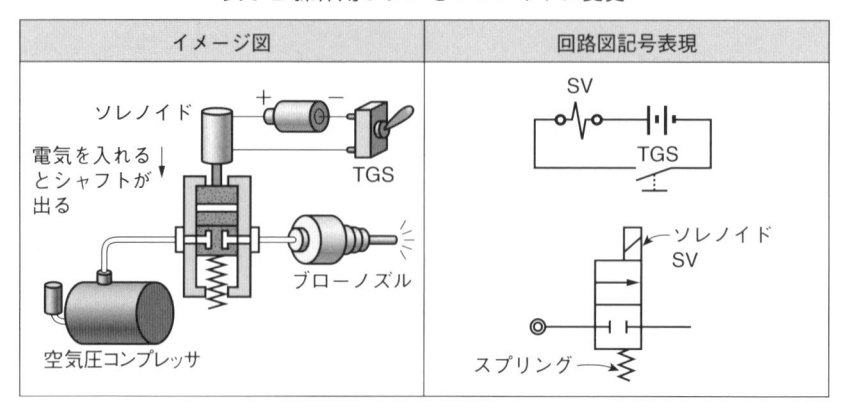

●基礎編　シーケンス制御のための基礎知識

表3-2 操作用ボタンをソレノイドに変更

イメージ図	回路図記号表現

することで、いろいろな制御方法に対応するようになります。

たとえば、操作用押ボタンをソレノイドに変更すれば**表3-2**のように電気の力によってこのバルブの切換えが行えるようになります。

2　3ポート2位置方向制御弁

3ポート2位置方向制御弁（3方弁）は、3つの空気圧ポートを持っていますが、出力ポートは1つだけです。この出力ポートには単動エアシリンダや真空発生器のような1つの空気圧入力ポートだけで制御する機器を接続します。

表3-3は、ピストンがスプリングで戻るようになっている単動エアシリンダをレバータイプの手動操作バルブとシングルソレノイドバルブで制御する例です。2ポート2位置制御弁は平常状態では空気流路がしゃ断されていましたが、3ポート2位置制御弁では平常状態で空気が抜けるようになっています。そのおかげで単動エアシリンダはバネの力で元に戻ることができるようになります。エアシリンダのかわりに真空発生器をつけたときには、平常状態のときでは負圧を解除することができることになります。

表3-3 3ポート2位置方向制御弁による単動エアシリンダの制御

手動操作	シングルソレノイド操作	
レバー操作 / 空気圧源 / 単動エアシリンダ / スプリングリターン / 大気圧放出	引込 / ソレノイド / スプリング / 単動エアシリンダ（スプリングバック）/ 空気圧源 / 大気圧放出	前進 / 切換時のイメージ

❸ 4ポート2位置方向制御弁

　表3-4は、シングルソレノイドの4ポート2位置方向制御弁（4方弁）の動作原理図です。平常状態ではスプリングでスプールは図の上方向に押し上げられていますが、ソレノイドに電圧をかけるとソレノイドのピストンが下降してスプールが押し下げられてシリンダに供給する空気の流れを切り換えます。(1)の平常状態では、空気圧コンプレッサから供給される空気圧は方向制御弁の中でクロスして、シリンダのピストンを上昇する方に流れます。(2)のソレノイドに通常した状態では、方向制御弁の中でストレートに空気を流すので、シリンダのピストンを押し下げる方に流れることになります。

　この4ポート2位置方向制御弁も表3-5のように操作部を変更することができます。(a)はレバー操作で操作した位置で保持するデテントという機構が付いているものです。(b)はシングルソレノイド型で、ソレノイドによって、バルブは切り換わり、ソレノイドを切るとスプリングの力で元に戻るようになっています。(c)はダブルソレノイド型とデテントを組み合わせたもので、ソレノイドでバルブの位置を切り換えると電気を切ってもその位置を保持する構造になっています。このソレノイドバルブを切り換えるための電気回路は表3-5(2)の例のようになります。ソレノイドの番号を指定して記述するとわかりやすくなります。

●基礎編　シーケンス制御のための基礎知識

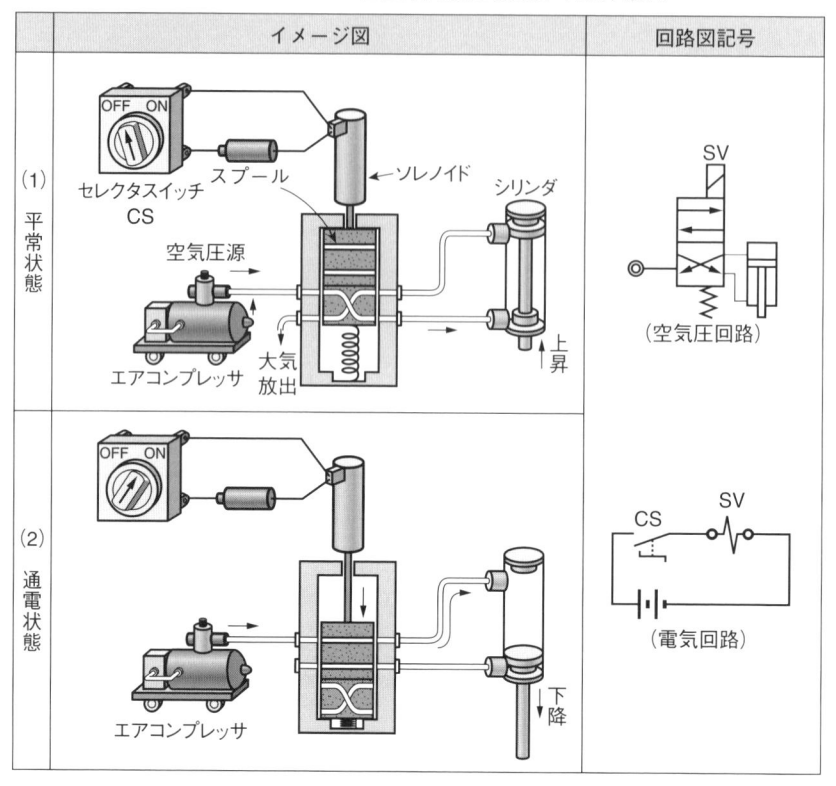

表3-4　4ポート2位置方向制御切換弁の動作原理

	イメージ図	回路図記号
(1) 平常状態	セレクタスイッチCS、スプール、ソレノイド、シリンダ、空気圧源、エアコンプレッサ、大気放出、上昇	SV（空気圧回路）
(2) 通電状態	エアコンプレッサ、下降	CS SV（電気回路）

4 方向制御弁の回路図記号

　方向制御弁の記号は3つの部分から構成されています。図3-1は方向制御弁を横書きにして操作部1、流路ブロック、操作部2の3つの部分の機能を示したものです。

　このように記述したとき、操作部1が流路ブロックを左側から操作し、操作部2は右側から操作します。流路ブロックは、どちら側の操作部から力を受けるかによってブロック単位で移動し、中途半端な位置では停止しないことになっています。

　操作部と流路ブロックの形にはさまざまなものが用意されていて、その組合せによって目的に応じたバルブを選定することができます。

表 3-5 操作方法の変更

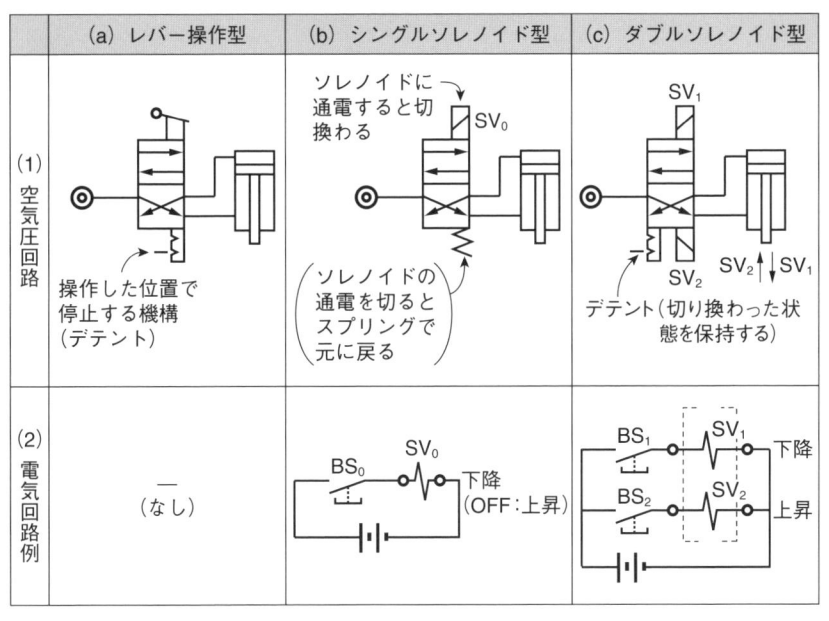

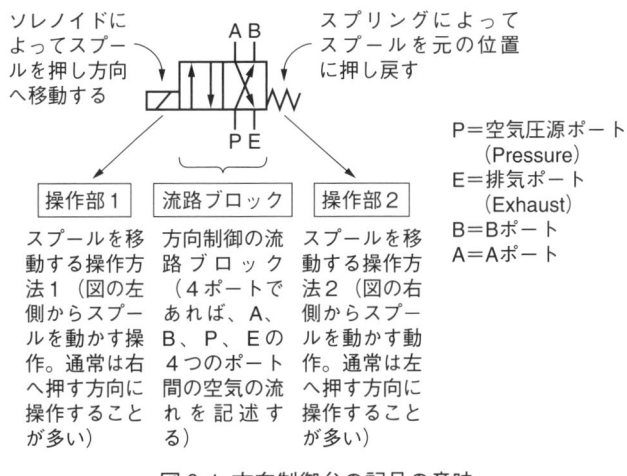

	(a) レバー操作型	(b) シングルソレノイド型	(c) ダブルソレノイド型
(1) 空気圧回路	操作した位置で停止する機構（デテント）	ソレノイドに通電すると切換わる／ソレノイドの通電を切るとスプリングで元に戻る（SV_0）	SV_1／SV_2（$SV_2 \updownarrow SV_1$）デテント（切り換わった状態を保持する）
(2) 電気回路例	（なし）	BS_0 — SV_0　下降（OFF：上昇）	BS_1 — SV_1　下降／BS_2 — SV_2　上昇

図 3-1 方向制御弁の記号の意味

ソレノイドによってスプールを押し方向へ移動する ── A B／P E ── スプリングによってスプールを元の位置に押し戻す

操作部1：スプールを移動する操作方法1（図の左側からスプールを動かす操作。通常は右へ押す方向に操作することが多い）

流路ブロック：方向制御の流路ブロック（4ポートであれば、A、B、P、Eの4つのポート間の空気の流れを記述する）

操作部2：スプールを移動する操作方法2（図の右側からスプールを動かす動作。通常は左へ押す方向に操作することが多い）

P＝空気圧源ポート（Pressure）
E＝排気ポート（Exhaust）
B＝Bポート
A＝Aポート

　表 3-6 にはその要素のうちよく利用されるものを列挙し、その組合せ例を示しました。

表3-6 方向制御弁の各部の要素と組合せ例

操作部1	流路ブロック	操作部2	組合せ例
押ボタン	2ポート2位置	押ボタン	押ボタン操作 スプリングバック
レバー	3ポート2位置	レバー	デテント付レバー操作
ローラレバー(リミットスイッチ型)	4ポート2位置	ローラレバー	シングルソレノイド（スプリングリターン）
スプリング(押戻し)	4ポート2位置	スプリング	シングル電磁パイロット（スプリングリターン）
パイロット操作		パイロット	
ソレノイド(押方向)	4ポート3位置（クローズドセンタ）	ソレノイド	ダブルソレノイド（デテント付）
電磁パイロット		電磁パイロット	
スプリングリターン付ソレノイド	4ポート3位置（プレッシャセンタ）	スプリングリターン付ソレノイド	ダブルソレノイド（スプリングセンタ）
	4ポート3位置（エキゾーストセンタ）	デテント(2位置)（位置保持機構） デテント(3位置)	

この図のように、操作部と流路ブロックの組合せによってさまざまな機能を持った方向制御弁を構成することができます。

3.2 空気圧シリンダのリレーシーケンス制御

図3-2のような空気圧シリンダを上下させる装置を使ってシリンダを制御するリレーシーケンス制御回路を考えてみましょう。

シリンダを動作させるバルブはシングルソレノイドバルブ（SV_{10}）

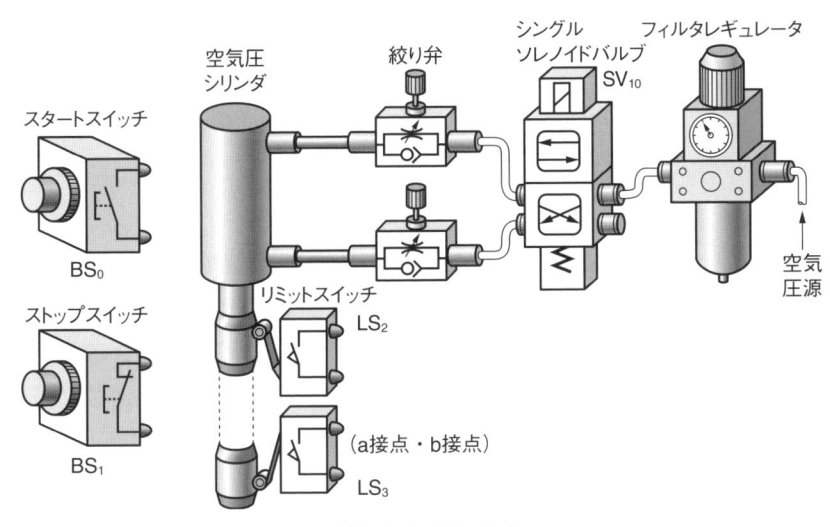

図3-2 システム図

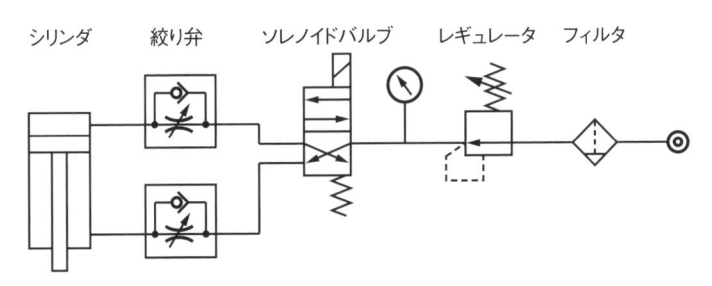

図3-3 空気圧回路図

●基礎編　シーケンス制御のための基礎知識

で、SV_{10}にDC電源を通電するとバルブが切り換わってシリンダは下降し、通電を切るとバルブがスプリングで元に戻って、シリンダは上昇します。

図3-2のシステム図の空気圧部分の回路を図記号を使って記述したものが**図3-3**です。

このシリンダの制御に使う電気回路の要素を**図3-4**に示します。

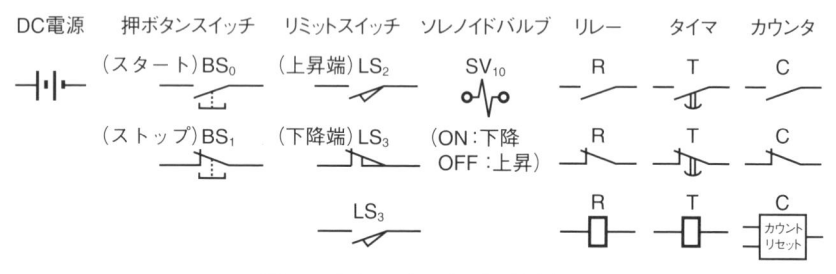

図3-4 電気回路要素（未接続）

（1）　スタートスイッチを押したときに下降する回路

スタートスイッチBS_0を押すとBS_0のa接点が閉じるのでその接点でソレノイドバルブSV_{10}に通電して、コイルを励磁するようにした回路が**図3-5**です。BS_0を押すと空気圧シリンダは下降し、離すと上昇します。

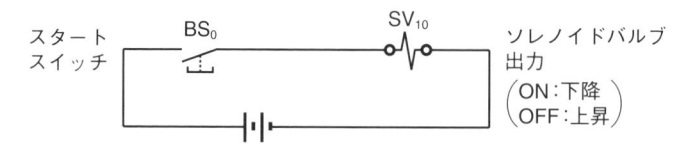

図3-5　スイッチを押したときだけ下降するリレー回路

（2）　スタートスイッチで下降してストップスイッチで上昇する回路

スタートスイッチBS_0で下降した空気圧シリンダをそのまま保持するにはリレーの自己保持回路を使います。ストップスイッチBS_1で上昇するにはこの自己保持をBS_1のb接点で解除すればよいので**図3-6**

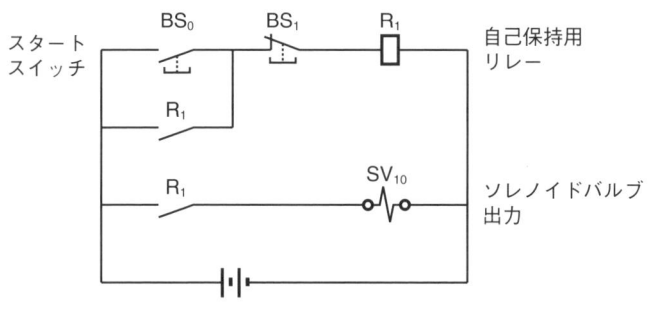

図 3-6 スタートスイッチで下降してストップスイッチで
　　　　上昇するリレー回路

のような回路になります。

（3）　スタートスイッチで下降し、下降端リミットスイッチを使って自動的に一往復する回路

　スタートスイッチで下降した空気圧シリンダを下降端のリミットスイッチで自動的に上昇するような回路にしてみます。この回路は(2)の回路の BS_1 の代わりに下降端リミットスイッチ LS_3 の b 接点を使えばよいことがわかります。

　図 3-7 にはその回路を示します。もし LS_3 が a 接点しかないのであれば、新たに用意したリレーのコイルを LS_3 でオンオフして、そのリレーの b 接点を LS_3 の b 接点の代わりに使います。

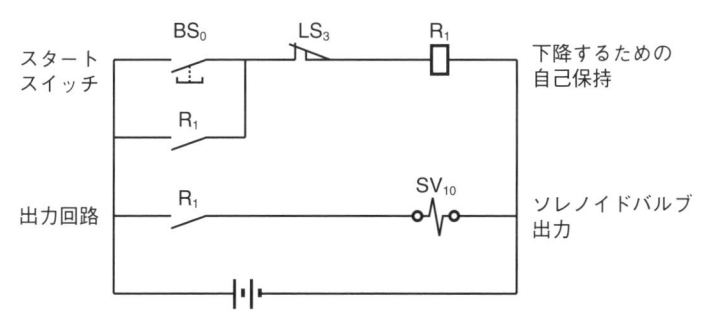

図 3-7 スタートスイッチで一往復するリレー回路

（4） 下降上昇を繰り返す回路

単純に下降上昇を繰り返すだけなら図 3-8 のように上昇端リミットスイッチ LS_2 で下降を開始して、下降端リミットスイッチ LS_3 で上昇するような回路にすれば連続して往復するようになります。ところがこの回路では往復動作を止めることができません。

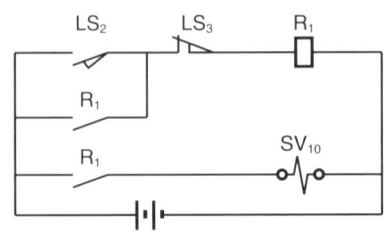

図 3-8 連続往復回路

（5） スタートスイッチを押さないと往復しない回路

スタートスイッチ BS_0 が押されたという信号をリレーの自己保持回路を使って記憶しておき、この信号が入っているときにだけ往復運動をするような回路に修正します。図 3-9 のようにすると、R_0 がオンしている間だけ連続して往復を繰り返します。

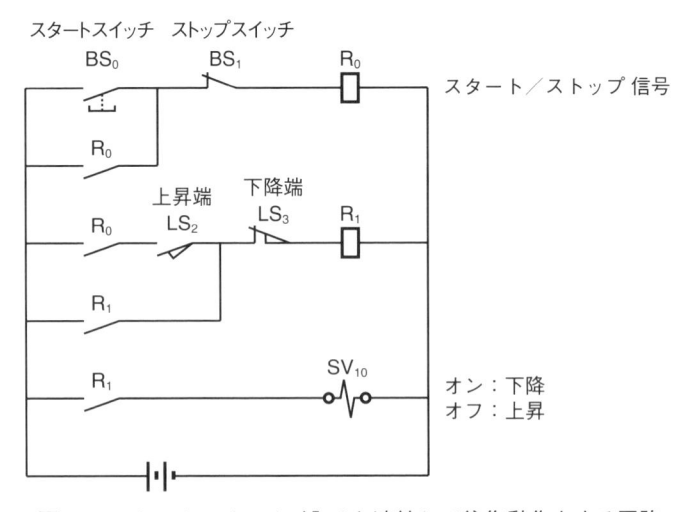

図 3-9 スタートスイッチが入ると連続して往復動作をする回路

（6） 下降端で時間待ちをして連続往復する回路

図3-10の回路は、図3-9の回路を元にして、下降端にて3秒間待ってから上昇するように修正したものです。スタートスイッチが押されるとまずR_0が自己保持状態になります。空気圧シリンダは初期状態で上昇端にありますから、LS_2はオンしていることになります。そこですぐにR_1が自己保持状態になって、空気圧シリンダは下降をはじめます。下降端に達して、下降端リミットスイッチが3秒間オンし続けるとタイマT_2の接点が切り換わって、リレーR_1の自己保持が解除されます。すると、空気圧シリンダは上昇を始めます。上昇端に達するとまたLS_2がオンになるのでR_1は再度自己保持状態になって下降します。

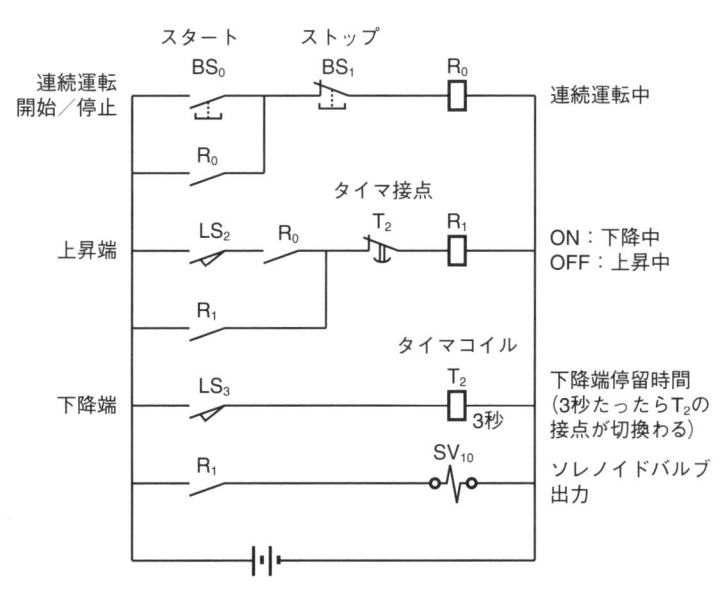

図3-10 下降上昇を繰り返すリレー回路（下降端で3秒間停止する）

（7） スタートスイッチを押すと5回シリンダが往復して停止する回路

図3-11は、カウンタを使って5回シリンダが往復する回路です。スタートスイッチを連続運転のスタートと、カウンタ現在値のリセットに併用しているので接点を増やすためにスタートスイッチの動作をリレー

●基礎編　シーケンス制御のための基礎知識

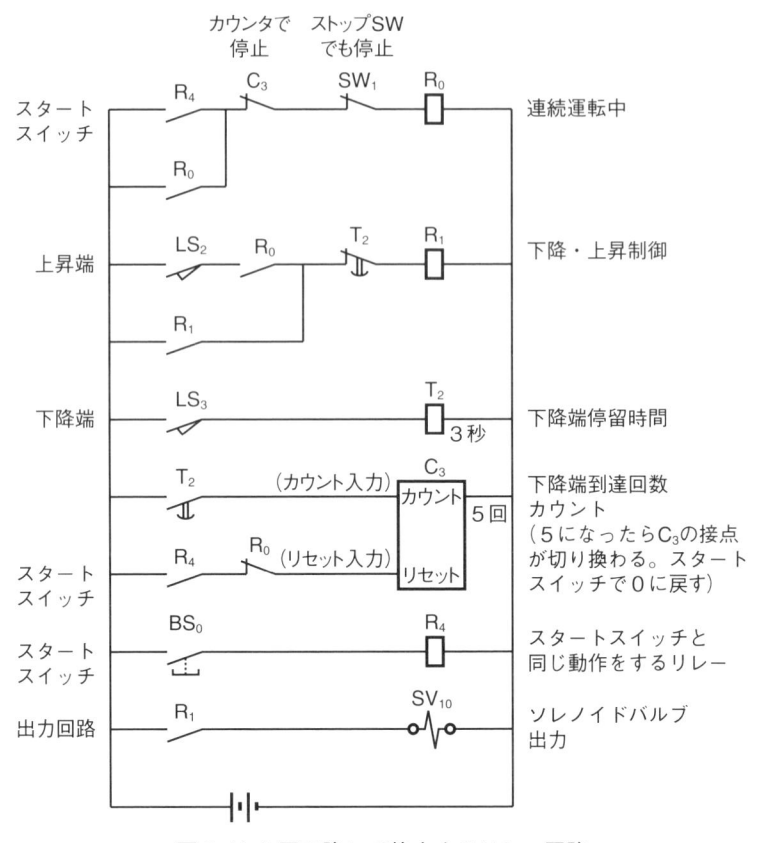

図3-11　5回下降して停止するリレー回路

R_4に置き換えてその接点をスタートスイッチの代わりに使っています。

往復回数のカウントには、タイマT_2のa接点を使っていますが、下降端リミットスイッチLS_3のa接点に変更してもかまいません。カウンタのリセット入力にはスタートスイッチのa接点（R_4のa接点で代用）と連続運転が停止していることをあらわすR_0のb接点を使っています。これは機械が停止しているときにスタートが入ったらまずカウンタをリセットするということをあらわしています。

このR_0のb接点をカウンタC_3のb接点に置き換えると、5回カウントされたときだけスタートスイッチでリセットされるようになります。

●基礎Ⅱ：PLC制御

4章 PLCを使ったシーケンス制御

4.1 シーケンス制御のためのコントローラ

　シーケンス制御とは、順序制御のことを意味しますから、機械装置の動作などを決められた順序どおりに制御することができるコントローラであれば、制御機器やソフトウェアは何であってもかまわないことになります。

　しかし、一般に工場の中の自動化装置（自動機）の順序制御をするための制御装置には、PLCと呼ばれるシーケンス制御専用のコントローラがよく使われます。PLCはProgrammable Logic Controllerの略で、日本語に直すとプログラム可能な論理演算制御装置ということになります。国内ではPLCのことをプログラマブルコントローラ（PC）と呼んだりシーケンサと呼ぶこともあります。

　歴史的に見ると、PLCが実用化される以前の自動機ではたくさんの電磁リレーを制御盤に配置して、配線によって順序制御回路を構成していました。その順序制御回路で構成している論理演算をマイクロコンピュータに置き換えて、リレー制御と同じ回路をソフトウェアで構成できるようにしたものがPLCです。

●基礎編　シーケンス制御のための基礎知識

　PLC制御では、ラダープログラムと呼ばれるリレー制御回路をあらわすプログラムをPLCに書き込んで制御します。したがって、プログラムを書き替えるだけで制御回路を変更できるようになっているわけです。

　PLCの中で使われているプログラムはリレー制御回路を表現しているので、リレーコイルとリレーの接点のイメージがそのまま使えるようになっていて、ラダー図と呼ばれるリレー専用の制御回路をソフトウェアでつくれるようになっています。

　一方、PLCが開発されても電磁リレーによる制御がなくなったわけではありません。複雑な自動機の制御はPLCを使うことが多いのですが、簡単な機械装置や単純なコンベアのオンオフなどいろいろなところに電磁リレーがたくさん使われています。また、PLCは電子機器なので、大きな電流や高い電圧の制御は得意ではありません。そこで、PLCの比較的小さな出力で大容量のモータを制御するようなときにも電磁リレーがインターフェイスの役割として使われています。

4.2 PLCかリレー回路か

1 PLC制御とリレー制御の比較

　シーケンス制御にPLCを使うかリレー回路で構成するかは、制御にどの程度の数のリレーやタイマを使うかが一つの目安になります。

　PLCの一番安価なタイプは数万円程度からあります。一方、電磁リレー1個の値段はソケットと合わせて千～二千円くらいでタイマ1個は数千円くらい、カウンタは一万円くらいになります。すると、だいたいリレーを8個、タイマを2個、カウンタを1個使ったリレー回路とPLCとの制御機器の原価は同等ということになります。

　さらに、PLC制御にはプログラムを作成するためのアプリケーションソフトウェアと通信ケーブルのセットか、プログラミングコンソール

と呼ばれる専用のプログラム入力用の打込器が必要になり、数万円から十数万円がかかります。一方、制御回路をリレーでつくったときにはすべての演算回路を電気配線で実現するので配線の工数がかかることと、電磁リレーやタイマを格納する制御盤も大きくなりがちです。

このような機器原価と周辺機器、配線の工数、大きさ、回路変更、などを考慮してPLCにするか、リレーで構成するかを選択します。

図4-1にはリレーを使った制御盤とPLCを使った制御盤のイメージ図を示します。

リレー制御盤では、リレーR_0〜R_7とタイマ、カウンタを使ってシー

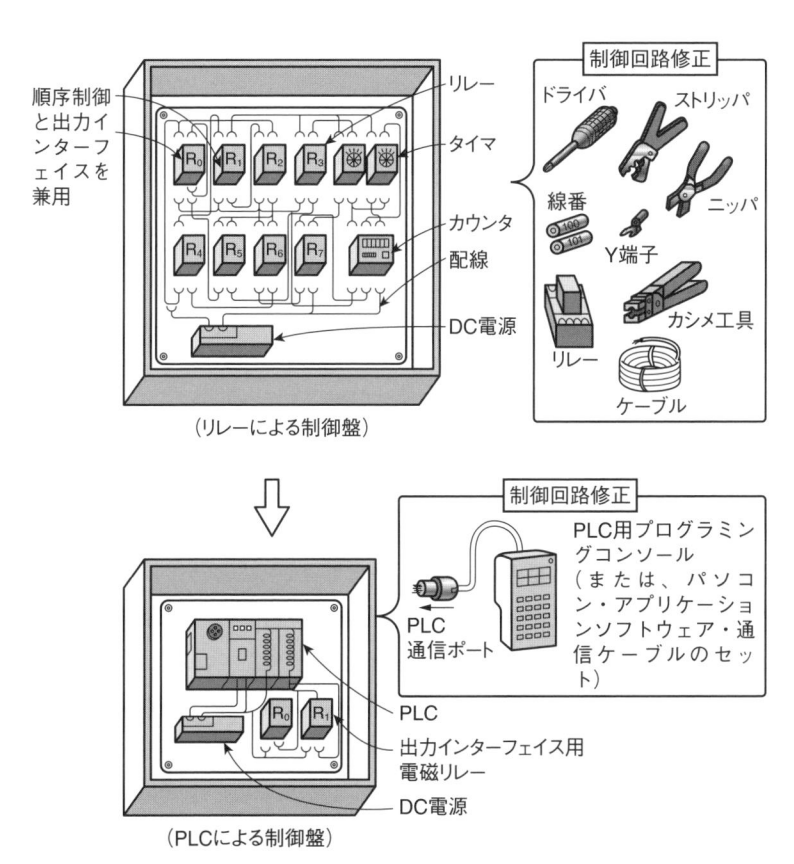

図4-1 リレー制御盤とPLC制御盤

●基礎編　シーケンス制御のための基礎知識

ケンス制御回路を構成しています。PLC による制御盤ではシーケンス制御回路は PLC のプログラムでつくられます。PLC のプログラムで使う制御リレーは何百個も用意されているので、制御リレーの数が増えてもプログラムの変更だけで対応できます。

また、PLC のプログラムの中で使うタイマやカウンタもはじめからたくさん用意されています。

リレーによる制御盤ではリレーやタイマを追加するには、リレーやタイマ本体を制御盤に新たに取り付けて、配線をしなくてはなりません。しかし、PLC を使っていればこのような配線作業は必要がなく、プログラムを変更するだけで済んでしまうということになります。

2 PLC が使われる理由

小さな機械装置であっても、単純に制御に使われる機器（ハードウェア）の原価だけの比較ではなく、修正や拡張性まで考慮すると PLC を利用した方が結果的に安く済むということも少なくありません。また、2 台、3 台と同じものをつくるときには、プログラムをコピーすればすぐに制御部ができてしまうのですから、こんなに楽なことはありません。

また、PLC はコンピュータ応用機器でありながら、リレーシーケンスを知っている技術者ならばそのプログラムを読んだり修正したりできるところに大きなメリットがあります。

工場の中の電気回路はたくさんのリレーが使われていて、多くの現場の技術者がリレー制御回路に精通しています。

このような技術者が機械の改善やメンテナンスを行うわけですから、PLC が利用しやすいことは言うまでもないでしょう。このようにして工場の現場に有利なシーケンス制御装置として、PLC が幅広く使われているわけです。

4.3 PLCの配線と入出力リレー

1 PLCの配線

PLCの外観を見ると配線する部分は次の3つです。
（1）電源端子
（2）通信ポートのコネクタ
（3）入出力ポートの端子

小型のPLCなどでは、この3つの部分しか配線の要素がありません。(1)は単純にAC100Vなどの電源につなげばよく、(2)の通信ポートはプログラミング用のもので、パソコンやプログラミングコンソールをつないでプログラムの転送に使います。

こうなると実際に機械装置と接続するのは、(3)の入出力ユニットの端子だけになるわけです。

図4-2に、パッケージタイプのPLCの外観を示します。入力ポートと出力ポートの端子には制御する機械装置の信号やアクチュエータが接続されます。このPLCは、入力4点、出力4点の最も小型なものですが、大型のPLCでは入出力が1000点以上とれるものもあります。

このように、入出力ポートの端子に機器と電源を配線すると、その機器をPLCのプログラムで制御できるようになります。

2 PLCの入力リレーの取扱い

図4-2の配線を見ると、スイッチやセンサなどの入力機器の接点は入力ポートの端子番号X0～X3に配線されています。

一般には、この入力端子には端子番号と同じX0～X3の名前が付けられている入力リレーコイルが接続されていて、このコイルが配線した入力機器の接点でオンオフされるようになっていると考えます。

PLC本体の中にはCPUとメモリが内蔵されています。PLCのメモリにシーケンス制御を行うラダープログラムが書き込まれているとする

●基礎編　シーケンス制御のための基礎知識

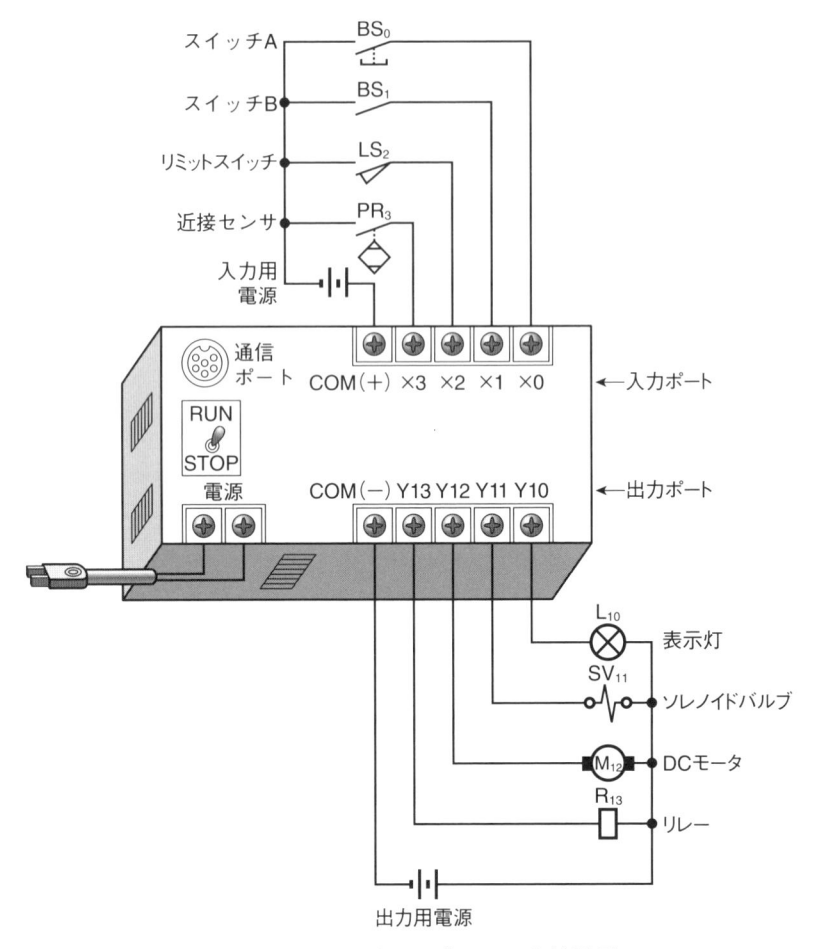

図4-2 パッケージタイプのPLCと接続例

と、プログラムの中で使っている入力リレーの接点が入力リレーコイルのオンオフで切り換わることになります。入力リレーコイルは実装されている場合もありますが、一般には、入力リレーコイルはプログラム上の入力リレーの接点を動作させるためにつくられた仮想的なもので、実在するリレーコイルとは異なります。このイメージを図にしたものが**図4-3**です。PLCの入力端子に接続したBS_0やBS_1などのスイッチによって仮想的な入力リレーX0やX1などがオンオフするようになってい

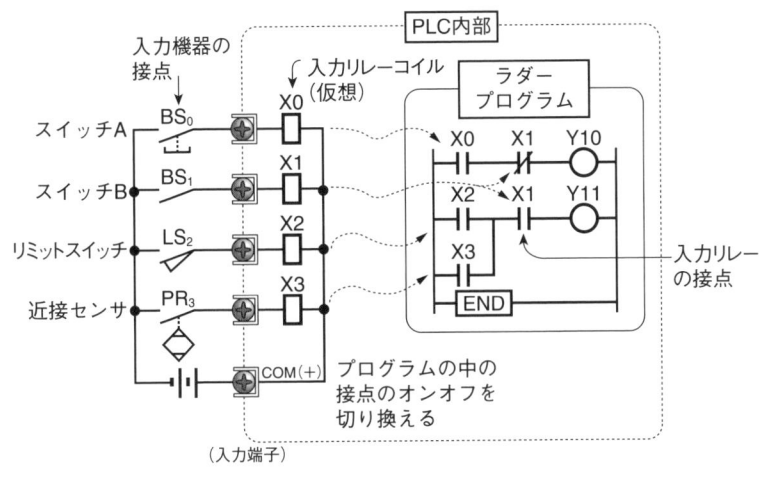

図 4-3 PLC 入力の回路イメージ

ます。たとえば、BS_0 をオンにすると、X0 の入力リレーコイルがオンになり、その結果、ラダープログラムの中の X0 の接点（—| |—）がオンに切り換わります。

3 PLCの出力リレーの取扱い

図 4-2 の出力ポート側の配線を見ると、ランプやソレノイドなどの出力機器は PLC の出力ポートの Y10～Y13 に接続されています。出力ポートの端子には出力リレー接点が接続されていて、ラダープログラムを実行した結果、プログラム中の出力リレーのコイルがオンすると、それと同じ番号の出力リレー接点が閉じるという動作をします。その結果、COM(−) 端子とその出力端子間が導通になるというように考えます。

図 4-4 はその様子を図にしたもので、ラダープログラムの中の出力リレーコイル Y10～Y13 がオンになると、同じ番号の出力端子に接続している機器が駆動することになります。PLC の出力がリレー接点出力のタイプであれば、この図のように機械的な出力リレー接点が実際に存在して出力機器のオンオフを切り換えるようになっています。たとえば図 4-4 のラダープログラムの 2 行目と 4 行目の例では、入力リレー X1 が

●基礎編　シーケンス制御のための基礎知識

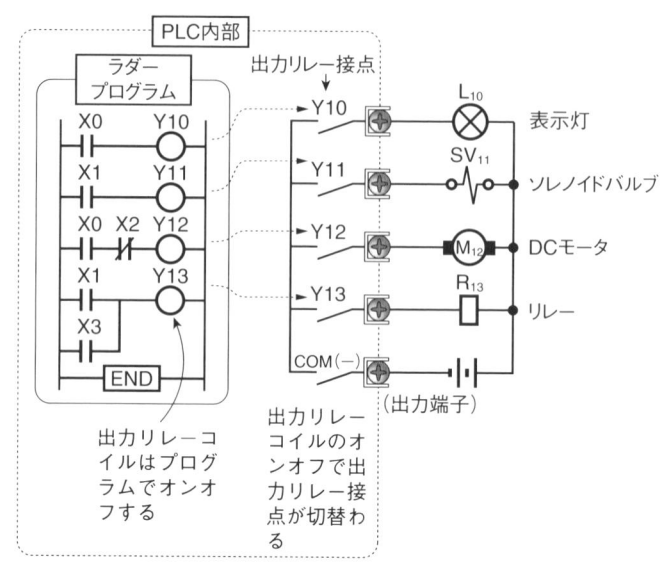

図 4-4 PLC 出力の回路イメージ

オンすると Y11 と Y13 の出力リレーコイルがオンすることになるので、Y11 の出力端子に接続しているソレノイドバルブと Y13 に接続しているリレーの両方がオンすることになります。

出力は、リレー接点出力のほかにトラジスタやトライアックなどの無接点のタイプもよく利用されていますが、出力リレーコイルをプログラムでオンにすると、そのリレーと同じ番号の出力ポートの端子と COM（−）の間が導通になるというようにイメージしておけばいいでしょう。

4.4 入出力リレーの割付とプログラミング

1 入出力リレーの割付図

図 4-2 の PLC と外部機器の接続を簡易的な形式で記述したものが図 4-5 の PLC 入出力割付図です。この入出力割付図はどの入出力番号に

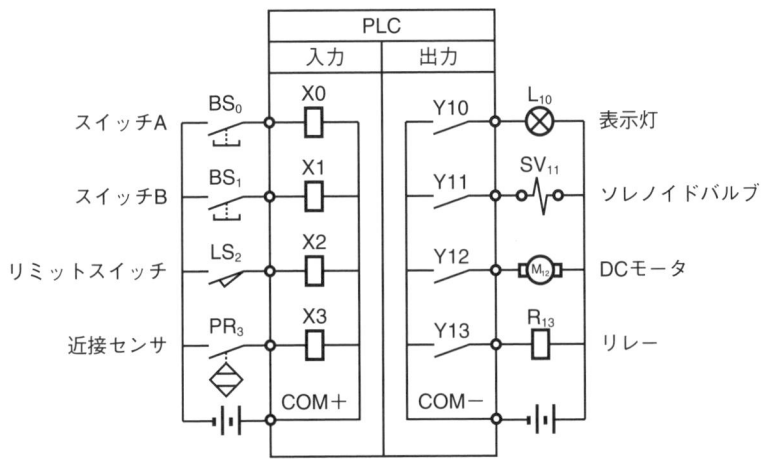

(a) 入出力リレー回路まで記述したもの

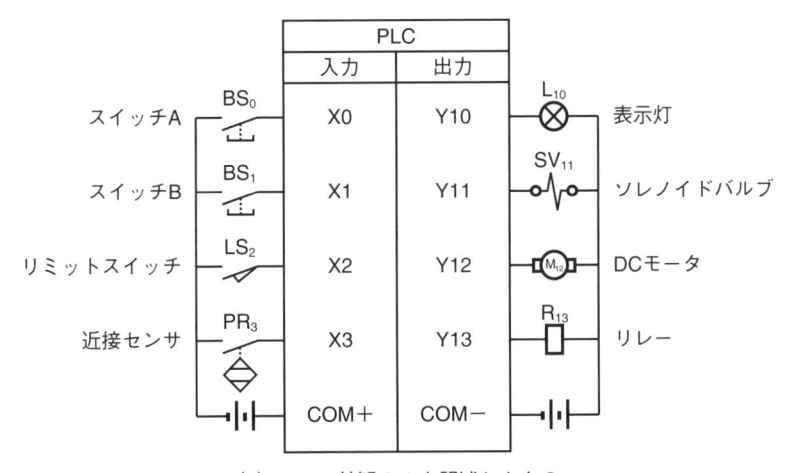

(b) PLCの外観のみを記述したもの

図4-5 入出力割付図（簡易表示）

何の機器が接続されているかをあらわしているものです。この入出力割付図を見れば、何番の出力リレーをオンすればどの出力機器を制御できるかがすぐにわかります。また、入力信号を確認するにも入出力割付図を利用すると便利です。本書の中でPLCの接続を示すときには主に(b)の形式を利用します。

●基礎編　シーケンス制御のための基礎知識

2 入出力リレーを使った単純な制御プログラム

　それでは、この入出力割付図を使ってスイッチAを押したときに表示灯が点灯するラダープログラムをつくってみましょう。

　図4-5のX0がスイッチAで、Y10が表示灯に接続されています。X0の入力であるスイッチA(BS_0)を押すと、入力リレーX0がオンしてX0の接点が閉じるわけです。そこで、手はじめにX0の接点でY10のコイルを操作するようにプログラムしてみます。このラダープログラムは**図4-6**のようになります。

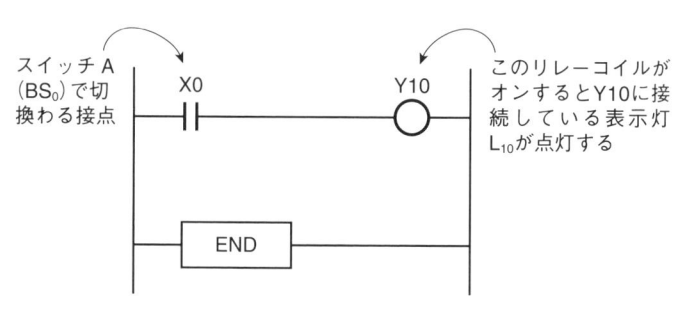

図4-6 スイッチで点灯させるラダープログラム

　図4-6のラダープログラムをPLCのメモリに書き込んで実行すると、BS_0を押したときにL_{10}が点灯してくれます。この結果は**図4-7**のように機器を配線した電気回路とまったく同じ動作になります。すなわち、このケースのラダープログラムでは、BS_0をX0で置き換え、L_{10}をY10で置き換えて制御していることになります。

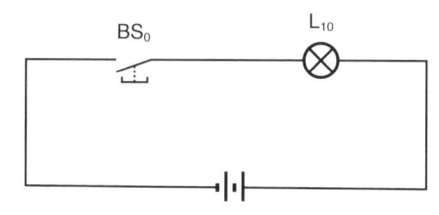

図4-7　図4-6と同じ動作をする電気回路

この置き換えこそが PLC 制御の基本です。図 4-5 の入出力割付図とは、入出力信号をプログラム上のどの入出力リレーに置き換えるかということを示した図に他なりません。

すなわち、図 4-5 のように入出力割付が完了したということは、X0 の接点は BS_0 の動作そのものを直接あらわし、Y10 をオンオフすることは表示灯をオンオフすることに直結しているということになるわけです。

さらに、都合のよいことに入出力リレーのリレー接点をラダープログラムの中では何度でも利用できるようになっています。

ラダープログラムの中のリレーの表現は、**図 4-8** のように、コイル、a 接点（常開接点）、b 接点（常閉接点）を記述して、自由に連結できるようになっています。

リレーコイル　　a接点　　b接点

図 4-8　ラダー図で使うリレーの記号

リレー接点はプログラムの中で何回使ってもかまいませんが、同じ番号のリレーコイルは通常一度だけしか記述できません。

表 4-1 は、スイッチ A とスイッチ B を使って出力を制御する簡単な PLC プログラムの例とその動作の説明を記述したものです。

このように、接点とコイルを自由に組み合わせてラダープログラムをつくります。リレーコイルは 1 つの回路の一番最後にくるように記述します。

3　ラダープログラムの書込み方法

作成したラダープログラムを PLC のメモリに転送するには、ラダーサポートソフトウェアと呼ばれる専用のアプリケーションソフトウェアを使います。

プログラミングの手順としては、まずソフトウェアをパソコンにイン

●基礎編　シーケンス制御のための基礎知識

表 4-1 PLC プログラムと機械の動作

接続形式	ラダープログラム例	動作説明	具体動作	ニーモニック
(1) AND 接続	スイッチA スイッチB 表示灯 X0　　X1　　Y10 ─┤├──┤├──○─ ─[END]─	X0 と X1 の両方がオンしたとき、Y10 は ON になる。	スイッチ A と B の両方が押されると表示灯が点灯する。	LD X0 AND X1 OUT Y10 END
(2) AND NOT 接続 1	スイッチA スイッチB ソレノイドバルブ X0　　X1　　Y11 ─┤├──┤/├──○─ ─[END]─	X0 の入力がオンで X1 の入力がオフのとき、Y11 は ON になる。	スイッチ A だけが押されるとソレノイドバルブが ON する。スイッチ A をはなすかスイッチ B が押されると OFF になる。	LD X0 AND NOT X1 OUT Y11 END
(3) AND NOT 接続 2	スイッチA スイッチB DCモータ X0　　X1　　Y12 ─┤/├──┤/├──○─ ─[END]─	X0 と X1 の両方の入力がオフのとき、Y12 は ON になる。	スイッチ A と B が両方とも押されていないときに DC モータが回転する。少なくとも一方のスイッチが押されると停止する。	LD NOT X0 AND NOT X1 OUT Y12 END
(4) OR 接続	スイッチA　　　表示灯 X0　　　　　Y10 ─┤├───────○─ スイッチB X1 ─┤├─ ─[END]─	X0 か X1 のいずれか一方がオンすると Y10 は ON になる。	スイッチ A か B のうち少なくとも一方を押すと表示灯が点灯する。	LD X0 OR X1 OUT Y10 END
(5) OR NOT 接続 1	スイッチA　　　ソレノイドバルブ X0　　　　　Y11 ─┤├───────○─ スイッチB X1 ─┤/├─ ─[END]─	X0 の入力がオンになるか X1 の入力がオフのとき、Y11 は ON になる。X1 の入力だけがオンになると Y11 は OFF になる。	スイッチ A が押されるかスイッチ B が押されていないときソレノイドバルブが ON する。スイッチ B だけを押すと OFF になる。	LD X0 OR NOT X1 OUT Y11 END
(6) OR NOT 接続 2	スイッチA　　　DCモータ X0　　　　　Y12 ─┤/├───────○─ スイッチB X1 ─┤/├─ ─[END]─	X0 と X1 の両方の入力がオンになると、Y12 は OFF になる。	スイッチ A と B の両方が押されると DC モータは停止する。いずれか一方でも押されていないときは回転する。	LD NOT X0 OR NOT X1 OUT Y12 END

※ PLC によっては LD NOT を LDI、AND NOT を ANI、OR NOT を ORI とする場合もある

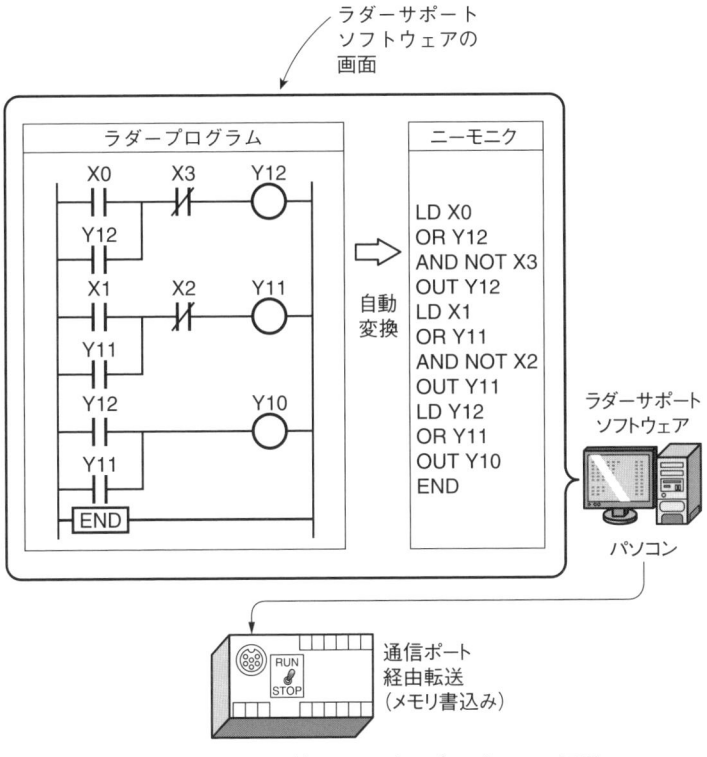

図4-9 パソコンを使ったラダープログラムの転送

ストールして、**図4-9**のようにパソコンの画面でラダープログラムを作成します。

　ラダープログラムはPLCの中ではニーモニック言語で処理されるので、パソコンの画面上でつくったラダープログラムは、ラダーサポートソフトウェアの機能を使ってニーモニック言語に自動変換してから通信ポート経由でPLCに書き込みます。

　図4-10にはラダー図をニーモニックに変換するときのポイントを具体例を使って紹介してあります。このラダー図の中のMは補助リレー、Tはタイマ、Cはカウンタで、RSTはリセット命令です。

　プログラミングコンソールを使ってPLCにプログラムを書き込むときには、ラダープログラムを、ニーモニック言語に変換したものを直接入

●基礎編　シーケンス制御のための基礎知識

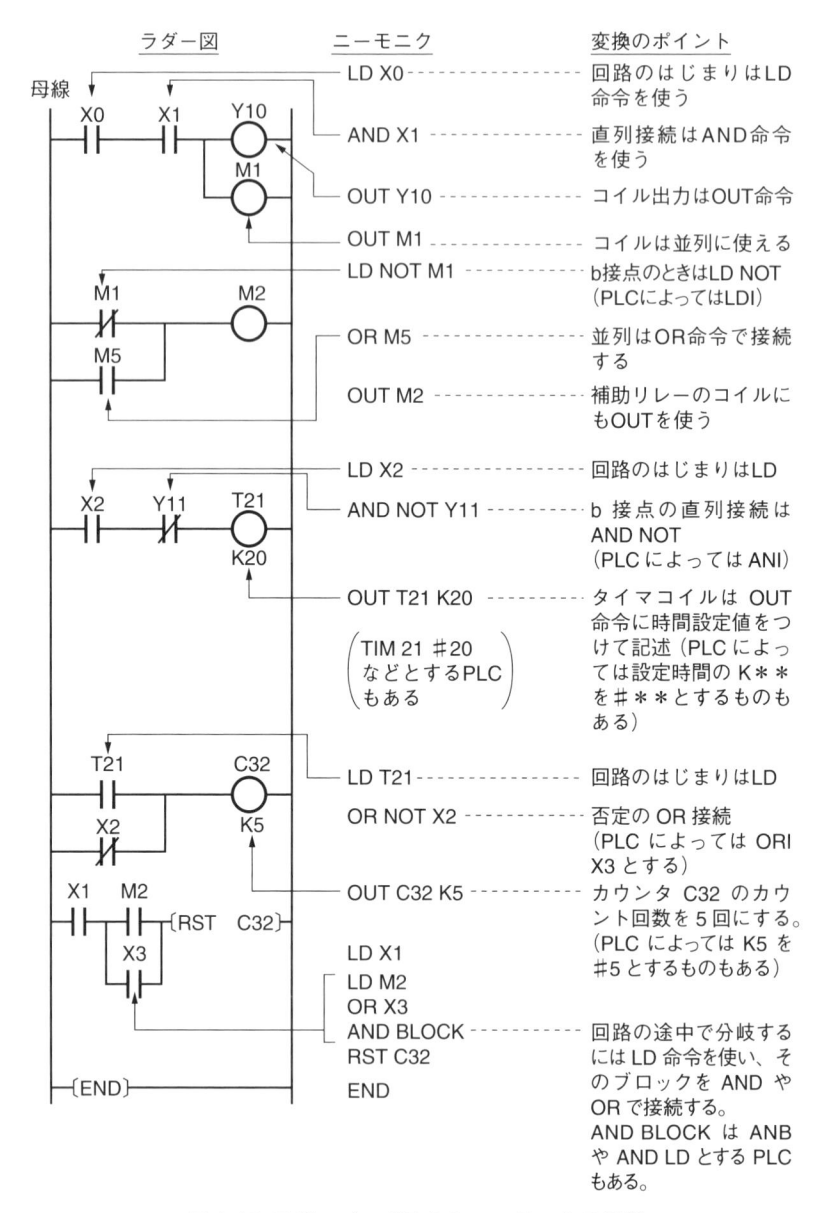

ラダー図	ニーモニック	変換のポイント
	LD X0	回路のはじまりはLD命令を使う
X0—X1—Y10	AND X1	直列接続はAND命令を使う
	OUT Y10	コイル出力はOUT命令
M1	OUT M1	コイルは並列に使える
	LD NOT M1	b接点のときはLD NOT（PLCによってはLDI）
M1—M2		
M5	OR M5	並列はOR命令で接続する
	OUT M2	補助リレーのコイルにもOUTを使う
	LD X2	回路のはじまりはLD
X2—Y11—T21 K20	AND NOT Y11	b接点の直列接続はAND NOT（PLCによってはANI）
	OUT T21 K20	タイマコイルは OUT 命令に時間設定値をつけて記述（PLCによっては設定時間のK＊＊を＃＊＊とするものもある）
	(TIM 21 ＃20 などとするPLC もある)	
T21—C32 K5	LD T21	回路のはじまりはLD
X2	OR NOT X2	否定のOR接続（PLCによってはORI X3とする）
	OUT C32 K5	カウンタ C32 のカウント回数を5回にする。（PLCによってはK5を＃5とするものもある）
X1—M2—{RST C32} X3	LD X1 LD M2 OR X3 AND BLOCK RST C32	回路の途中で分岐するにはLD命令を使い、そのブロックを AND や OR で接続する。AND BLOCK は ANB や AND LD とする PLC もある。
{END}	END	

図4-10　ラダープログラムとニーモニックの関係

表 4-2 いろいろなプログラミング方法

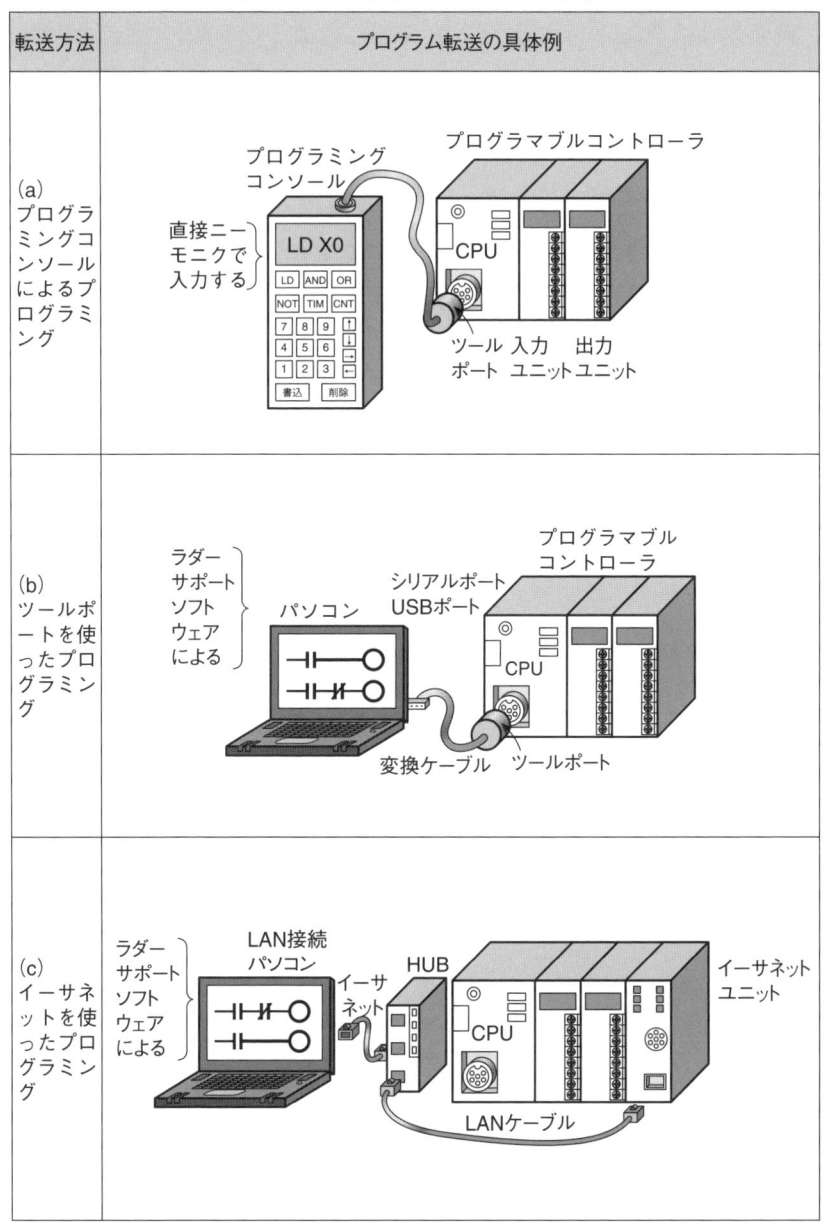

転送方法	プログラム転送の具体例
(a) プログラミングコンソールによるプログラミング	プログラミングコンソールを使用し、直接ニーモニックで入力する。プログラマブルコントローラのツールポートに接続（CPU、入力ユニット、出力ユニット）
(b) ツールポートを使ったプログラミング	ラダーサポートソフトウェアによる。パソコンとプログラマブルコントローラのシリアルポート／USBポートを変換ケーブルでツールポートに接続
(c) イーサネットを使ったプログラミング	ラダーサポートソフトウェアによる。LAN接続パソコンからイーサネット経由でHUB、LANケーブルを通してイーサネットユニットに接続

力します。

　表 4-2 には PLC にプログラムを書き込むときの一般的な方法が書いてあります。(a)はプログラミングコンソールを使ってニーモニックでプログラムを入力する方法です。(b)と(c)はラダーサポートソフトウェアを使ってパソコンから通信で PLC に書込む方法です。この他にも USB ポートを使ってパソコンと通信するものや、タッチパネルを経由して書き込むことができる PLC もあります。

　PLC にプログラムを転送してから RUN-STOP スイッチを RUN にすると、PLC に書き込まれたニーモニック言語のプログラムが実行されて、制御出力が出てきます。

4 ラダープログラムの実行とスキャンタイム

　PLC にラダープログラムを書き込んで RUN すると、ラダープログラムは一番上の先頭行から順に END 命令まで演算が実行されます。

　END 命令を実行すると先頭行に戻って、また上から順に演算を行います。PLC ではこの演算のサイクルを無限に繰り返しています。この 1 回の演算サイクルのことを 1 スキャンと呼び、1 スキャンに使われる時間をスキャンタイムと呼んでいます。スキャンタイムは PLC の演算速度やプログラムの大きさによっても変わってきますが、おおむね数 μ 秒から数十 μ 秒程度のものが多いようです。

5章 シーケンス制御プログラム構築例

PLCを使ってシーケンス制御を行う具体例を紹介します。この例の中で補助リレーやタイマ、カウンタなどの使い方についても説明します。

1. PLCを使った機械制御

1-1 空気圧シリンダの往復制御

図1のように、空気圧シリンダをシングルソレノイドバルブで往復させる装置をPLCで制御してみます。PLCの出力Y11に接続しているソレノイドバルブをオンすると、空気圧シリンダが前進して、前進端でPLCの入力X2に配線されているリミットスイッチがオンするようになっています。ここに書かれているPLCプログラムを実行して、スイッチB（X1）が押されると、シングルソレノイドバルブの出力（Y11）が自己保持になってシリンダが前進します。前進端でリミットスイッチ（X2）がオンすると、自己保持が解除されて、シリンダは元の位置まで後退して停止します。すなわち、スイッチBでシリンダは自動的に一往復するわけです。

シングルソレノイドバルブを使っているのでシリンダが前進する間は

●基礎編　シーケンス制御のための基礎知識

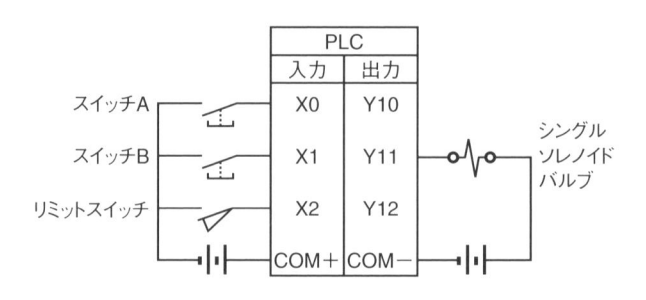

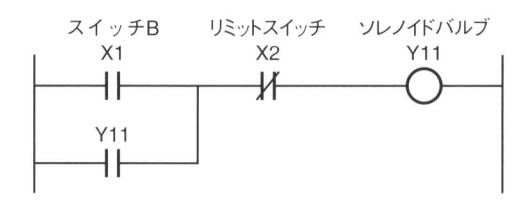

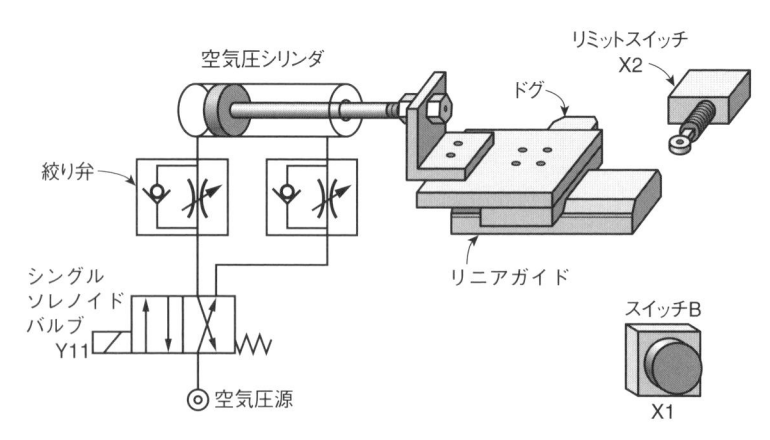

図1　空気圧シリンダを1往復する装置

Y11を自己保持にしてソレノイドバルブをオンし続けるようにするところがポイントです。

図1のシリンダの装置を、前進端で4秒間時間待ちしてから戻るようにラダープログラムを修正したものが**図2**です。

リミットスイッチがオンして4秒経過したところでタイマT3のb接点が開いてY11の自己保持を解除するようになっています。タイマの使い方はこのあとに出てくる例の中で解説します。

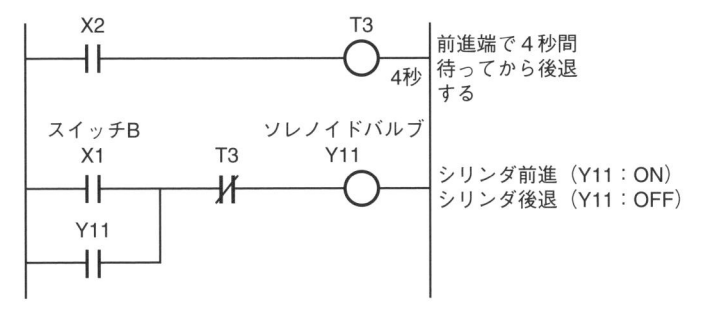

図2 前進端で4秒間停止するラダープログラム

●基礎編　シーケンス制御のための基礎知識

1．PLCを使った機械制御

1-2　ワーク搬送コンベアの制御

　図1のようなコンベアでワークを図の右方向に搬送しています。コンベアは普段動いていますが、近接センサでワークを検出したときにはコンベアを停止するように制御するものとします。

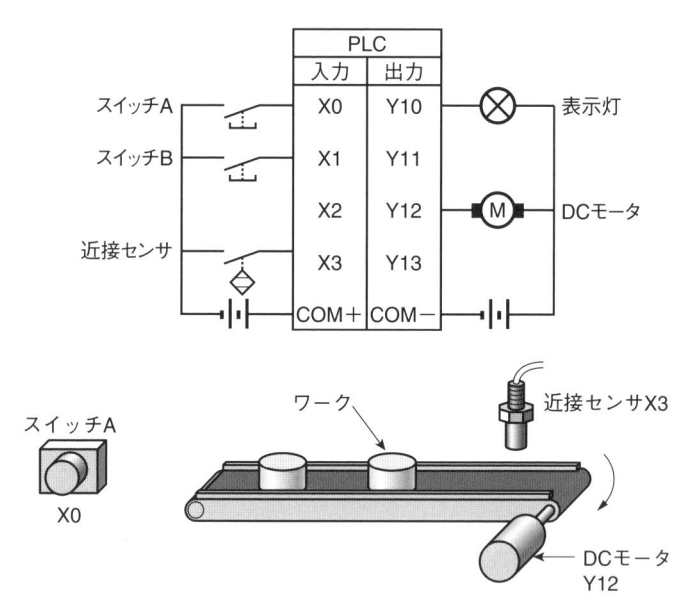

図1　ワーク搬送コンベア

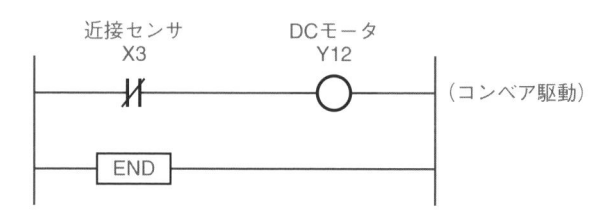

図2　ワークがあるとコンベアを止めるラダープログラム

（1）最も簡単なプログラム

この動作を実現する最も簡単な考え方は、近接センサがオフのときだけコンベアを駆動するようにすることです。近接センサがオフしている状態は近接センサの入力（X3）のb接点を使えば検出できるので、そのときにDCモータ（Y12）をオンするようにします。このラダープログラムは**図2**のようになります。

このラダープログラムでは、近接センサが入っていないときにDCモータが回転してコンベアが右方向に動き、近接センサがワークに反応すると停止します。ところが、起動と停止の条件がないのでワークがないときには電源を切らない限りコンベアがまわったままになってしまいます。この改善方法は（3）で述べます。

また、コンベアがオーバーランして、ワークが近接センサの位置で止まらずに行き過ぎてしまう場合には、コンベアは完全に止まらずにワークを次から次へ先に運んでしまいます。この現象を改善するには、コンベアを遅くするか、モータの停止特性を変えるか、近接センサの検出範囲を広くするという方法が考えられます。ラダープログラムで改善するには（2）のようにします。

（2）ワーク毎に確実に停止するプログラム

近接センサ（X3）をワークがよぎったら必ずコンベアを止めるには、自己保持回路を使って**図3**のようにします。ただし、このプログラムでは、1回ごとにスイッチAでコンベアを起動する必要があります。

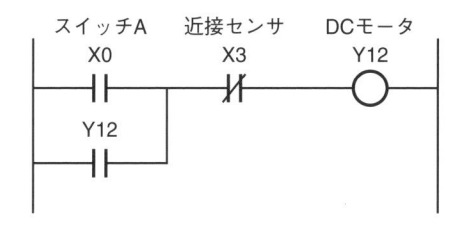

図3 ワークごとに確実に停止するプログラム

●基礎編　シーケンス制御のための基礎知識

（3）補助リレーを使った自動運転開始信号

　プログラムが複雑になってくると、入出力リレーだけでは制御しきれないことが起こります。

　そのようなときには補助リレーを使います。補助リレーは入力や出力とは関係のないメモリ上のリレーで、PLC プログラムの中でしか使いません。本書では、補助リレーは M の記号で表します。補助リレーは M0、M1、M2…と M のあとに添数字を付けて使用します。使用できる範囲は PLC によって異なります。

　ここでは、補助リレーを使って、自動運転を開始するような信号をスイッチ A とスイッチ B でつくってみます。

　（1）でつくったプログラムに、自動運転開始の信号を追加してスイッチ A を押さないとコンベアが起動しないようにしてみます。

　図 4 は、自動運転開始信号を補助リレー M0 のコイルを使ってつくったものです。このようにしておくと、コンベアは M0 がオンしているときにしか動作しなくなります。スイッチ A を押すと自動運動が開始して、スイッチ B を押すと自動運転開始信号がオフして、コンベアはその場で停止します。

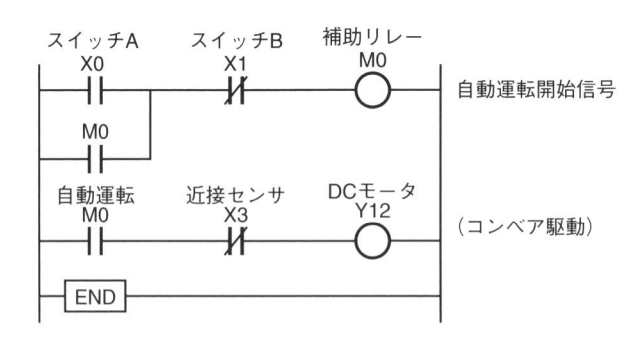

図 4　補助リレーによる自動運転信号

2. PLCのタイマを使った制御

2-1 タイマの動作と使い方

　PLCプログラムの中でタイマというと、通常オンディレイタイマのことを指します。オンディレイタイマは、タイマのコイルを、設定した時間以上連続して励磁すると、設定時間が経過したところでタイマの接

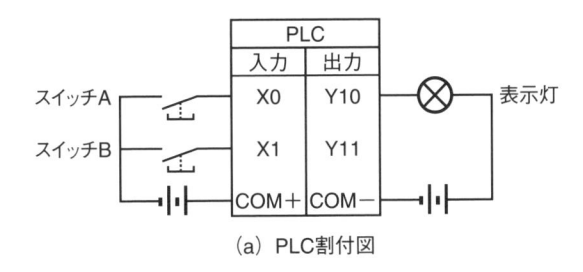

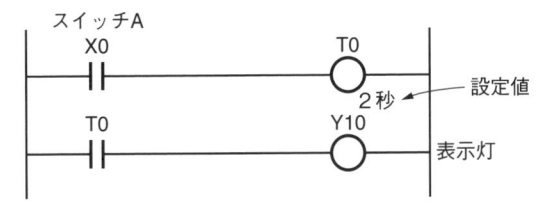

(a) PLC割付図

(b) ラダープログラム

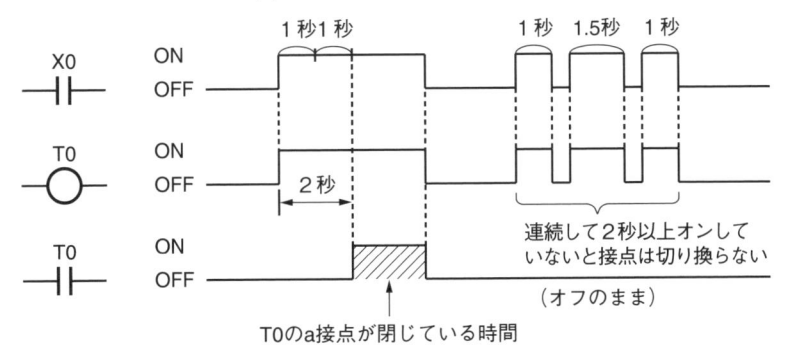

(c) タイムチャート

図1　タイマを使ったのラダープログラム

●基礎編　シーケンス制御のための基礎知識

点が切り換わり、コイルの励磁が切れるまでその状態を継続します。

　タイマのコイルにはT（PLCによってはTIM）を頭文字に付けます。

　図1にはタイマを使った簡単なラダープログラムとタイマの設定時間を2秒にしたときの動作のタイムチャートを示します。

　スイッチA（X0）がオンして、2秒経過するとタイマ（T0）の接点がオンになります。X0がオフになってタイマのコイルがオフになるとタイマ現在値はゼロに戻り、タイマの接点もオフになります。

　すなわち、スイッチAを2秒間オンさせておくと、タイマの接点が切り換わって表示灯が点灯することになるわけです。そしてスイッチAを離すと表示灯はすぐに消灯します。

　ひとつのタイマには、コイル、接点、設定値、タイマ現在値の4つの要素があります。タイマ現在値はコイルが連続してオンになっている時間をカウントする値で、この値が設定値に達すると接点を切り換えるようになっています。

　このラダープログラムではタイマ設定値に2秒と書いてありますが、実際のラダープログラムではK20とか#20というような数値で設定します。Kや#は10進数を表わす記号です。一方、PLCの汎用のタイマのタイムベースによって設定する数値はかわってきます。たとえば、0.1秒のタイムベースのタイマであれば10進数の20（たとえばK20）を設定すれば2秒タイマになります。

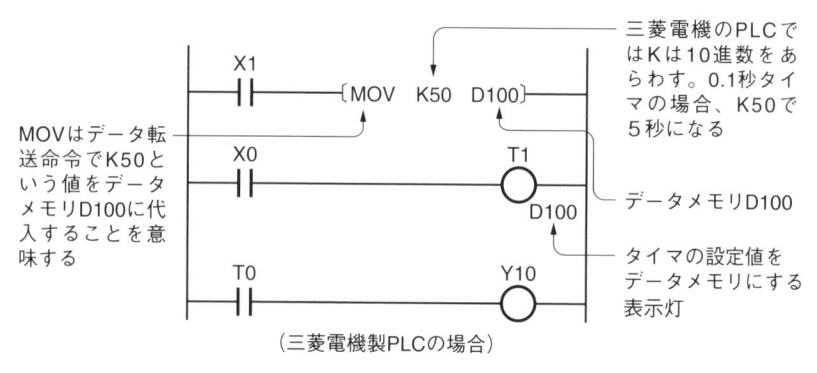

図2　データメモリによるタイマ設定値の指定

タイマの設定値はタイマ時間に相当する数字を直接設定するのが一般的ですが、**図2**のようにデータメモリと呼ばれる変数データを使ってタイマ時間を設定することもできます。

2. PLCのタイマを使った制御

2-2　タイマを使った駆動時間の制御

　タイマを使ってコンベアの動作時間をコントロールするPLCプログラムをつくってみます。ここではコンベアが動作して6秒間で自動的に停止するようにタイマを使って制御します。装置は**図1**のような簡単なものとします。

6秒間まわると停止する

DCモータ
Y12

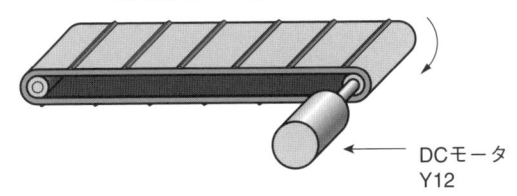

図1　タイマで6秒後に停止するコンベア

　この装置は**図2**のようにPLCにスイッチとDCモータが接続されていて、DCモータの回転でコンベアを駆動するようになっています。ラダープログラムはスイッチA（X0）を押したときにDCモータの出力（Y12）を自己保持にして、6秒間経過したら自動的に切れるようになっています。

　このプログラムでは、タイマT2でY12がオンしている時間をカウントして、タイマ現在値が設定値の6秒になるとT2のb接点でY12の自己保持を解除するのでコンベアがまわり出してから6秒経つと自動的に停止するわけです。

●基礎編　シーケンス制御のための基礎知識

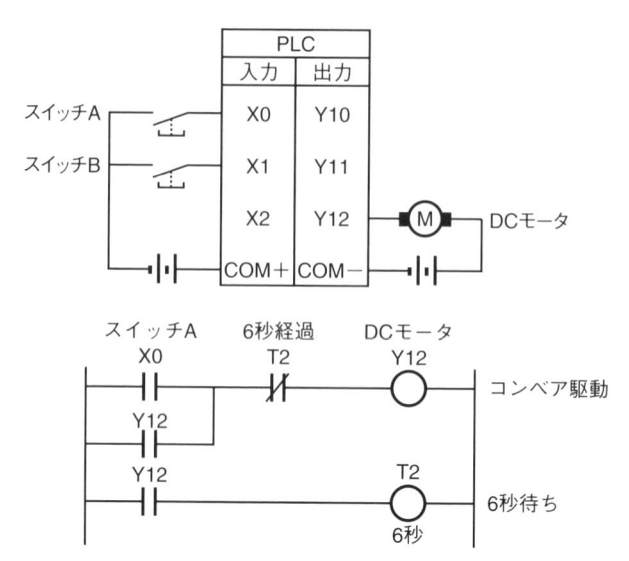

図2 PLC入出力割付図とラダープログラム

3. PLCのカウンタを使った制御

3-1　カウンタの機能と制御方法

　PLCのカウンタは、カウンタのコイルに入力している接点の立上がりをとらえ、何回オンオフしたのかをカウントします。そしてカウントしている現在値が設定値に達するとカウンタの接点が切り換わります。

　一般にカウンタは、カウントするコイル、接点、カウンタ設定値、カウンタ現在値、カウンタ現在値をリセットするという5つの機能を持っています。アップダウンカウンタでは、さらにカウント値を減算する入力機能が追加されます。

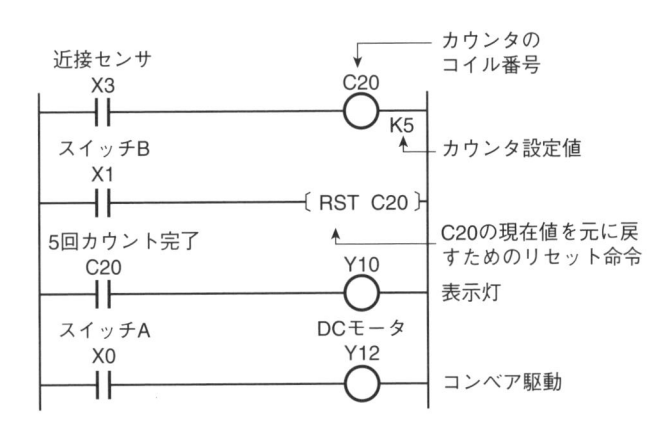

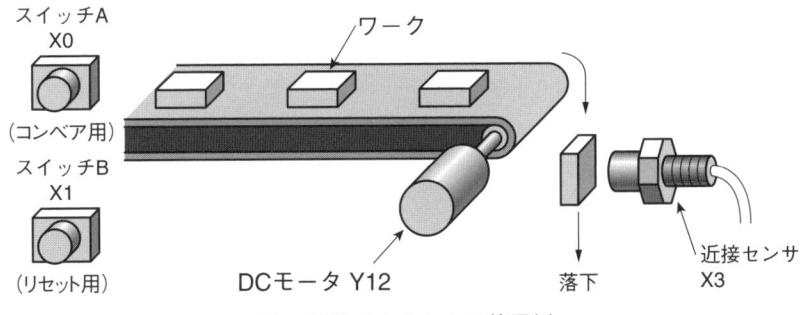

図1 PLCのカウンタの使用例

●基礎編　シーケンス制御のための基礎知識

　カウンタを使ったラダープログラムの例を**図1**の装置を使って説明します。このラダープログラムではPLCの入力端子X3に接続されている近接センサがコンベアから落下したワークを数えるたびにカウント値を1づつ加算して5個カウントしたところでランプを点灯するようになっています。

　もし、スイッチAでコンベアを駆動して5個ワークの落下を数えたところで自動的にコンベアを停止するのであれば、図1のY12の回路を**図2**のように修正します。

```
      スイッチA
        X0      C20         Y12
        ─┤├──────┤/├──────( )──
        Y12
        ─┤├──
```

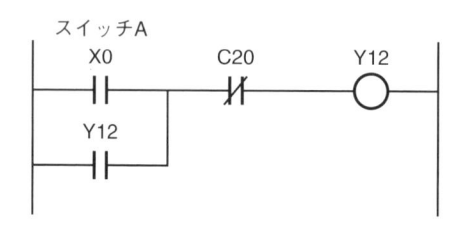

図2　カウンタでコンベアを自動停止するラダープログラムの修正

　プログラムの中の─[RST C20]─となっているものは、カウンタC20の現在値を初期値に戻すためのリセット命令です。RSTはリセットの略で、カウンタC20をリセットするという意味になります。

4. PLCのパルス信号を使った制御

4-1　パルス信号のつくり方

　PLCのパルス信号は、ある接点が切り換わった瞬間をとらえて一瞬だけオンするPLC独特の信号です。一瞬とはPLCの1スキャン時間のことです。スキャンをしていない電磁リレーを使った電気回路ではつくることができません。パルスには立上がりパルスと立下がりパルスがあります。立上がりパルスは、接点がオフからオンに変化した瞬間をとらえた1スキャンだけオンする信号です。立下がりパルスは逆にオンからオフに変化した接点信号をとらえて、1スキャンだけ出力をオンにするものです。

　入力信号X1の立上がりと立下がりのパルス信号は**表1**（1）のように接点記号に矢印を付ける方法と、（2）のように補助リレーとパルス命令でつくる方法の2通りがあります。パルス発生命令はPLS（立上がりパルス）、PLF（立下がりパルス）、DIFU（立上がりパルス）、DIFD（立下がりパルス）などがあり、PLCの機種によって異なります。いずれの場合も対象となるリレーの接点が1スキャン時間だけオンするようになります。

表1　パルス信号のつくり方

	(1) 接点信号を使う方法	(2) 別のリレーコイルを使う方法
立上がりパルス信号	X1　―｜↑｜―　X1がオフからオンに変化したときに1スキャンだけオンする接点	X1　―｜｜―[PLS　M20]―　←立上がりパルス命令　M20の接点 ―｜｜― がX1の立上がりパルス信号になる
立下がりパルス信号	X1　―｜↓｜―　X1がオンからオフに変化したときに1スキャンだけオンする接点	X1　―｜｜―[PLF　M21]―　←立下がりパルス命令　M21の接点 ―｜｜― がX1の立下がりパルス信号になる

5　シーケンス制御プログラム構築例

●基礎編　シーケンス制御のための基礎知識

4. PLCのパルス信号を使った制御

4-2　パルス信号を使った簡単な制御例

　パルス信号を使った制御のひとつの例として、押ボタンスイッチをいったん押して離したときにモータが起動するようなラダープログラムをつくってみましょう。

　この装置は、図1のようにスイッチとモータがPLCに接続しているものとします。スタートボタンはX0につながっているのでX0がオンからオフに変化したときがスタートボタンを離したときの信号になります。そこでX0の立下がりパルスを使うことにすると、ラダープログラムは図2のようになります。スタートボタンの立下がりパルスでモータ回転出力のY10を自己保持にしています。このプログラムではストップボタン（X1）が押されるとすぐにモータが停止します。

　次に、ストップボタンを一度押して離したときにこの自己保持回路を解除するようにプログラムを変更してみます。このプログラム変更は、b接点のパルス信号が必要になるので、ストップボタンの立下がりパル

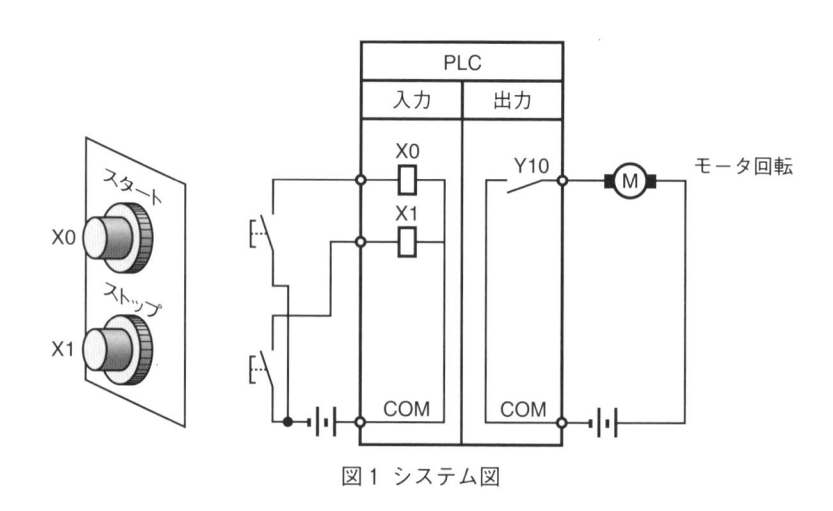

図1　システム図

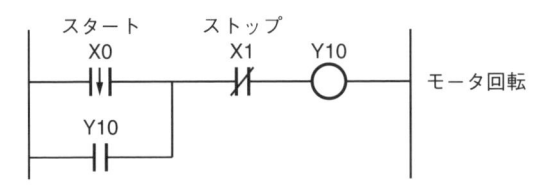

図2 スタートボタンを離したときに起動するラダープログラム

スをいったん補助リレー M30 に置き換えてその b 接点で Y10 の自己保持を解除するようにします。その修正を行ったラダープログラムは図3のようになります。左右どちらのプログラムでも同じ動作になります。

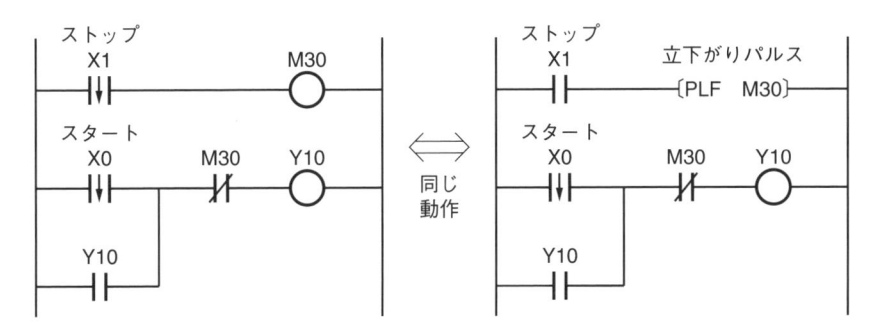

図3 ストップボタンを離したときに停止

このようにすると、ストップボタンが押されたままではモータは停止せず、押して離したときに停止するようになります。この例で示した自己保持の終了信号のようにパルス信号で回路を切るような場合には、いったん別のリレーコイルに置き換えてからその b 接点を使う必要があります。

●基礎編　シーケンス制御のための基礎知識

4. PLCのパルス信号を使った制御

4-3　パルス信号を使った機械制御

図1のような装置において、光電センサ（X0）がオンしたらプレス

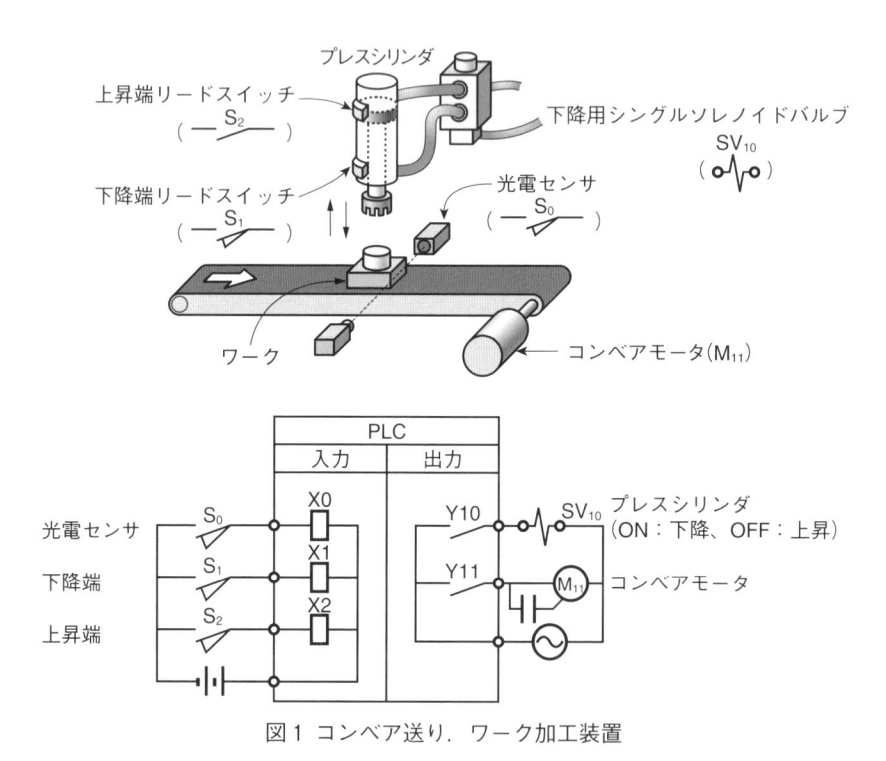

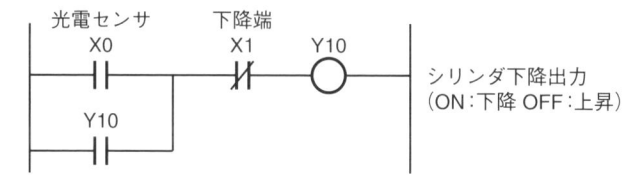

図1 コンベア送り．ワーク加工装置

図2 ワークを発見して下降する回路

シリンダを下降（Y10 を自己保持）して、下降端リードスイッチ（X1）でシリンダを上昇（Y10 の自己保持を解除）するという回路をつくると図2のようなラダープログラムになりがちです。

　ところが、実際にこの装置をつくって動かしてみるとうまくいきません。その理由を考えてみましょう。ワークが光電センサのところまで送られてくるとシリンダは下降して下降端リードスイッチがオンになるところまではよいのですが、シリンダが上昇を始めて下降端リードスイッチ（X1）がオフになります。このとき、ワークはコンベア上に残っていて光電センサ（X0）はオンしたままなので、プレスシリンダはまた下降を始めてしまうという不具合が起きてしまいます。

　これは、光電センサでワークを検出している状態の信号をそのまま使っているから起こる不具合です。

　このようなときにパルス信号を利用するとうまくいきます。光電センサのオンオフの状態ではなく、オンからオフに切り換わった瞬間の信号変化を使って制御するのです。光電センサがオンしている ─┤X0├─ という接点は、そこにワークがある限りずっとオンしたままになっている信号ですが、これを ─┤↑X0├─ という立上がりパルス命令（微分命令）に変更すると、ワークがその位置に到着したときに1回だけ出てくる信号になります。そこで図3のようにするとうまくいきます。

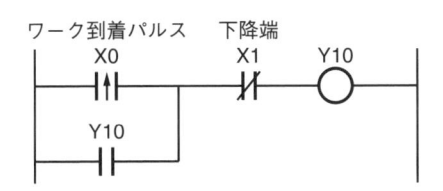

図3　パルスによるワーク到着信号を使った改善

　次に、プレスが終了したら、コンベアを動かしてワークを送り、センサがオフしたらコンベアを停止するラダープログラムをつくってみます。プレスが終了すると上昇端リードスイッチ（X2）がオンになるので、この信号でコンベアを駆動して光電センサ（X0）がオフになった

●基礎編　シーケンス制御のための基礎知識

ところで止めるようにしたものが図4です。

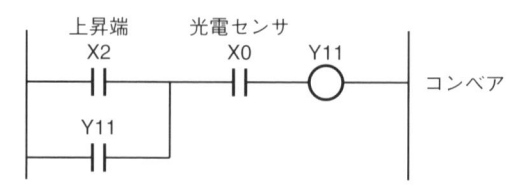

```
    上昇端      光電センサ
     X2          X0      Y11
  ───┤├────────┤├──────○───     コンベア
     Y11
  ───┤├────
```

図4　ワークを送り出す回路（誤り）

ところがこの回路では、プレス作業が始まる前でもX2とX0の両方がオンになっているので、コンベアは回転してプレスの最中にワークが排出されてしまいます。

これはプレスが完了した信号に ─┤├─ を使ったのが誤りで、正しくはX2がオフからオンに変化した ─┤↑├─ という信号を使うべきなのです。─┤├─ は上昇端にいるという状態をあらわし、─┤↑├─ は下から上がってきて上昇端に到着したという変化をとらえた信号です。

そこでパルス信号を使って改善したものを図5に示します。

```
    上昇端に到着   光電センサ
       X2          X0      Y11
  ────┤↑├─────────┤├──────○───     コンベア
       Y11          ↑
  ────┤├──     光電センサがオンの間
              コンベアを駆動
```

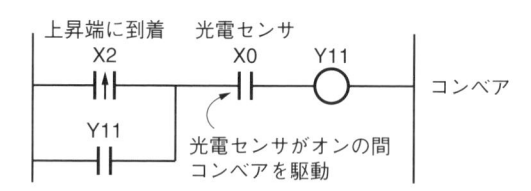

図5　プレス完了後の自動排出のラダープログラム

このようにパルス信号を上手に使うと、ワークの到着した瞬間や機械の作業が完了したというような信号を簡単につくることができます。

それでは、このシステムを制御するラダープログラムを仕上げてしまいましょう。今度は光電センサの位置にワークがないときにコンベアを駆動して次のワークを送って、プレスシリンダの位置のセンサがオンしたところで止まるようにします。このラダープログラムは図6のようになります。

```
        光電センサ オフ
          X0                Y11
     ─────╱ ╲──────────────( )──────  コンベア
```

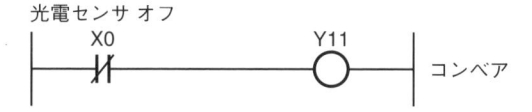

図6 センサがオンするまでコンベアを駆動

　図3と図5と図6を連結して全体のラダープログラムを構成すると、**図7**のようになります。この連結では、図5と図6の中で同じY11のコイル制御をしているところに注意します。前述した通り、ラダープログラムの中には同じ番号のリレーコイルは一度しか記述できません。そこで矛盾なくこの2つのプログラムを連結するために図5の制御動作をいったん補助リレーM0に置き換えてから連結しています。

```
         ワーク到着  下降端
            X0       X1       Y10
       ┌──┤├──┬──┤╱├─────( )────  プレスシリンダ下降
       │         │                       （図3）
       │  Y10    │
       └──┤├──┘

         上昇端
            X2       X0       M0
       ┌──┤├──┬──┤├─────( )────  自動排出用
       │         │                       （図5の置き換え）
       │  M0     │
       └──┤├──┘

            X0                Y11
       ┌──┤╱├────────────( )────  コンベア
       │  M0
       └──┤├──
```

センサがオンするまでコンベアを駆動
自動排出

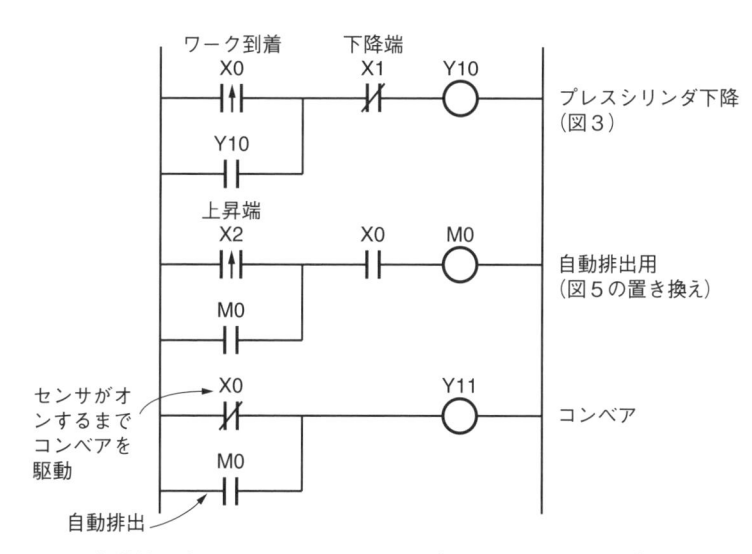

図7 自動的に次のワークを送り込んでプレスを行うラダープログラム

実用編
実用的な制御プログラムのつくり方とPLCの拡張機能

PLCを使いこなすために必要なPLCの構造や演算方法の知識を修得して、実用的なラダープログラムを作成する手法を学びます。さらに、PLCの持っている能力を最大限に活用するために拡張した高機能ユニットの使い方について解説します。

●実用編　実用的な制御プログラムのつくり方とPLCの拡張機能

1章
PLCの演算処理と
プログラムの解析方法

　PLCを使った制御を本格的に行うためには、PLCの構造やPLC内部でどのような演算が行われているかという知識が必ず必要になってきます。本章では、PLCの内部の構造と演算処理、ラダープログラムを実行したときの制御動作の解析方法について解説します。

1.1 PLCの演算処理

　図1-1は、CPUユニットの構造をモデル化した図です。このPLCにラダープログラムを書き込んで、CPUを運転状態（RUN）にしたときにどのように動作するのかを見てみましょう。
　ラダープログラムは、ニーモニクの形で②のプログラムメモリに書き込まれています。③のI/Oメモリにはプログラムで使うリレーのオンオフが2進数の1、0の形で記憶されています。また、タイマ、カウンタ、データメモリなどのデータもここに書き込まれています。

1 プログラムの演算処理

　CPUをRUNにすると、CPUが演算を開始します。まず、①の演算処理部が起動して、②のプログラムメモリにニーモニクで書き込まれているラダープログラムを行番号000から順にCPUに読み込んで、END

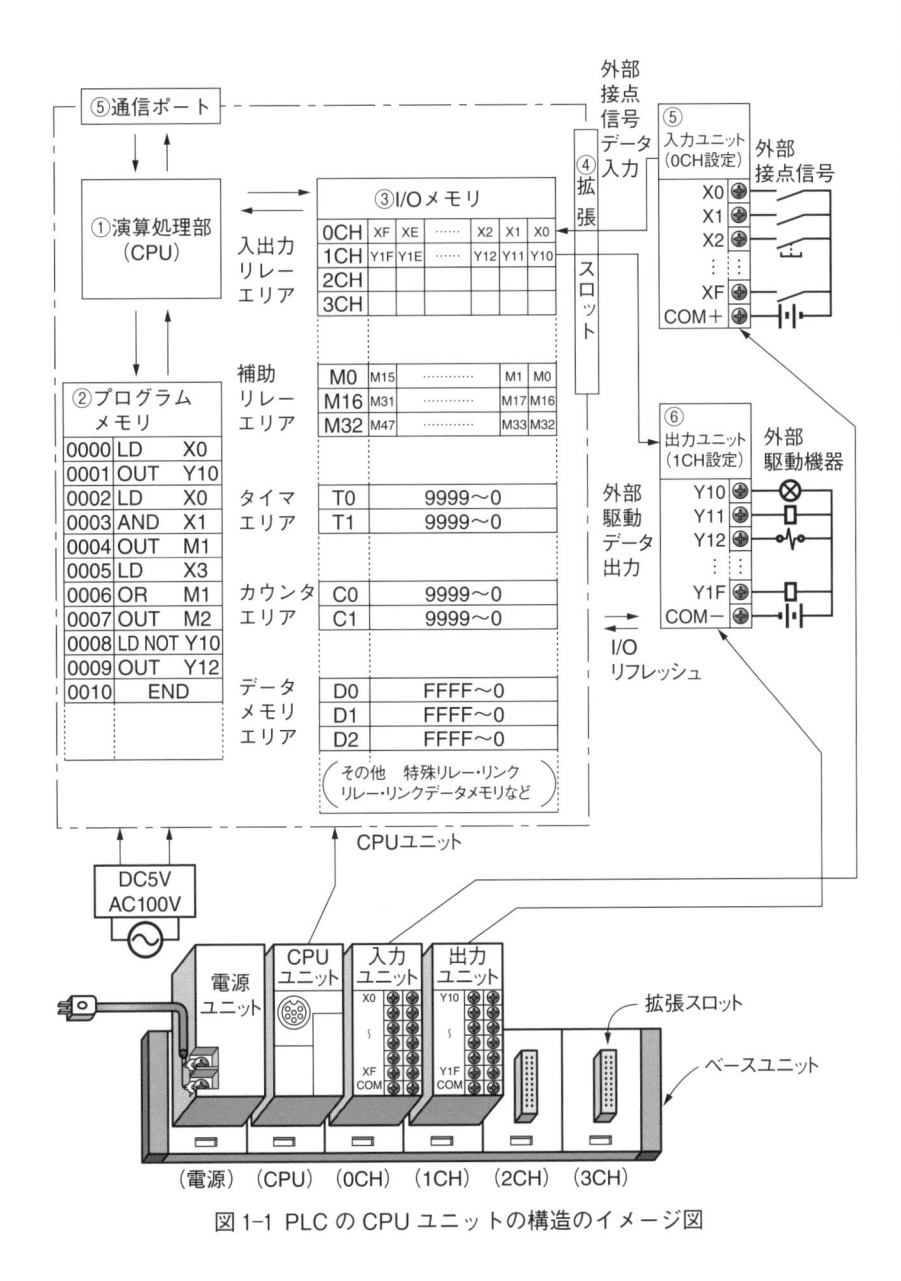

図 1-1 PLC の CPU ユニットの構造のイメージ図

命令まで1行ずつ実行していきます。このときに使う接点信号（X、Y、M、T、Cの接点のオンオフ状態）やデータ値（D、T、Cの現在値）は③のI/Oメモリに格納されている1と0でつくられているデータを使います。

たとえば、この例では0CHに入力リレーのXF～X0が割付けられています。もし、X0、X1とX4の入力リレーがオンになっているとすると、0CHのデータは図1-2のようになります。すなわち、オンになっているリレーは1、オフのリレーは0にメモリのビットの状態が変化しているわけです。そこで、LD X0という命令を実行すると、X0の値の1をCPUに取り込むということになります。次にOUT Y10を実行すると、取り込んだ1の値をY10に書き込むことになるのでI/Oメモリ上のY10のビットが1になります。

ビット	15	14	13	12	11	10	9	8	7	6	5	4	3	2	1	0
0CHのリレー番号	XF	XE	XD	XC	XB	XA	X9	X8	X7	X6	X5	X4	X3	X2	X1	X0
0CHのデータ	0	0	0	0	0	0	0	0	0	0	0	1	0	0	1	1

オンになっているリレーコイル番号のI/Oメモリのデータが1になる
※入力リレーは外部接点のオンオフによって1、0に変化する

図1-2 プログラムの演算に使うI/Oメモリエリアのデータ例

このような1と0のデータを使ってラダープログラムの演算を1行ずつ実行して、END命令まで一気にすべての演算を行います。

2 I/Oリフレッシュ

最後にEND命令が実行されると、I/Oリフレッシュという処理が実行されます。I/Oリフレッシュには入力リフレッシュと出力リフレッシュがあります。

入力リフレッシュは、拡張スロット上の入力ユニットに接続された外部接点信号を取り込んで、相当するI/Oメモリ上の入力リレーのビットの1、0の状態を書き替えます。すなわち、図1-1の構成では、外部

接点信号に従って③のI/OメモリのOCHのデータが更新されることになります。

次に出力リフレッシュが実行されます。出力リフレッシュは、I/Oメモリ上に記憶されている出力リレーの1、0の状態に従って出力ユニットの接点を実際に切り換えて外部駆動機器をオンオフする信号を出すための処理です。すなわち、I/Oメモリ上で1になっている出力リレーがあれば出力ユニットの同じ番号の接点が実際にオンになり、その出力端子とCOMの間が導通になるとイメージすればよいでしょう。この例では、図1-1の③のI/OメモリICHの中のビットのオンオフによって、⑥の出力ユニットの出力端子のオンオフを実際に切り換えることになります。

3 一般処理

I/Oリフレッシュ処理が完了すると、通信などの一般的な処理が行われます。

上記(1)～(3)までが1回の演算で、この演算に必要な時間は、ほんのわずかな時間です。1回の演算が終了するとまたはじめに戻ってプログラムの演算を行番号000から始めて同じ一連の動作を繰り返します。

このようにPLCのCPUではプログラム演算処理、I/Oリフレッシュ処理、一般処理というサイクルを無限に繰り返しています。その実行サイクルを簡単にあらわしたものが**図1-3**です。

ステップ(1)ではニーモニックプログラムの演算を行い、ステップ(2)ではI/Oリフレッシュを行い、ステップ(3)で一般処理を行って、またステップ(1)に戻るというサイクルになっています。

この1回の実行サイクルを1スキャンと呼んでいます。そして1スキャンに要する時間がスキャンタイムです。スキャンタイムはプログラムの長さやPLCによって異なりますが、数μsから数十μsのものが一般的です。

●実用編　実用的な制御プログラムのつくり方とPLCの拡張機能

```
┌─────────────────────────┐
│  ┌─────────────────┐    │
│  │ プログラム演算処理 │    │ ステップ(1)
│  │ ニーモニクの演算を │    │
│  │ END命令まで実行する│   │
│  └────────┬────────┘    │
│           ▼              │
│  ┌─────────────────┐    │  スキャンタイム
│  │ I/O リフレッシュ │    │ ステップ(2)   (1回の実行に
│  │ 入力ユニットの信号入力│ │             かかる時間)
│  │ 出力ユニットへの出力 │  │
│  └────────┬────────┘    │
│           ▼              │
│  ┌─────────────────┐    │
│  │   一般処理       │    │ ステップ(3)
│  │  (通信など)      │    │
│  └─────────────────┘    │
└─────────────────────────┘
```

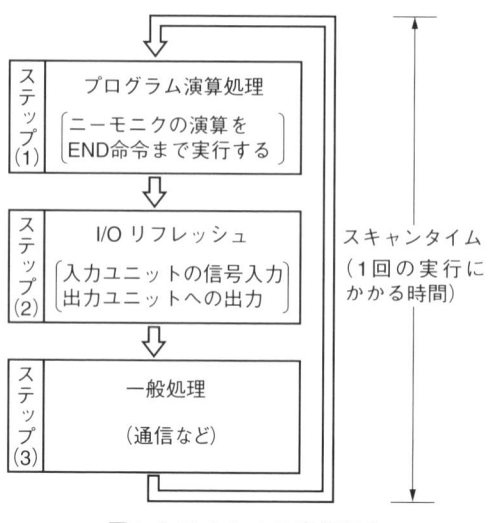

図1-3 PLCによる実行順序

1.2 PLCのプログラムの演算処理

　図1-3のステップ(1)で実行されているプログラムの演算がどのように行われているのかを説明します。

　図1-4(a)はラダー図で、(b)はそのラダー図がPLCのプログラムメモリに書き込まれたときの状態です。このような命令語を使ってラダー図を書き表したものはニーモニクと呼ばれています。

　ラダー図とはずい分違う形をしていますが、その内容は完全に一致しています。PLCのプログラムは人が読んでわかりやすいようにラダー図で描きますが、実際にPLCのプログラムメモリに書き込むときには必ずニーモニクに変換します。

　ラダーサポートソフトウェアを利用してラダー図を作成すると、このニーモニクへの変換は自動的に行ってくれるようになっているので、普段は意識することが少ないのですが、PLC内部での演算を理解するためには知っておかなくてはならない知識です。

行番号	ニーモニック	
000	LD	X0
001	OUT	Y10
002	LD	Y10
003	AND	X0
004	OUT	M1
005	LD	X3
006	OR	M1
007	OUT	M2
008	LD NOT	M2
009	OUT	Y12
010	END	

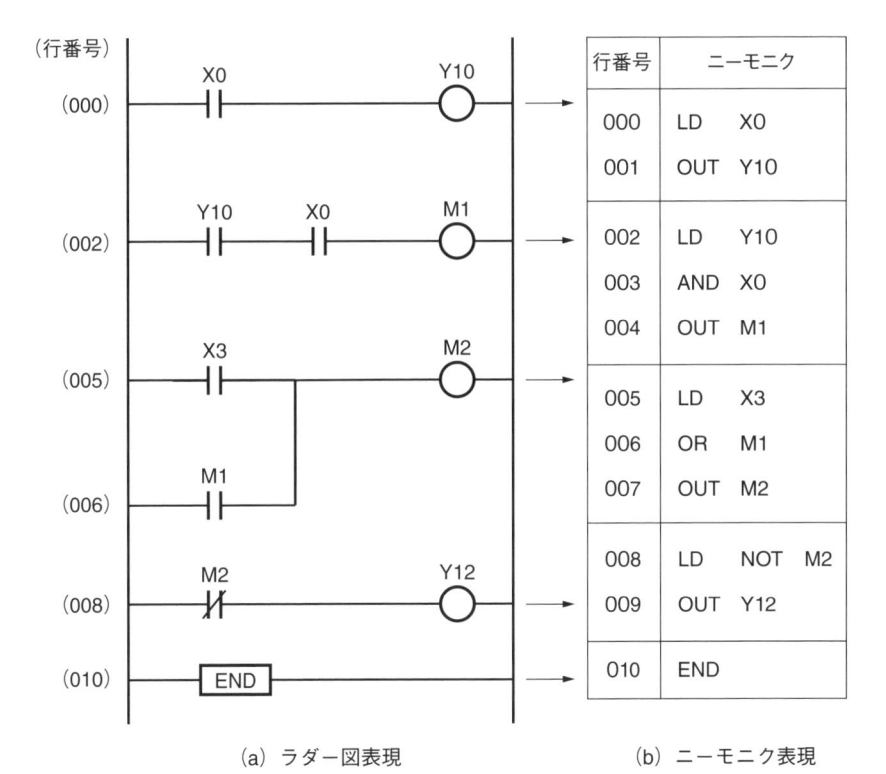

(a) ラダー図表現　　(b) ニーモニック表現

図1-4 実行するプログラム例

　PLCのCPUではこのニーモニックのプログラムを行番号の若い順に実行していって、END命令まで一気に演算します。

　図1-4の行番号000と001にあるプログラムは、入力リレーX0がオンしたら出力リレーY10をオンにするという単純なものです。ラダー図だけを見ている人は、X0のa接点が導通になったときにY10のコイルが励起するという説明をするでしょう。

　しかしながら、PLCのCPUでは、接点の導通とかコイルの励起という概念は持ち合わせていません。CPUで理解できるのは1と0の数値だけです。そこで、どのような方法で1と0の演算が実行されていくのかを、ニーモニックプログラムを使って説明していきます。

　表1-1には、図1-4のニーモニック命令を実行したときの具体的な処理

●実用編　実用的な制御プログラムのつくり方とPLCの拡張機能

表1-1　ニーモニクの意味とPLCの演算

行番号	ニーモニク [動作記号]	命令の説明 ※（リレー）はI/Oメモリ上のリレーの1か0の値を示す。 ※　Aはアキュムレータ（Aレジスタ）
000	LD　X0 [A ← (X0)]	I/Oメモリ上のX0の値を取り込んで、X0の値が1ならばAに1が代入される。 X0の値が0ならばAの値は0になる。
001	OUT　Y10 [Y10 ← (A)]	Aの値がI/OメモリのY10のビットに書き込まれる。 ビット：15 14 13 12 11 10 9 8 7 6 5 4 3 2 1 0 1CH：0 0 0 0 0 0 0 0 0 0 0 0 0 0 0 1 （Y1F →）　　　　　　　　　　　　　　　Y10 →
002	LD　Y10 [A ← (Y10)]	Y10の値をAに代入する。Y10の値は1に書き替えられているから、Aには1が代入される。
003	AND　X0 [A ← (A)AND(X0)]	Aの値とX0の値のAND論理演算をして結果の1か0をAに代入する。 002行を実行したAの値は1だからこれとX0の値である1とのANDをとると1になる。Aには新たに1が代入される。
004	OUT　M1 [M1 ← (A)]	Aの値がI/OメモリのM1のビットにデータとして書き込まれる。 ビット：15 14 13 12 11 10 9 8 7 6 5 4 3 2 1 0 M0：　0 0 0 0 0 0 0 0 0 0 0 0 0 0 1 0 　　　　　　　　　　　　　　　　　　M1 →
005	LD　X3 [A ← (X3)]	入力リレーX3の1か0の値をAに代入する。 X3がオフだとAには0が代入される。
006	OR　M1 [A ← (A)OR(M1)]	Aの値とM1の値のOR演算をしてAに代入する。 M1の値は1になっているからAは1になる。
007	OUT　M2 [M2 ← (A)]	ここまでのAの演算結果の0か1の値をI/OメモリのM2のビットに書込む。 ビット：15 14 13 12 11 10 9 8 7 6 5 4 3 2 1 0 M0：　0 0 0 0 0 0 0 0 0 0 0 0 0 1 1 0 　　　　　　　　　　　　　　　　　M2 → ↑ M1
008	LD NOT M2 [A ← 　NOT(M2)]	M2の値を反転してAに代入する。 007行でM2は1になったから、反転すると0になる。
009	OUT　Y12 [Y12 ← (A)]	Aの値をI/OメモリのY12のビットに書込む。 Aの現在値は0だからY12も0になる。
010	END	プログラムエンド。入出力ユニットのリフレッシュ（実際に入出力を実行する）を行い、000行に戻って同じく演算を繰り返す。

を記述しました。行番号000のところには、LD X0の下に〔A←（X0）〕という動作記号をつけておきました。これは、リレーX0の1か0の値をAレジスタに代入するという処理であることをあらわしたものです。それがLD X0の本来の意味にあたります。

　LDという命令はデータのロードのことで、データを持ってくる（転送する）ということを意味しています。すなわち、LD X0はX0のデータをCPUのレジスタに持ってくることを意味します。具体的には、I/Oメモリの中のX0の場所に入っている1か0のデータをCPUの中にあるレジスタに代入するということが行われます。このときの代入先のレジスタは通常Aレジスタ（アキュムレータ）と呼ばれるものですが、ここでは、変数AにX0が持つ1か0の値が代入されると考えておけばよいでしょう。このときのX0の値とは、図1-1③のI/Oメモリの0CHの0ビットに格納されている1か0のデータです。

　このようにして、LD X0を実行すると、I/Oメモリ上のX0の状態によって、1か0の値が変数Aに代入されることになります。したがって、LD命令が実行されたあとのAの値は必ず1か0になっています。

　次に、001行目のOUT Y10というニーモニックが実行されます。ここには〔Y10←（A）〕と書いてあります。これは、I/Oメモリ上のY10の場所にAレジスタの0か1の値を書き込むことを意味しています。OUTは出力命令ですが、この命令は正確には出力ユニットのY10端子の出力を切り換えるという命令ではありません。図1-1③で説明したI/Oメモリの中のY10のビットのデータを書き替えることが出力命令の持つ本来の意味です。

　では、データをどのように書き替えるのかというと、Aの値をそのままY10のビットに書き込みます。すなわちOUT命令を実行するときに、それまでの演算でAの値が1になっていたら、Y10のI/Oメモリの値を1に書き替え、Aの値が0だとすればY10のI/Oメモリの値を0にします。

　実際に出力ユニットから出力を出すのは、出力リフレッシュが実行されたときですから、Y10のI/Oメモリの状態が変わってもすぐに出力

されるわけではありません。これでやっと行番号000と001の演算が完了したことになります。

つづいて002行目のニーモニク演算を見てみましょう。LD Y10というのはI/Oメモリ上のY10の1か0の値をAに代入するという意味です。ここで注意したいのは、Y10の値は001行目のOUT Y10という命令で書き替えられているということです。すなわち、前に実行された演算結果は後の演算に反映されるということがわかります。LD Y10の演算の結果、Aの値に1が代入されたとして、次のAND X0を実行してみます。

AND X0という命令は、Aの値とX0の値のAND論理演算をして、その結果をAの値として代入するという命令です。

003行を実行する直前のAの値は1です。X0の値はI/OメモリのX0のビットの1か0の値です。この2つのAND論理をとるわけです。このような1ビットのAND論理は、両方とも1のとき1になり、その他は0という結果になります。したがって、この場合にはX0の値が1ならば1の結果になり、0ならば0という結果になります。その結果をAに代入すればAND X0の演算は完了します。

このようにAND X0という命令は、直前のAの値とX0の値のAND演算の結果をAに代入するということになり、その結果のAの値はやはり1か0になるわけです。

003行目の動作記号には、〔A ←(A) AND (X0)〕と書かれています。この意味はAレジスタの現在値とX0の値とのAND論理演算をして、その結果の1か0の値を新たにAレジスタに代入するということを意味しています。

004行目のOUT M1という命令は、I/Oメモリの中のM1の場所のビットをAの値によって1か0に書き替える命令です。

このようにして、CPUによるニーモニクプログラムの演算が行番号000からEND命令まで1つずつ実行されていきます。そして図1-3のような順序で高速に演算が繰り返し実行されています。

1.3 ラダー図の2つの解析方法

　PLCのプログラムはラダー図で作成するのが一般的で、プログラムのデバッグやプログラム修正にもラダー図を使います。そこで、ラダー図で描かれたプログラムを解析する手法が重要になります。ラダー図を解析するとは、ラダー図でつくったプログラム（ラダープログラム）によって制御されている機械がどのような動作をするのか、ということを説明できるということです。言い換えると、そのラダープログラムを実行したときにどういうタイミングで出力が切り換わるのか、ということが論理的に説明できるということです。

　ここでは、ラダー図を電気回路として解析する方法と論理演算によって解析する方法の2通りの方法を説明します。

1 電気回路として解析する方法

　ラダー図を電気回路として解析するためには、まず、PLC入出力割付図とラダー図で使われているリレー回路を電気回路として記述しなおしてみます。たとえば、ラダー図の中には入力リレーのコイルは出てきませんが、リレーを使った電気回路にするにはスイッチなどの入力機器で動作するリレーを記述して、その接点を使うような電気回路をつくります。

　このようにして、PLCを使った制御装置全体から電気回路をつくった例が**図1-5**の電気回路のイメージAです。

　この電気回路イメージAは、PLCの入力ユニットに接続している3つの接点をX0、X1、X2というリレーコイルに置き換えて入力部を構成し、PLCの出力ユニットに接続している3つの出力機器を出力リレーY10、Y11、Y12の接点で駆動するようになっています。

　このように特殊な命令を使っていない一般的なリレーによるラダー図は、そのまま電気回路に置き換えられることがわかります。電気回路イメージAでは、PLCの機能をほぼ忠実に電気回路として表現していま

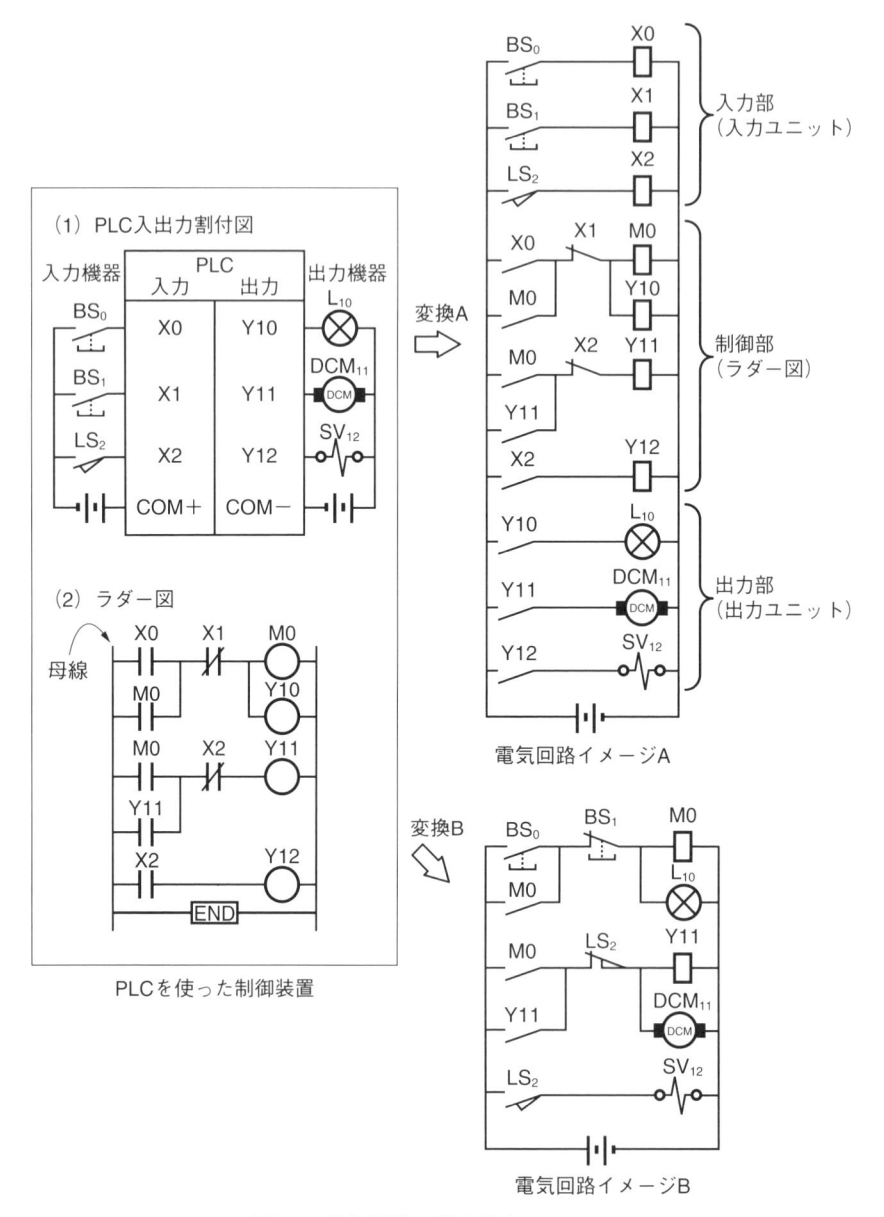

●実用編　実用的な制御プログラムのつくり方とPLCの拡張機能

図1-5　電気回路に置き換えたイメージ

すが、このままで解析しようとするとリレーの数が多くてわかりにくい部分もあります。たとえば、入力スイッチ BS_0 の接点は入力リレー X0 のコイルに置き換えていますが、実際には BS_0 の接点と X0 の接点は全く同じ動作をするので、特に X0 というコイルは使わずに直接 BS_0 の接点を電気回路で使っても動作的には変わりません。

また、出力についても出力リレーの接点を使っていなければ出力リレーを使わずに直接出力機器で置き換えることも可能です。このようにして、置き換えができるリレーコイルを削除して外部機器を直接電気回路に入れてシンプルにしたものが電気回路イメージ B です。

電気回路イメージ A と B は全く同じ動作をしますが、B の方がシンプルでわかりやすくなっています。実は PLC の入出力の割付けとは、入出力機器をプログラムで使えるように X と Y のシンボルに置き換えたものに他なりません。

この例からわかるように、電気回路図で PLC の制御を表現すると、リレーコイルの両端に電圧がかかるとそのリレー接点が切り換わるという普通の電磁リレーを使った電気回路として考えることができます。PLC のラダープログラムが、このような電気回路になっていると考えて動作を解析するのが電気回路として解析する方法です。すなわち、ラダー図の母線に電圧がかかっていて、母線からリレーコイルまで、閉じている接点を通ってたどりつけば、そのリレーコイルがオンしてその接点が切り換わると考えればいいわけです。

ラダー図の最初の回路だけを抜き出したものが**図 1-6**です。図中(1)のように X0 と X1 が閉じていれば M0 のコイルがオンになりますが、M0 が一度オンになると(2)のように M0 の接点から X1 を通って M0 のコイルに電流が流れるので、M0 は自己保持になるという説明ができるわけです。

2 論理演算で解析する方法

ラダー図を論理演算に置き換えて解析する方法は、PLC の CPU で行われている実際の演算方式とほぼ同じ演算を行うことになります。その

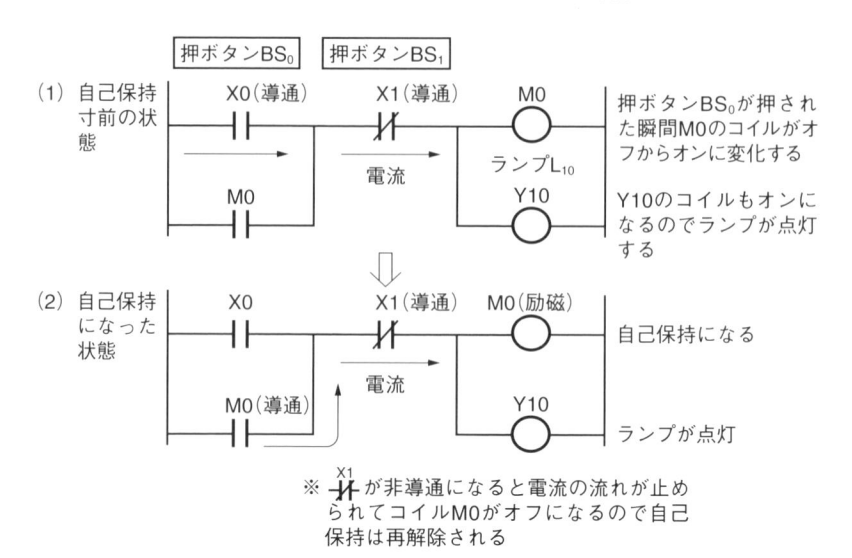

●実用編　実用的な制御プログラムのつくり方とPLCの拡張機能

図1-6　M0の自己保持の電気回路的解析

ためPLCと同じようにサイクリックに繰り返し論理演算をして解析します。

　ラダー図を構成しているリレーコイルとリレー接点は、いずれもオンかオフの2つの状態しかなく、これを1と0で表現します。1がオンで0をオフとしてAND、OR、NOTといった論理演算子を使ってラダー図の一番上の回路から順番に演算します。ENDまで到達したら、またプログラムの行頭に戻って同じ演算を繰り返します。この演算の結果、リレーコイルの1、0の状態が変化したらその結果を記憶しておいて、次の演算にはその結果を反映させるようにします。

　ひとつの例として、図1-6と同じようにM0の自己保持のラダー図の部分を演算によって解析する例を**図1-7**に示します。

　図中(1)は、押ボタンスイッチBS_0が押されて、X0がオンした瞬間の状態をあらわしたもので、この1回のスキャンの演算中ではM0のa接点はオフなので、M0はまだ自己保持になっていません。

　(2)は、その直後のスキャンにおける状態で、もしこのときX0がオフであってもM0のa接点が1になることによってM0のコイルに1が

(1) X0がオンになった瞬間の状態
M0のa接点がオフ

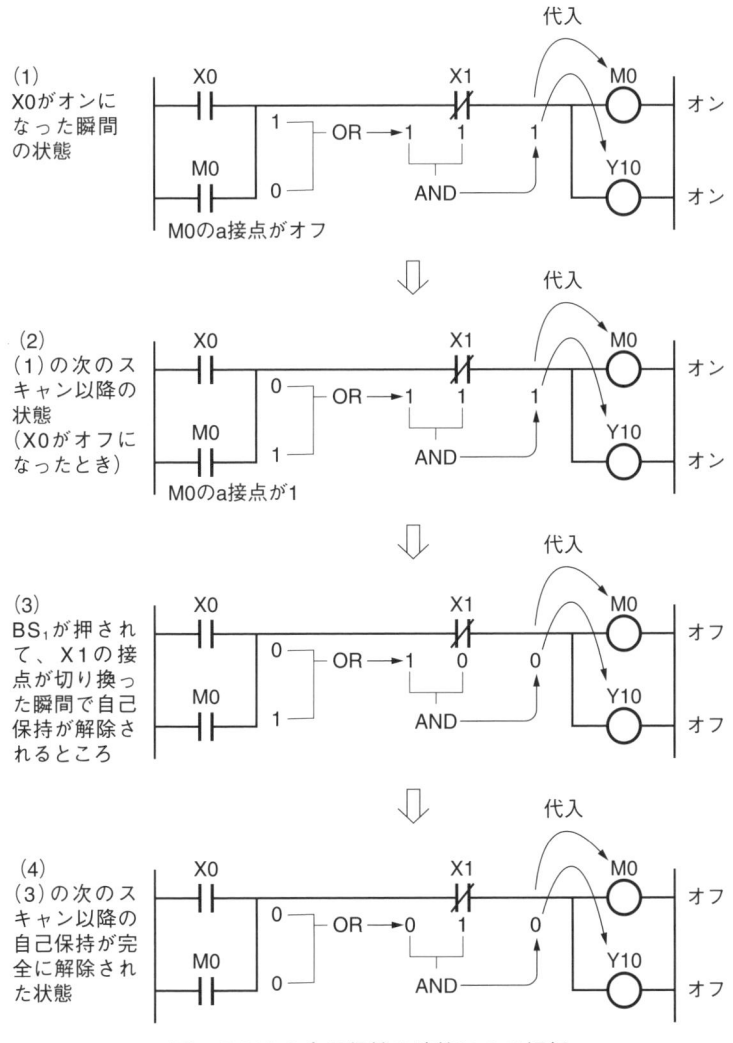

(2) (1)の次のスキャン以降の状態（X0がオフになったとき）
M0のa接点が1

(3) BS₁が押されて、X1の接点が切り換った瞬間で自己保持が解除されるところ

(4) (3)の次のスキャン以降の自己保持が完全に解除された状態

図 1-7 M0 の自己保持の演算による解析

代入されるという演算結果になり、自己保持状態になります。

(3)は、自己保持解除のための押ボタンスイッチ BS_1 が押されて X1 の b 接点の論理が 0 になった瞬間に 1 スキャンだけ起こる状態です。このときにはまだ M0 の接点がオフですから完全に自己保持が解除されたとは言えません。

●実用編　実用的な制御プログラムのつくり方とPLCの拡張機能

(4)は、その次のスキャンで、M0のa接点の論理が0になっているので自己保持は完全に解除されたということになります。

このように、論理演算を使ってラダー図を解析すると、1スキャン毎の接点やリレーの変化が見えてくるので、微妙なリレー操作やパルスを使ったラダー図などをつくるときには、この方法で解析するのがよいでしょう。

1.4 データメモリの使い方

PLCの高機能ユニットを使ったり計測データを処理したりするにはデータメモリに関する知識が必要になります。ここでは、データメモリを使ったプログラムをつくるために最低限憶えておきたい項目について解説します。

1 データメモリの数値表現

データメモリは数値や文字を格納しておくメモリエリアです。1つのデータメモリは通常、ワード単位のデータ長を持ちます。1ワードは16ビットの2進数で、10進数なら0〜65535、16進数であれば0_H〜$FFFF_H$までの数値を表現できます。

（1）　正の数の表現

表1-2の一番左の列は16ビットのデータメモリの値を2進数で表示したものです。このように2進数で直接数値を表現するようなデータの形式をBINデータ（Binaryデータ）と呼んでいます。これを16進数に直すには4ビットづつ区切って、各4ビットを0〜Fの16進数で書き替えます。Hは16進数をあらわすための添字です。一番右側は10進数にしたときの数値です。いずれの表現でもBINデータであることには変わりありません。

表1-2 データメモリによる正の整数の表現

データメモリのビット（2進数）	16進数	10進数
0000 0000 0000 0000	0000_H	0
0000 0000 0000 0001	0001_H	1 (2^0)
0000 0000 0001 0000	0010_H	16 (2^4)
0001 0001 0001 0001 　↑2^{12}　↑2^8　↑2^4　↑2^0	1111_H	4369 $(2^{12}+2^8+2^4+2^0)$
2^{16} 1111 1111 1111 1111	$FFFF_H$	65535 $(2^{16}-1)$

（2） 負の数の表現

データメモリの16ビットのデータのうち、0_H〜$7FFF_H$までを正の数、8000_H〜$FFFF_H$までを負の数として定義すると、-8000_H〜$+7FFF_H$までの符号付の数値を表現できるようになります。

マイナスの数は$FFFF_H$を-1、$FFFE_H$を-2…として定義したものです。$FFFF_H$は1を加算すると10000_Hになりますが、下4桁が有効とすると0_Hになります。そこで、1を加算すると0になる値である$FFFF_H$を-1として扱うと考えればよいでしょう。

（3） 2進化10進数（BCD）

データメモリの16ビットのデータを、4ビットづつに区切ってその各々の4ビットで0〜9までの10進数の1桁を表現するようにしたものが2進化10進数（BCD）と呼ばれている表現方法です。したがって、その4ビットのデータは0000〜1001までの値に限られます。

このようにして、4ビットで0〜9までをあらわします。**表1-3**はデータメモリの16ビットを使ったBCD表現の方法を示したものです。16ビット全体では、4ビットのデータが4セットあることになるので0000〜9999までの10進数を表現できます。最大値がBINに較べると小さいので、PLC内部での演算としては有利な表現ではありませんが、人がそのデータを見たときにすぐに10進数として読み取ることができるので便利な表現方法です。

普通の2進数では、1001に1を加算すると1010になりますが、BCD

●実用編　実用的な制御プログラムのつくり方と PLC の拡張機能

表 1-3 BCD による 10 進数の表現（符号なし）

データメモリのビット（2 進数）	10 進数
0000 0000 0000 0000	0（最小）
0000 0000 0000 0001	1
0000 0000 0000 0010	2
⋮　　⋮　　⋮　　⋮	⋮
0000 0000 0001 1001	19
0000 0000 0010 0000	20
0000 0000 0010 0001	21
⋮　　⋮　　⋮　　⋮	⋮
0110 0111 1000 1001	6789
⋮　　⋮　　⋮　　⋮	⋮
1001 1001 1001 1000	9998
1001 1001 1001 1001	9999（最大）

の場合は 2 進数の 10000 になります。この 10000 を 10 と読むわけです。

このように BIN と BCD では演算の結果が異なってくるので、演算をするときにはデータがどのような表現方法になっているかということに注意を払う必要があります。

2 データメモリに数値を設定するコマンド

データメモリに数値を設定するには MOV（ムーブ）命令を使います。MOV 命令はデータ転送命令と呼ばれています。

図 1-8(a) のプログラムでは、入力リレーの接点 X0 がオンしている間、毎スキャンごとに 16 進数の 10_H が D100 に設定されます。また、入力リレーの接点 X1 の立上がりパルスで 10 進数の 10 の値がデータメモリの D101 に設定されます。その結果、D100 は 0010_H（2 進数の 1000）になり、D101 は $000A_H$（2 進数の 1010）になります。同図(b) はオムロン製 Sysmac C シリーズの PLC のデータ転送命令です。同じ MOV という命令ですが書式が異なっています。

一方、いずれの PLC でも、データメモリに数値を設定するだけであればラダーサポートソフトウェアやプログラミングコンソールのモニタ

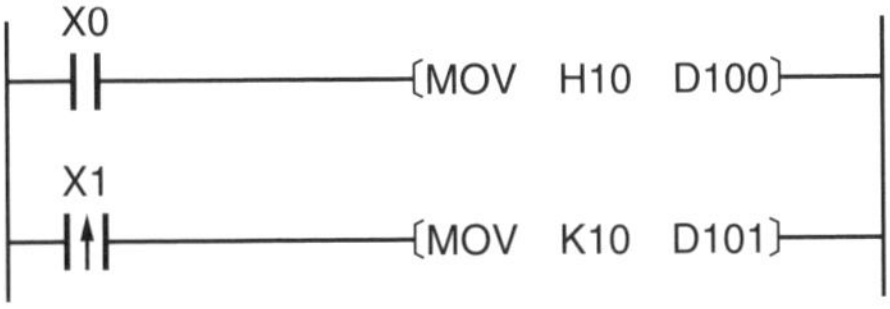

```
     X0
    ─┤├─────────────────[MOV  H10  D100]──

     X1
    ─┤├─────────────────[MOV  K10  D101]──
```

(a) 三菱Melsec Qシリーズの場合（Kは10進数、Hは16進数）

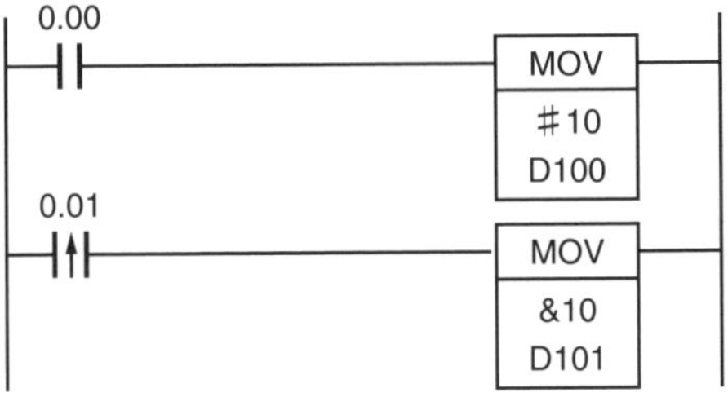

```
    0.00
    ─┤├──────────────┌─────────┐
                     │   MOV   │
                     │   ♯10   │
                     │  D100   │
                     └─────────┘
    0.01
    ─┤├──────────────┌─────────┐
                     │   MOV   │
                     │   &10   │
                     │  D101   │
                     └─────────┘
```

(b) オムロンSysmac Cシリーズの場合の例（&は10進数、♯は16進数）

図 1-8 データ転送命令によるデータの設定

機能を使って、直接にデータメモリに数値を書き込むことができます。

3 数値演算命令

データメモリを使った数値演算によく利用される命令を**表 1-4**と**表 1-5**に掲載します。

表 1-4 は三菱電機製 Melsec Q シリーズの PLC で採用されている命令で、表 1-5 はオムロン製 Sysmac C シリーズの PLC の命令です。

●実用編　実用的な制御プログラムのつくり方と PLC の拡張機能

表 1-4 Melsec Q シリーズの数値演算命令

	加算	減算	乗算	除算
BIN 命令	─[＋ A D100] D100 の値に A を加算する。	─[─ A D100] D100 の値から A を減算する。	─[＊ A B D100] A×B の結果の下位を D100 に上位を D101 に代入する。	─[/ A B D100] A÷B の商を D100 に代入し、余りを D101 に代入する。
	─[＋ A B D100] A＋B の結果を D100 に代入する。	─[─ A B D100] A－B の結果を D100 に代入する。		
BCD 命令	─[B＋ A D200] D200 の値に A を BCD 加算して結果を D200 に代入する。	─[B─ A D200] D200 の値から A を BCD として減算して結果を D200 に代入する。	─[B＊ A B D200] A と B を BCD 値として乗算して、結果の BCD 下位 4 桁を D200 に、上位 4 桁を D201 に代入する。	─[B/ A B D200] BCD データとして A÷B の演算を行い、商を D200 に BCD で代入し、余りを D201 に BCD で代入する。
	─[B＋ A B D200] A＋B を BCD として加算して、結果を D200 に代入する。	─[B─ A B D200] BCD データとして A－B の演算を行い、結果を D200 に代入する。		
	BCD → BIN 変換		BIN → BCD 変換	
BIN／BCD 変換命令	─[BIN D200 D100] D200 の BCD 値を BIN 値に変換して、D100 に代入する。		─[BCD D100 D200] D100 の BIN 値を BCD 値に変換して、D200 に代入する。	
備考 1	表中の A、B はデータメモリまたは数値などを設定できる。 16 進数または BCD 値で設定するには数値の頭に H を付加する。 BIN 値を 10 進数で設定するには数値の頭に K を付加する。			
備考 2	ここでは、16 ビットの演算命令を記載してあるが、32 ビットにするには命令語の頭に D を付加する。また、立上がりパルスで実行するには命令語の後に P を付加する。			

表1-5 Sysmac C シリーズの数値演算命令

	インクリメント	デクリメント	加算	減算	乗算	除算
BIN命令	++ / D100	-- / D100	+ / A / B / D100	- / A / B / D100	* / A / B / D100	/ / A / B / D100
	D100の値に1を加算する。D100が2進数の1001 (9_H) としてこの命令を実行するとD100の値は1010 (A_H) になる。	D100の値から1を減算する。	A＋Bの結果をD100に代入する。AとBはBINの値にする。A＝0101 B＝0101のときD100には1010 (A_H) が代入される。	A－Bの結果をD100に代入する。	A×Bを行い、D100に下位桁D101に上位桁を代入する。	A÷Bの演算を行い、D100に商が代入され、D101に余りが代入される。
BCD命令	++B / D200	--B / D200	+B / A / B / D200	-B / A / B / D200	*B / A / B / D200	B/ / A / B / D200
	D200の値に1をBCDとして加算する。D200が2進数の1001（BCDの9）とすると、結果は10000（BCDの10）になる。	D200の値から1を減算する。	A＋BをBCDとして実行してD200に代入する。A＝0101（5）B＝0101（5）のときD200には10000（10）が代入される。	A－BをBCDとして減算して、結果をD200に代入する。	A×Bを行い、D200にBCD下位4桁、D201にBCD上位4桁が代入される。	A÷Bを行い、D200に商がBCDで、D201に余りがBCDで代入される。
BCD/BINデータ型式変換	BCD→BIN変換命令			BIN→BCD変換命令		
	BIN / D200 / D100			BCD / D100 / D200		
	D200に格納されているBCDデータをBINに変換してD100に代入する。D200が10101（15_{BCD}）のときD100には1111（F_H）が代入される。			D100のBINデータをBCD変換してD200に代入する。D100の値が1110（E_H）のときD200には10100（14_{BCD}）が代入される。		
備考1	表中のA、Bはデータメモリまたは数値などを利用できる。16進数またはBCDの数値の場合には＃をつける。10進数表現でBINの数値を代入するには＆を数値の先頭につけ、57ならば＆57とする。					
備考2	ここでは16ビットの演算命令を記載しているが、32ビットにするには命令語の後にLを付加する。また、立上がりパリスで実行するときには命令語の前に＠を付加する。					

●実用編　実用的な制御プログラムのつくり方とPLCの拡張機能

4 比較演算命令

　データメモリを使ったプログラムの中では、2つのデータの大きさを比較して、その結果によってリレーコイルをオンオフするプログラムがよく使われます。

　一般的には、データ比較命令のCMP命令などを実行してその結果、イコールフラグ（＝）、大なりフラグ（＞）、小なりフラグ（＜）などのフラグのオンオフによって処理を分岐するやり方が利用されます。

　一方、最近のPLCでは応用命令が充実しているものが多くなって、比較演算子（＝、＜、＞、＜＝、＞＝、＜＞）を直接命令語として利用できるPLCが主流になってきました。

　その使用例を図1-9に紹介します。

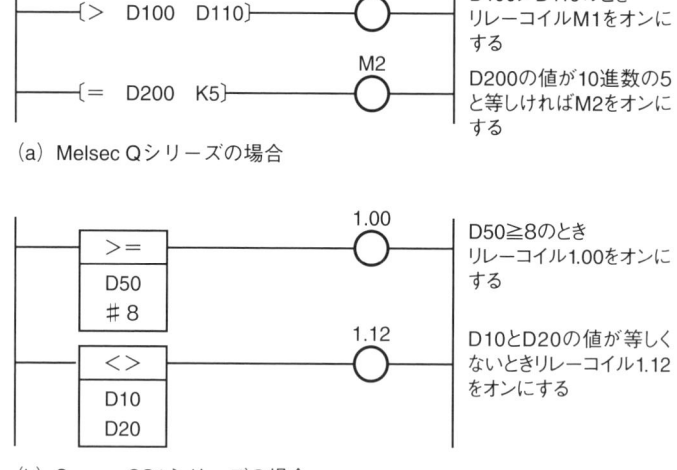

```
    ―{> D100 D110}―――○M1    D100>D110のとき
                              リレーコイルM1をオンに
                              する
    ―{= D200 K5}――――○M2    D200の値が10進数の5
                              と等しければM2をオンに
                              する
```
（a）Melsec Qシリーズの場合

```
    ―[ >=  ]――――――○1.00   D50≧8のとき
      [ D50 ]                リレーコイル1.00をオンに
      [ ♯8 ]                する

    ―[ <>  ]――――――○1.12   D10とD20の値が等しく
      [ D10 ]                ないときリレーコイル1.12
      [ D20 ]                をオンにする
```
（b）SysmacCS1シリーズの場合
　　（付号付の場合は演算子の後にSを追加する）

図1-9　比較演算子のプログラム例

2章 シーケンス制御プログラムの6つの制御方式

シーケンス制御プログラムをその回路構造から見ると、入力条件制御方式と時系列制御方式に分類できます。

2.1 制御方式の分類

(1) 入力条件制御方式

入力条件制御方式は、スイッチやセンサなどの入力信号のオン/オフの条件によって出力信号を直接切り換えるものです。入力条件制御方式は反射制御型と姿勢信号制御型、パルス信号制御型に分類できます。表2-1にはそれぞれの制御型の特徴をまとめました。

表 2-1 入力条件制御方式の分類

制御方式 1	反射制御型
入力信号の単純な組み合わせによって出力のオンオフを切り換えるもの	
制御方式 2	姿勢信号制御型
機械装置のように姿勢の変化の順番が決められているものを制御するときに、ある姿勢になったときの接点の信号を使って次の姿勢に変化するように出力を切り換えるもの。	
制御方式 3	パルス信号制御型
機械のリミットスイッチがオフからオンに変化したときには、機械がその位置に到着したことを意味する。また、リミットスイッチがオンからオフに変化したときには、機械がその位置から離れたことを意味する。このような動きをパルス命令で検出し、そのタイミングを利用して出力を制御するもの。	

（2） 時系列制御方式

　この方式は、機械装置の順序動作が時間の流れに従っているということを前提にして制御するものです。機械の動作を考えてみると、たとえば下降を始めて下降端に達する時間は毎回ほぼ一定です。次の動作が前進動作だとすると、前進を始めてから前進端まで達する時間も毎回ほぼ一定になっていると考えられます。

　このように、決められた動作を毎回繰り返すユニットでは、ほぼ同じタイミングで同じ動作を繰り返していることになります。

　時系列制御方式では、機械の姿勢が次の姿勢に変化するまでの時間を管理し、そのタイミングがきたらまた次の姿勢に変化するように出力を切り換えていくことをベースにしています。さらに管理している時間とともに、入力信号の変化を使ってタイミングをとると確実な順序制御が実現できるようになります。時系列制御方式は、さらに**表2-2**のように動作時間制御型、状態遷移制御型、イベント順序制御型に分類できます。

表2-2 時系列制御方式の分類

制御方式4	動作時間制御型
機械装置の1つひとつの動作は、アクチュエータが動き始めてから止まるまでの時間がほぼ決まっている。その動作時間を基準に機械装置の動作を制御する。	
制御方式5	状態遷移制御型
動作時間制御型は完全に時間経過で機械の動作を管理するが、機械の動作時間とプログラム内で管理している時間がずれると誤動作を起こす。 　そこで、2つの動作時間の関係を同期させるために、リミットスイッチやセンサなどの入力信号（状態信号）を利用する。状態信号の変化で機械の動作時間と制御時間を一致させると確実な順序制御ができるようになる。	
制御方式6	イベント順序制御型
スイッチが押された、センサが検出した、リミットスイッチがオフからオンに変化した、といった入力信号の変化を制御するためのイベントと考えて、そのイベントが起こったときに機械装置の出力を切り換えて動作させる。 　入力信号の変化を単純にイベントと考えると、反射制御型と同じことになる。イベント記憶制御では、イベントの起こる順序を規定して、次のイベントが起こるまで前のイベント信号を記憶しておく。このようにイベントの記憶と順序の規定によって順序制御ができるようになる。	

2.2 6つの制御方式を使ったプログラム作成方法

6種類に分類されたそれぞれの制御方式についての構造や考え方と、具体的な制御プログラムのつくり方について、一つずつ解説していきます。

入力条件制御方式
制御方式 1 　　　　**反射制御型**

反射制御型は、入力信号のオン／オフの組合せによって出力を切り換えるものです。反射制御型のプログラムは、入力信号が変化したらすぐに出力を切り換えるか、タイマーを使って入力信号が入ってから一定時間が経過したところで出力を切り換えるように制御します。

反射制御型のシーケンス制御プログラムのつくり方を図1.1の機械装置を使って説明します。各制御機器は図1.2のようにPLCの入出力に配線されているものとします。

この装置は、歯車形状のワークがコンベアで作業者の方に送られてきて、作業者がこれを手作業で取り出すものです。コンベアの先端にはワ

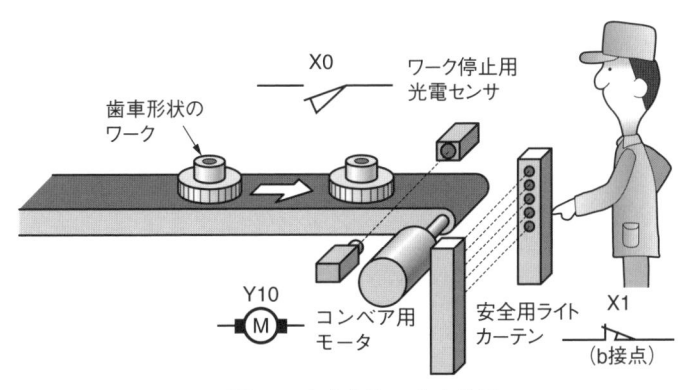

図1.1 歯車を取り出す装置

●実用編　実用的な制御プログラムのつくり方とPLCの拡張機能

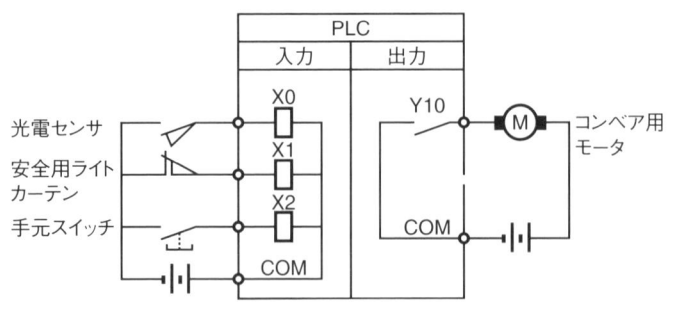

図1.2 PLCの入出力割付図

ーク停止用の光電センサがあります。さらに作業者がコンベアに巻き込まれないように、手を伸ばしたことを検出する安全用ライトカーテンが付いています。

　このような単純な動作をする装置には、反射制御型の回路構造が適用できます。この回路は入力信号で直接出力のオン／オフを行うのが基本ですが、必要があれば出力リレーを直接自己保持にすることもあります（回路例3）。タイマとカウンタを利用することもあります（回路例4、5）。

（回路例1）

　光電センサがオフの間、コンベアが動いてオンになったらすぐに停止するプログラムは次のようにします。

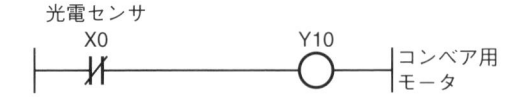

（回路例2）

　（回路例1）のプログラムに加えて、作業者がライトカーテンを横切ったら無条件にコンベアを停止するようにします。

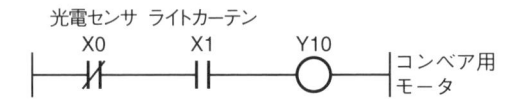

(回路例 3)

　手元スイッチでコンベアを始動して、光電センサで停止するようにプログラムを変更します。ライトカーテンの信号が入るとすぐにコンベアを停止します。コンベアを再起動するには再度手元スイッチ（X2）を押します。

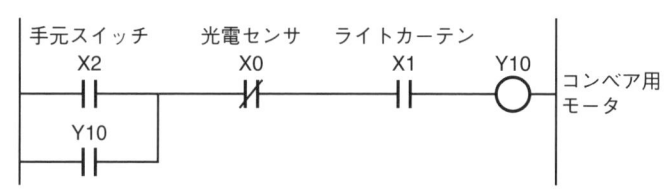

```
手元スイッチ    光電センサ    ライトカーテン
   X2            X0            X1           Y10
   ┤├────────────┤/├───────────┤├───────────( )───── コンベア用
   Y10                                                モータ
   ┤├
```

(回路例 4)

　光電センサがオンして、1 秒経過してから停止します。ワークの停止位置を作業者側に移動するためのタイマを追加したものです。

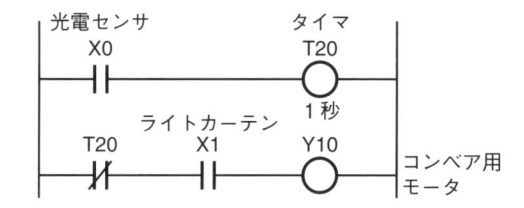

```
光電センサ              タイマ
   X0                   T20
   ┤├──────────────────( )
                        1秒
            ライトカーテン
   T20        X1        Y10
   ┤/├────────┤├────────( )───── コンベア用
                                   モータ
```

(回路例 5)

　ワークを 5 個数えたらコンベアを停止します。手元スイッチでカウンタをリセットすると、また動き出します。

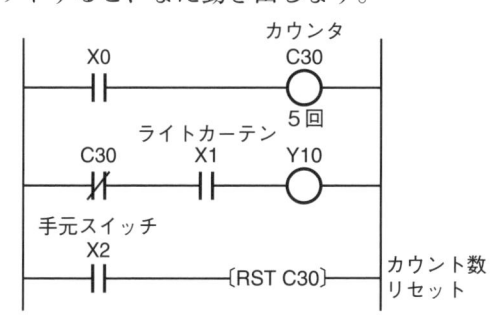

```
                        カウンタ
   X0                   C30
   ┤├──────────────────( )
                        5回
            ライトカーテン
   C30        X1        Y10
   ┤/├────────┤├────────( )
   手元スイッチ
   X2
   ┤├──────────────[RST C30]───── カウント数
                                   リセット
```

| 入力条件制御方式 制御方式2 | 姿勢信号制御型 |

姿勢信号制御型の姿勢とは、制御対象の機械の姿勢のことです。たとえば、図2.1のようなアームユニットであればアームは前進端か後退端か、チャックは開か閉か、位置は回転端か戻り端か、といった機械の状態のことを機械の姿勢と呼びます。

チャックの開閉の検出スイッチ、アームの前進・後退のリードスイッチ、回転位置センサなどによって機械を構成する動作部の位置を検出してあれば、その検出信号の接点を使って機械がどのような姿勢にあるかを知ることができます。機械の姿勢がわかると、次の姿勢に変化するためにはどの出力を切り換えればよいかを決定できるようになります。

たとえば、図2.1のアームユニットはまずアームが前進してワークをつかみ、アームが後退してから回転し、回転位置で停止してアームを伸

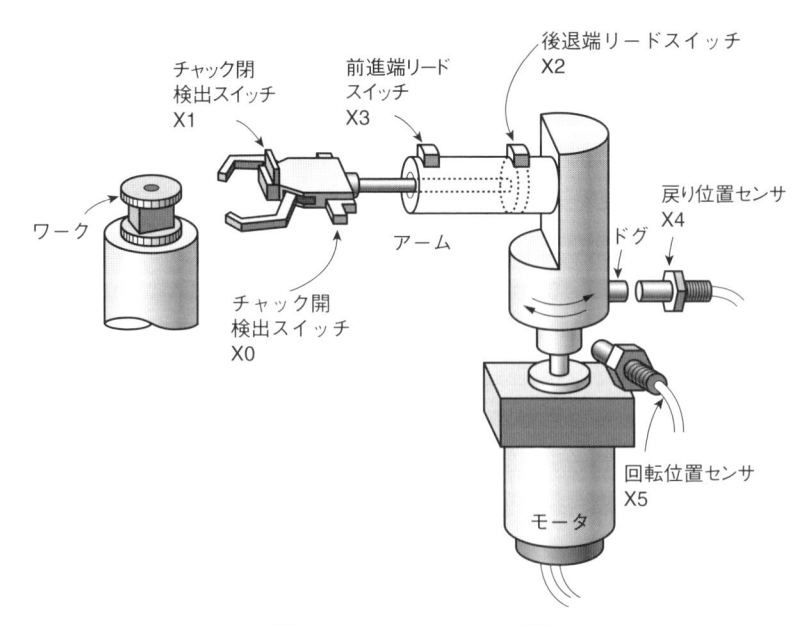

図2.1 アームユニットの例

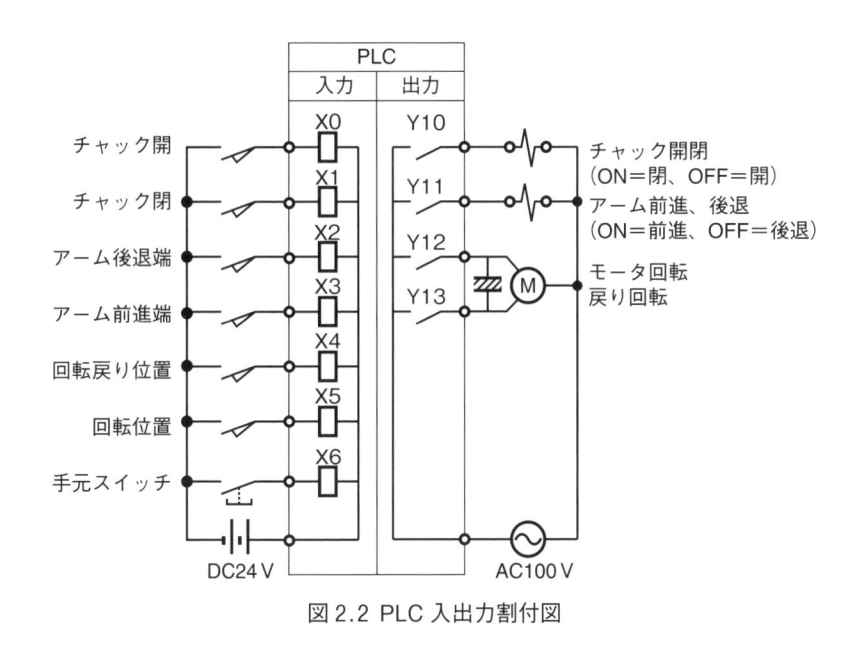

```
              ┌─────────┐
              │   PLC   │
              │ 入力 出力 │
              │  X0  Y10│
チャック開 ──／──┤        ├──  チャック開閉
              │  X1  Y11│     (ON＝閉、OFF＝開)
チャック閉 ──／──┤        ├──  アーム前進、後退
              │  X2  Y12│     (ON＝前進、OFF＝後退)
アーム後退端 ─／─┤        ├──  モータ回転
              │  X3  Y13│     戻り回転
アーム前進端 ─／─┤        │
              │  X4     │
回転戻り位置 ─／─┤        │
              │  X5     │
回転位置 ───／──┤        │
              │  X6     │
手元スイッチ ──／─┤        │
              └─────────┘
       DC24V          AC100V
```

図 2.2　PLC 入出力割付図

ばしてワークを離してからアームを後退させて戻ってくる、という順序で動作するものとします。

　PLC の入出力割付は**図 2.2** のようになっているとするとアームユニットの姿勢は**表 2.1** のように、上から順番に変化することになります。この図の中の○印はその接点がオンになっていることを示します。

　各姿勢をあらわす補助リレーを導入、そのリレー番号を M1〜M9 とすると、M1〜M9 は入力信号によって**図 2.3** のように記述できます。

　そして、M1〜M9 のリレー接点を使って次の姿勢に変化するように出力を切り換える制御回路をつくればアームユニットの姿勢を M1 から順に M9 になるまで制御できることになります。

　ただし、一番最初のリレー（M1）と一番最後のリレー（M9）は同じ条件になっていなくてはなりません。さらに、一番最後のリレーを除くすべてのリレー（M1〜M8）には同じ条件のものがあってはなりません。

　次に、(i) から (iv) のような出力に関する条件を使って出力制御部をつくってみましょう。

●実用編　実用的な制御プログラムのつくり方とPLCの拡張機能

表2.1 アームユニットの姿勢の変化

姿勢リレー番号	アームユニットの姿勢の変化	チャック 開 X0	チャック 閉 X1	アーム 後 X2	アーム 前 X3	回転位置 戻り端 X4	回転位置 回転端 X5		各姿勢になったときに切換える出力
M1	原位置	○		○		○		→	アーム前進出力
M2	アーム前進完了	○			○	○		→	チャック閉出力
M3	チャック閉完了		○		○	○		→	アーム後退出力
M4	アーム後退完了		○	○		○		→	回転出力
M5	回転完了		○	○			○	→	回転出力停止 アーム前進出力
M6	アーム前進完了		○		○		○	→	チャック開出力
M7	チャック開完了	○			○		○	→	アーム後退出力
M8	アーム後退完了	○		○			○	→	回転戻り出力
M9（M1）	回転戻り完了（M1に同じ）	○		○		○		→	回転戻り出力停止

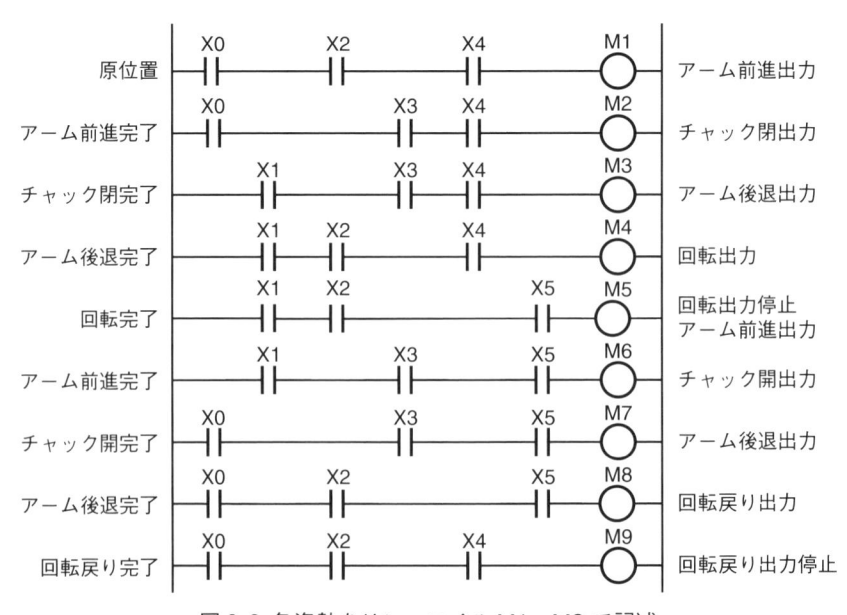

図2.3 各姿勢をリレーコイルM1～M9で記述

（ⅰ）チャック閉の出力 Y10 は、M2 でオンして M6 でオフにします。
（ⅱ）アーム前進出力 Y11 は、M1 でオンして M3 でオフにし、さらに M5 でオンして M7 でオフにします。
（ⅲ）モータ回転出力 Y12 は、M4 でオンして M5 で停止します。
（ⅳ）モータ戻り回転出力 Y13 は、M8 でオンにして M9 でオフにします。

この条件に基づいて出力制御部を記述すると**図 2.4** のようになります。

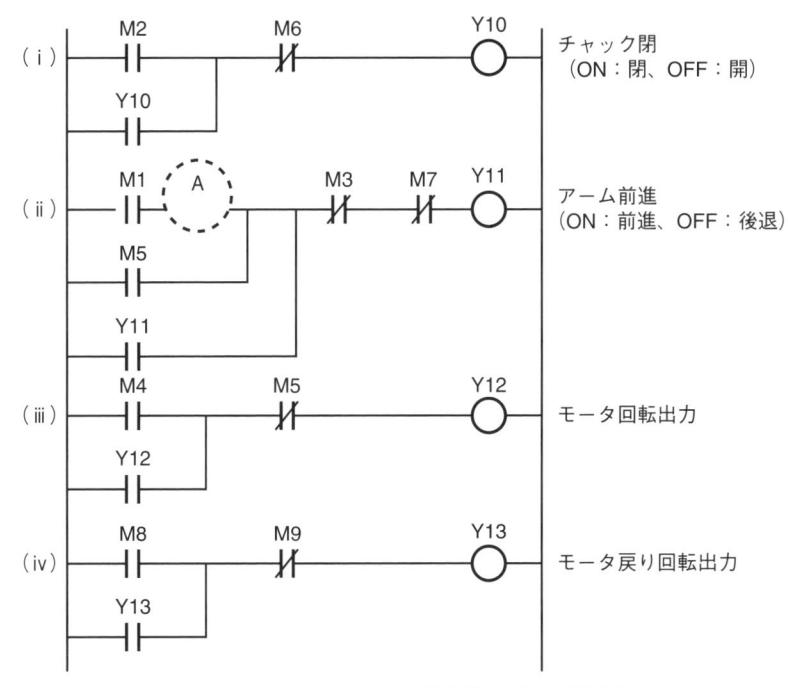

図 2.4 アームユニット姿勢制御の出力回路図

この出力回路では、原位置の姿勢（M1）になるとすぐに動作を開始してしまいます。もし、手元スイッチ（X6）をスタート条件に付け加えるのであればAの部分にX6を挿入します。表 2.1 と図 2.4 を連結するとアームユニットの制御プログラムが完成します。このようにして、機械の姿勢をあらわす信号を使って出力を順次切り換えていく制御方法が姿勢信号制御型です。

● 実用編　実用的な制御プログラムのつくり方とPLCの拡張機能

入力条件制御方式
制御方式3

パルス信号制御型

　パルス信号は信号の立上がりと立下がりの変化をとらえますから、元の信号が位置の信号であればその微分に当たるので速度に相当する情報が得られます。速度ですから動きが見えるということになります。
　表3.1は、機械装置の動作とパルス信号の意味を記述したものです。
　例1はボタンスイッチ（X1）の入力信号で、X1の立上がりパルスは

表3.1 機械の動作とパルス信号の関係

機構と動作		オン→オフ 立上がりパルス	オン→オフ 立下がりパルス
例1 モメンタリ 押ボタンス イッチ	モメンタリ 押ボタンスイッチ X1	1-U ボタンが押された瞬間の信号　X1	1-D ボタンが一担押されて離された瞬間の信号　X1
例2 移動ワーク の検出用光 電センサ	光電センサ X2 ワーク コンベア用モータ Y12	2-U センサ領域にワークが侵入した瞬間の信号　X2	2-D センサ領域からワークが出て行った瞬間の信号　X2
例3 カムの1回 転停止位置 用磁気セン サ	磁気センサ X3 カム用モータ Y13	3-U 1回転停止位置に戻ってきた瞬間の信号　X3	3-D 1回転移動を始めて動き出したときの信号　X3
例4 シリンダの 前進端検出 リードスイ ッチ	X4 リードスイッチ ソレノイドバルブ Y14	4-U 前進端に致着した瞬間の信号　X4	4-D 後退移動を開始して動き出した信号　X4

ボタンが押されたときで、立下がりパルスはボタンが離されたときの信号になります。例2の光電センサ入力信号 X2 の立上がりパルスはワークがセンサ領域に入ってきたときの信号で、立下がりパルスはワークが排出されたときの信号になります。このように、機械のどの部分を検出している信号であるかによって、立上がりと立下がりのパルス信号が意味するところが変わってきます。

この表 3.1 に列挙した例 1 ～例 4 の機械の要素を利用して組み合わせると、たとえば図 3.1 のような機械装置が考えられます。

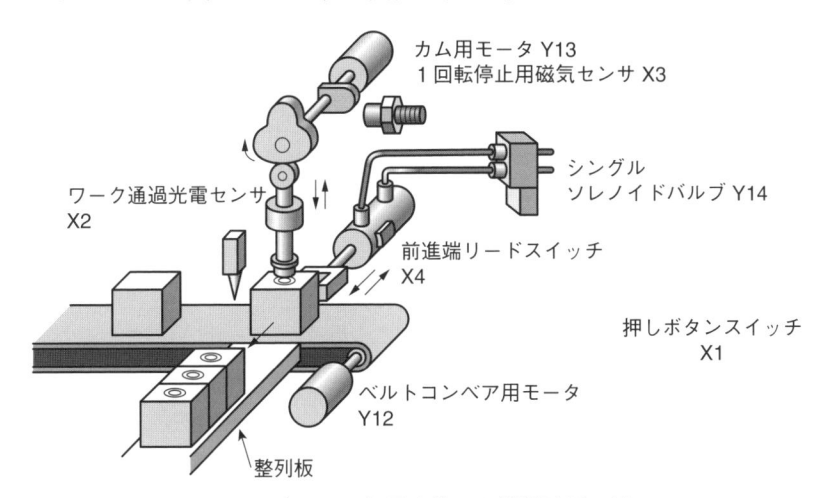

図 3.1 表 3.1 の信号を使った機械装置の例

この装置の各要素を順番に動作させる PLC のプログラムをパルス信号を使ってつくってみましょう。

ここでは、動作順序を次の通りとします。

> 押ボタンスイッチ（X1）を押して離したらコンベア（Y12 オン）を回転し、ワークがセンサ（X2）を横切って通過したところで停止（Y12 オフ）し、カム（Y13 オン）をまわして捺印し、カムが1 回転（X3）停止したら（Y13 オフ）シリンダ（Y14）を1 往復（前進端 X4）させて、ワークを整列板に並べる。

●実用編　実用的な制御プログラムのつくり方とPLCの拡張機能

表3.2　図3.1の装置の制御順序

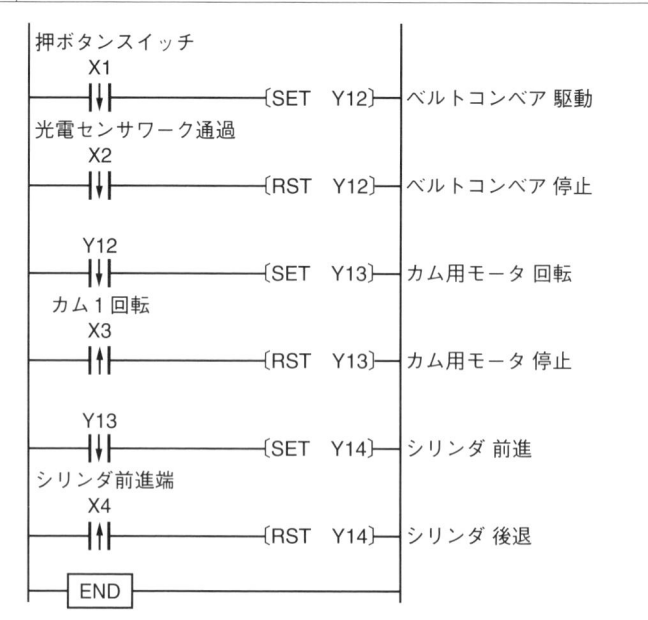

順序	条件（条件をあらわす信号）	出力切換え
(1)	押しボタンスイッチを押して離したとき ➡ X1 ↑↓	コンベアモータを回転する Y12：ON
(2)	ワークが光電センサを通過したところで ➡ X2 ↑↓	コンベアを停止する Y12：OFF
(3)	コンベアを停止したら ➡ Y12 ↑↓	カムの回転を開始する Y13：ON
(4)	カムが1回転し終ったら ➡ X3 ↑↓	カムの回転を停止する Y13：OFF
(5)	カムが停止したら ➡ Y13 ↑↓	シリンダを前進 Y14：ON
(6)	シリンダが前進端に来たら ➡ X4 ↑↓	シリンダを後退 Y14：OFF

```
押ボタンスイッチ
    X1
    ┤↑├──────────────[SET  Y12]── ベルトコンベア 駆動
光電センサワーク通過
    X2
    ┤↑├──────────────[RST  Y12]── ベルトコンベア 停止

    Y12
    ┤↑├──────────────[SET  Y13]── カム用モータ 回転
カム1回転
    X3
    ┤↑├──────────────[RST  Y13]── カム用モータ 停止

    Y13
    ┤↑├──────────────[SET  Y14]── シリンダ 前進
シリンダ前進端
    X4
    ┤↑├──────────────[RST  Y14]── シリンダ 後退

         [END]
```

図3.2　セット・リセット命令を使った微分信号制御型プログラム

この動作を6つのステップに分解して記述したものが**表3.2**の動作順序です。

この図に記述されている条件と出力の切換えの関係をセット（SET）・リセット（RST）命令を使ってそのままPLCプログラムにしたものが**図3.2**のラダー図です。SET命令でリレーコイルをセットすると、そのリレーコイルはRST命令でリセットされるまでオンしたままになります。まったく同じことをセット・リセット命令を使わず、自己保持回路で構成したものが**図3.3**のラダー図です。このようにパルス信号で機械の動信号をつくって出力を切り換える制御方式がパルス信号制御型です。

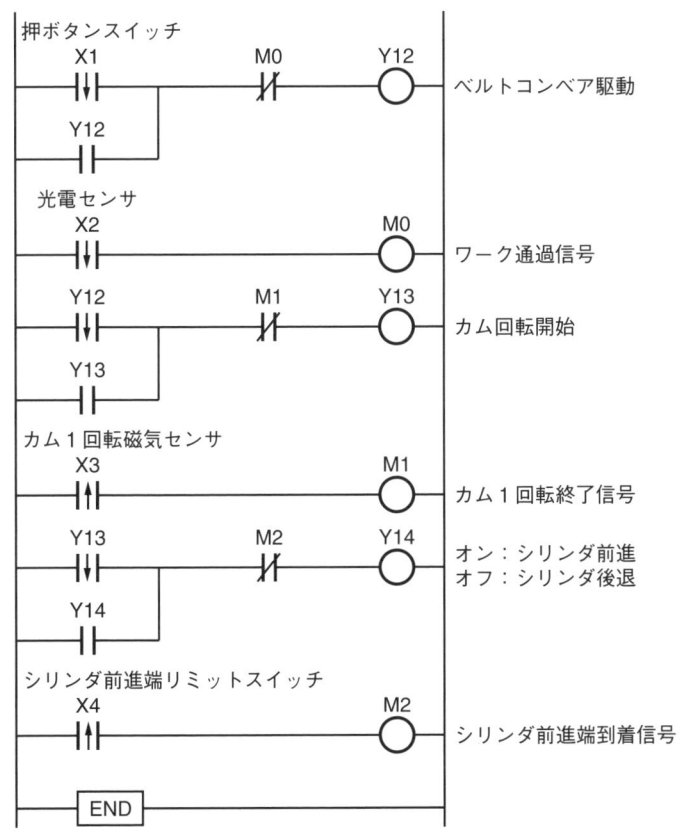

```
押ボタンスイッチ
   X1         M0        Y12
   ─┤├────────┤/├────────( )────  ベルトコンベア駆動
   Y12
   ─┤├─

光電センサ
   X2                    M0
   ─┤├──────────────────( )────  ワーク通過信号

   Y12        M1        Y13
   ─┤├────────┤/├────────( )────  カム回転開始
   Y13
   ─┤├─

カム1回転磁気センサ
   X3                    M1
   ─┤↑├────────────────( )────  カム1回転終了信号

   Y13        M2        Y14
   ─┤├────────┤/├────────( )────  オン：シリンダ前進
   Y14                              オフ：シリンダ後退
   ─┤├─

シリンダ前進端リミットスイッチ
   X4                    M2
   ─┤↑├────────────────( )────  シリンダ前進端到着信号

        END
```

図3.3 自己保持を使った微分信号制御型プログラム

●実用編　実用的な制御プログラムのつくり方とPLCの拡張機能

| 時系列制御方式 制御方式4 | 動作時間制御型 |

1 機械の動作時間とタイマの関係

　機械のシーケンス制御とは、出力信号をタイミングよく切り換える制御方法に他なりません。出力信号を切り換えることでオンオフするのはアクチュエータですから、アクチュエータをいつオンにして、いつオフにするかを決めて、順序どおりに機械を動かすのがシーケンス制御の目的です。通常、機械に組み込まれた多くのアクチュエータは、そのアクチュエータが動いた結果、何らかの接点が変化するように構成されています。

　たとえば、図4.1(a)ではモータをCW回転（右回り）して一定の時間がたつと、LS_1がオンに変化します。逆にモータをCCW回転（左回り）すると、しばらく時間が経過したあとLS_2がオンに変化します。

　図4.1(b)の空気圧シリンダの場合も同様で、前進側にソレノイドバルブを切り換えてシリンダを前進させると、一定の時間がたってからスイッチLS_3がオンします。後退の出力を出せば一定時間の後、LS_4がオ

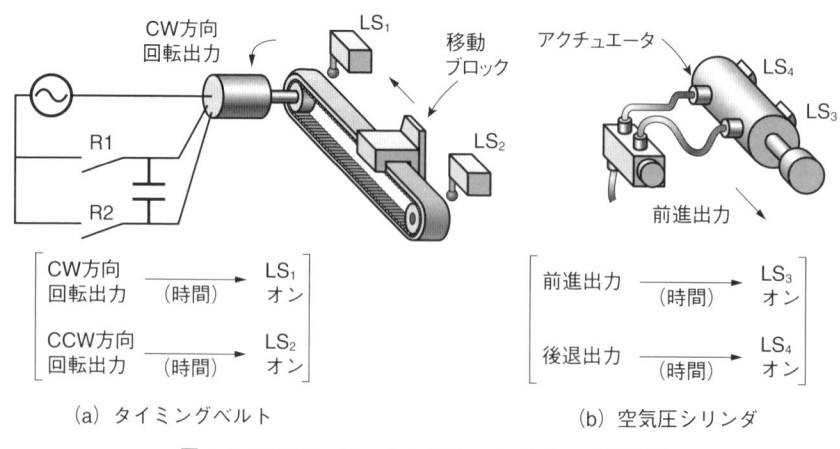

図4.1　アクチュエータとリミットスイッチの関係
(a) タイミングベルト
(b) 空気圧シリンダ

ンします。

さて、図4.1(a)のタイミングベルトをモータで駆動する例について考えてみます。モータをCW回転させるための出力リレーR_1をオンすると一定の移動時間が経過してからLS_1の接点がオンになるということになります。このR_1とLS_1の関係はちょうどタイマのコイルとその接点と同じような関係になっています。

その関係を比較したものを**図4.2**に示します。図の(a)はモータをCW回転させるリレーR_1を一定時間オンさせておくとLS_1の接点がオフからオンに変化することをあらわしています。(b)はタイマT_1とその接点T_1の関係です。R_1をタイマのコイルT_1で置き換えると、T_1の接点はちょうどLS_1と同じように、T_1のコイルがオンして一定時間経過したところでオンするようにします。

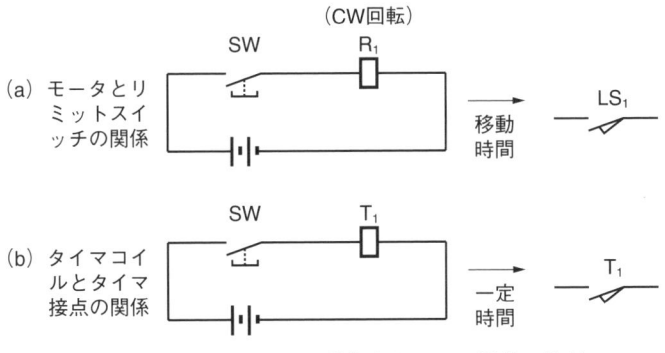

図4.2 アクチュエータの動作とタイマの動作の比較

もし、理想的に移動時間とタイマの設定時間を全く同じにできるとすれば機械の動作はタイマとその接点で置き換えられることになります。動作時間制御型はこの原理を利用して、機械の動作時間とプログラム上の進行時間をマッチングさせて制御する方法です。

図4.1のような往復移動の場合だけでなく、**図4.3**のように一方向に移動する場合でも毎回ほぼ同じ時間間隔で動作していると考えられ機械の動作は、やはりタイマとその接点を使って置き換えることができます。

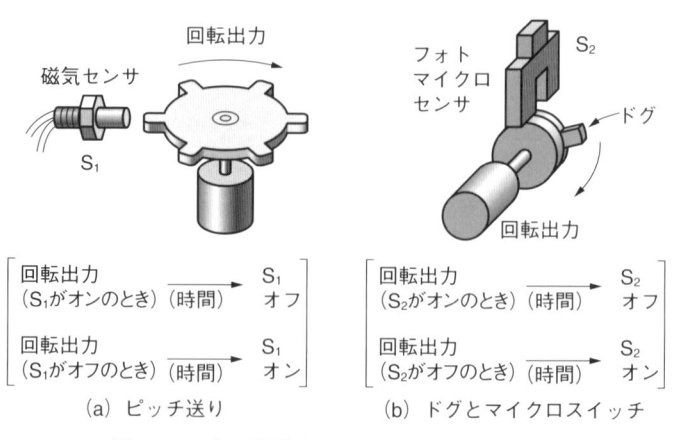

●実用編　実用的な制御プログラムのつくり方とPLCの拡張機能

$$\begin{bmatrix} 回転出力 \\ (S_1がオンのとき) \end{bmatrix} \xrightarrow{(時間)} \begin{matrix} S_1 \\ オフ \end{matrix}$$

$$\begin{bmatrix} 回転出力 \\ (S_1がオフのとき) \end{bmatrix} \xrightarrow{(時間)} \begin{matrix} S_1 \\ オン \end{matrix}$$

$$\begin{bmatrix} 回転出力 \\ (S_2がオンのとき) \end{bmatrix} \xrightarrow{(時間)} \begin{matrix} S_2 \\ オフ \end{matrix}$$

$$\begin{bmatrix} 回転出力 \\ (S_2がオフのとき) \end{bmatrix} \xrightarrow{(時間)} \begin{matrix} S_2 \\ オン \end{matrix}$$

(a) ピッチ送り　　　　(b) ドグとマイクロスイッチ

図4.3　一方向駆動とリミットスイッチの関係

2 タイマを使った機械の制御

　そこで、機械の1つひとつの動作が一定の時間で完了すると考えると、動作時間をタイマで置き換えることによって、装置全体の動きを制

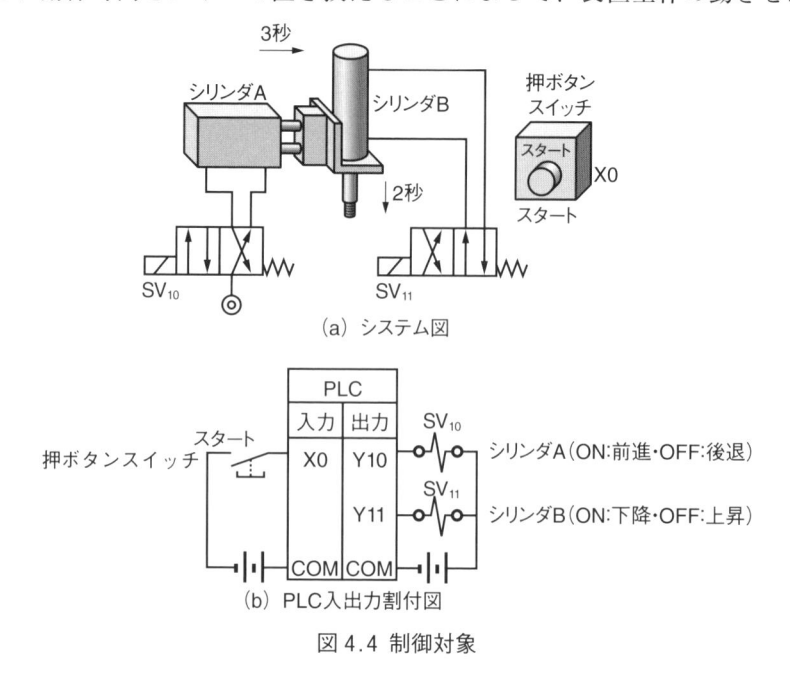

(a) システム図

(b) PLC入出力割付図

図4.4　制御対象

御する方法が考えられます。

たとえば、図4.4のように2本のシリンダAとシリンダBで動作する装置を想定して、これを動作順序の表4.1の通りに制御してみます。

表4.1 動作順序

順序	動作	出力切換	移動方向	実移動時間
①	前進	Y10オン	→	3秒
②	下降	Y11オン	↓	2秒
③	上昇	Y11オフ	↑	2秒
④	後退	Y10オフ	←	3秒

スタートスイッチを押したときに、順序①のようにシリンダAの前進出力であるY10をオンにします。すると、ある時間が経過して前進端に到達します。この時間を実際に測ってみると3秒とすれば、タイマを3秒に設定して図4.5のようなラダー図をつくります。

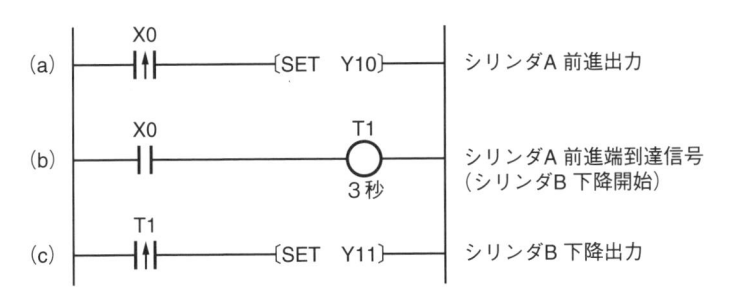

(a) X0 ─┤├─────────{SET Y10}─ シリンダA 前進出力

(b) X0 ─┤├─────────(T1)─ シリンダA 前進端到達信号
                    3秒   （シリンダB 下降開始）

(c) T1 ─┤├─────────{SET Y11}─ シリンダB 下降出力

図4.5 シリンダが下降するまでのラダー図

図4.5(a)では、押ボタンスイッチX0でシリンダAの出力Y10をSET命令でオンにしています。シリンダAが前進を開始して3秒たつと、シリンダAは前進端に到達しているはずです。そこで、図4.5(b)のように3秒間をカウントするタイマT1を用意します。X0がオンして3秒たつとT1のコイルがオンしてT1の接点が切り換わるので、T1の接点はシリンダBの下降動作の開始信号として使えます。

この下降の開始信号を利用して、シリンダBの下降出力をT1の接点で動作するようにしたものが図4.5(c)です。

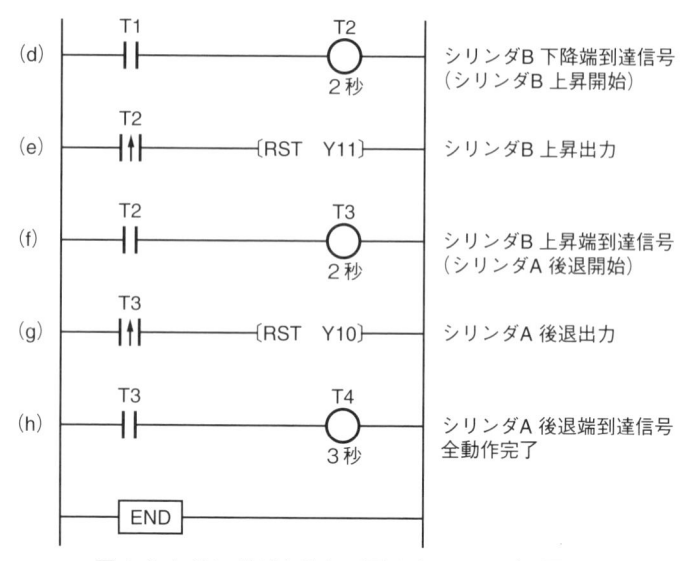

●実用編　実用的な制御プログラムのつくり方とPLCの拡張機能

```
(d) ─┤T1├──────────────○── シリンダB 下降端到達信号
                      T2        （シリンダB 上昇開始）
                     2秒

(e) ─┤T2├──[RST  Y11]─── シリンダB 上昇出力
     ↑↓

(f) ─┤T2├──────────────○── シリンダB 上昇端到達信号
                      T3        （シリンダA 後退開始）
                     2秒

(g) ─┤T3├──[RST  Y10]─── シリンダA 後退出力
     ↑↓

(h) ─┤T3├──────────────○── シリンダA 後退端到達信号
                      T4        全動作完了
                     3秒

           [END]
```

図4.6　シリンダが上昇して戻るまでのラダー図

　次に、シリンダBの実際の上昇・下降時間をそれぞれちょうど2秒とすると、2秒後には下降端に到達しているでしょうから、**図4.6(d)**のように2秒間のタイマを使って下降端到達信号をつくります。ここまでが順序②です。

　下降端に達したら順序③に従って上昇させますから、T2の接点で上昇出力（Y11をオフにする）を出します。その後タイマT3で上昇時間の2秒を待って、T3の接点でY10の出力をオフにして後退するようにします。これが順序④で、図4.6(f)と(g)がその回路です。(h)はシリンダAが後退して元に戻る時間です。T4がオンしたところで①〜④のすべての動作が完了したことになります。

　(b)の回路を見てわかるように、このままのプログラムでは一連の動作を最後まで行うには、スタートX0の押ボタンスイッチを押し続けなければなりません。

　これでは大変なので、X0がオンしたという信号を自己保持回路で記憶しておいて、一連の動作が完了したことを示すT4の接点で自己保持を解除するようにしたものが**図4.7**のラダー図です。

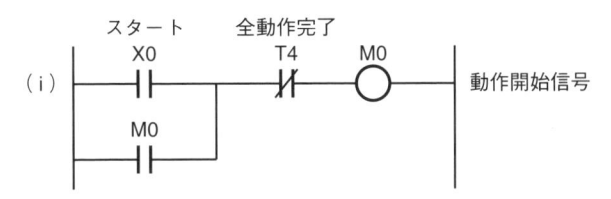

```
              スタート      全動作完了
                X0           T4        M0
   (i) ─────┤├──────┤/├──────( )──── 動作開始信号
         │    M0   │
         └──┤├─────┘
```

図4.7　スタート信号の自己保持回路

図4.5、図4.6、図4.7を合わせると、図4.4①〜④の一連の順序動作をタイマを使って時間制御することができます。

それを整理して一連のラダー図にしたものが**図4.8**です。

回路には(a)から(i)までの番号が振ってあり、これが図4.5〜図4.7の回路の番号に対応しています。ダッシュ(′)が付いているものは多少変更されていることを意味します。

また、出力の(a)′、(c)、(e)、(g)の4行は、(j)、(k)のように2行で書き直しても同じ動作になります。このようにつくられるシーケンス制御回路の構造が動作時間制御型です。

3 動作時間制御型のタイムチャートによる解析

これまで説明してきた、タイマを使った動作時間制御型の制御回路はタイムチャートを使って解析することができます。

図4.9は、そのタイムチャートです。タイムチャートは図の左から右に時間が経過したときの入出力信号の変化を示しています。入出力信号はON-OFFの信号でレベルが低いところがOFFで、高いところがONになっていることをあらわします。

Y10の出力を見ると、M0の立上がりでONして、T3の立上がりでOFFになることがわかります。この立上がりの変化をパルス指令でとらえてラダー図にしたものが図4.8の(a)′、(c)、(e)、(g)の出力リレーの回路であったことがわかります。

出力リレーのY10とY11の部分に関しては、別の考え方もできます。タイムチャートをよく見ると、Y10はM0からT3の部分を差し引いた信号であると考えることができます。これを論理演算で書くと次の

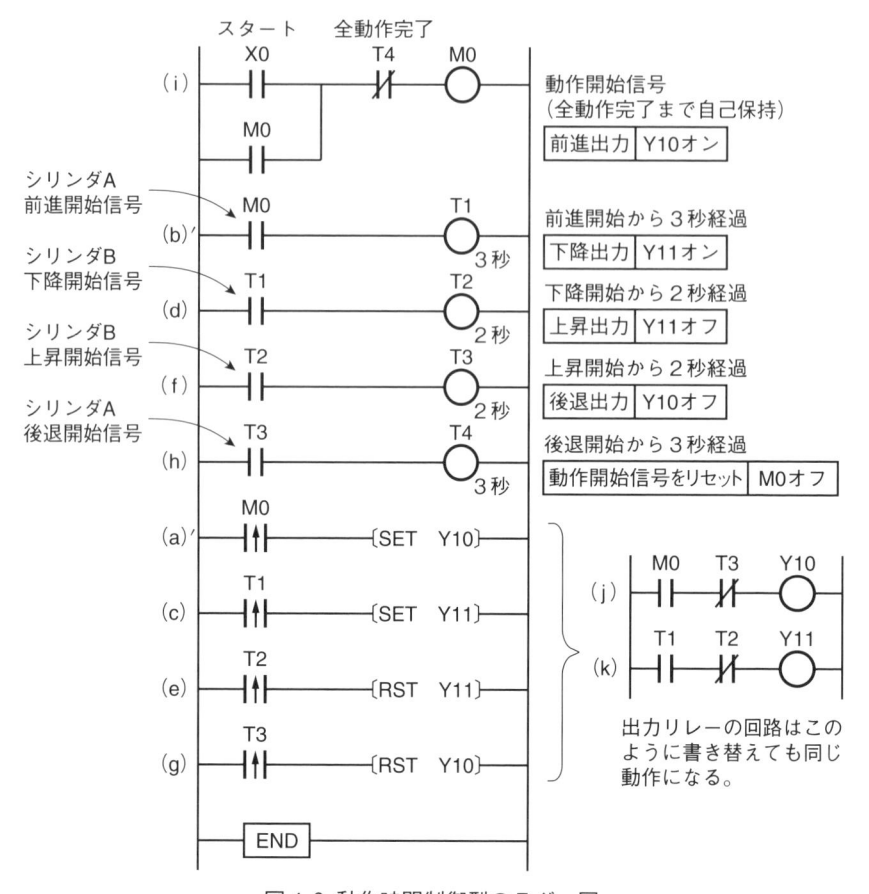

●実用編　実用的な制御プログラムのつくり方とPLCの拡張機能

図4.8 動作時間制御型のラダー図

ようになります。

$$Y10 = M0 \text{ AND } \overline{T3}$$

すなわち、T3の信号を反転してM0とAND演算をするとY10の信号になるということです。

これをラダー図で表現すると次のように書くことができます。

```
LD    M0
AND NOT T3
OUT   Y10
```
ニーモニク

118

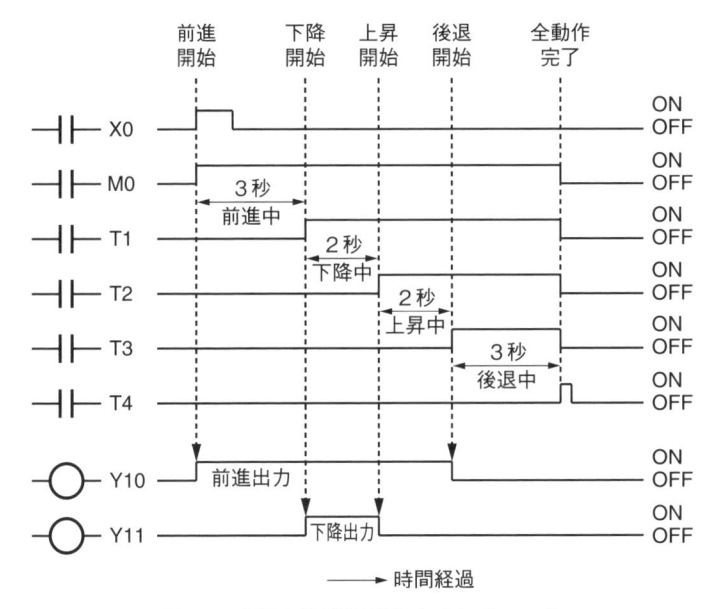

図4.9 時間変化制御型のタイムチャート

同様にY11についてはT1の信号からT2の部分を差し引いたものになっているので、論理演算で書くと次のようになります。

$$Y11 = T1 \text{ AND } \overline{T2}$$

これをラダープログラムで表現すると次のようになります。

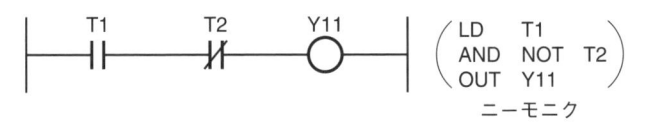

```
T1    T2    Y11      ( LD    T1    )
─┤├──┤/├──( )─       ( AND NOT T2  )
                     ( OUT   Y11   )
                        ニーモニク
```

そこで図4.8の(j)、(k)のように元の出力リレー回路を書き替えることができるわけです。

このようにしてつくられる動作時間制御型は、タイマや補助リレーを使って機械装置の時間変化を記述し、その接点の変化をとらえて出力を切り換える制御方法なのです。

●実用編　実用的な制御プログラムのつくり方とPLCの拡張機能

制御方式5　時系列制御方式　状態遷移制御型

１　状態遷移制御型の考え方

　状態遷移制御型は時系列制御方式に属しています。時系列制御方式は時間の経過とともに決められた順序に従って機械装置の姿勢が変わっていくようにタイミングよく出力を切り換える制御方法です。

　言い換えると、出力を切り換えるタイミングに着目して、切換えを行うべき時間を調整して機械の動作（姿勢）を制御するものです。

　図5.1にはアクチュエータの出力を切り換えたときの信号の変化の例を記載しました。各アクチュエータは、次のように動作するものとします。

　(1)のシリンダの場合は、前進出力を出すと、シリンダが前進して2秒後には前進端のマイクロスイッチがオンになります。

　(2)のモータで送りネジを動かす例では、モータを正転すると後退端にあった移動ブロックが、5秒間で前進端に到着して、前進端の近接スイッチがオンになります。

　(3)の空気圧式チャックの場合は、チャック閉の出力を出してから1秒間待てばチャックは閉じた状態になります。

　この3つのアクチュエータを(1)、(2)、(3)の順番に動作させるものとすると、その動作の流れは図5.2のように記述できます。

　もし各動作時間が正確であれば、スタートスイッチでスタート信号が入力されたらすぐに、(1)シリンダが前進出力を出し、(2)2秒後にモータ正転出力を出し、(3)5秒後にモータ正転出力を切ってチャック閉出力を出せば、この一連の動作は正しく実行されることになります。

　このように動作時間が正しく設定できるなら時間を管理するだけで機械を制御することができます。これが制御方式4の動作時間制御型だったわけです。

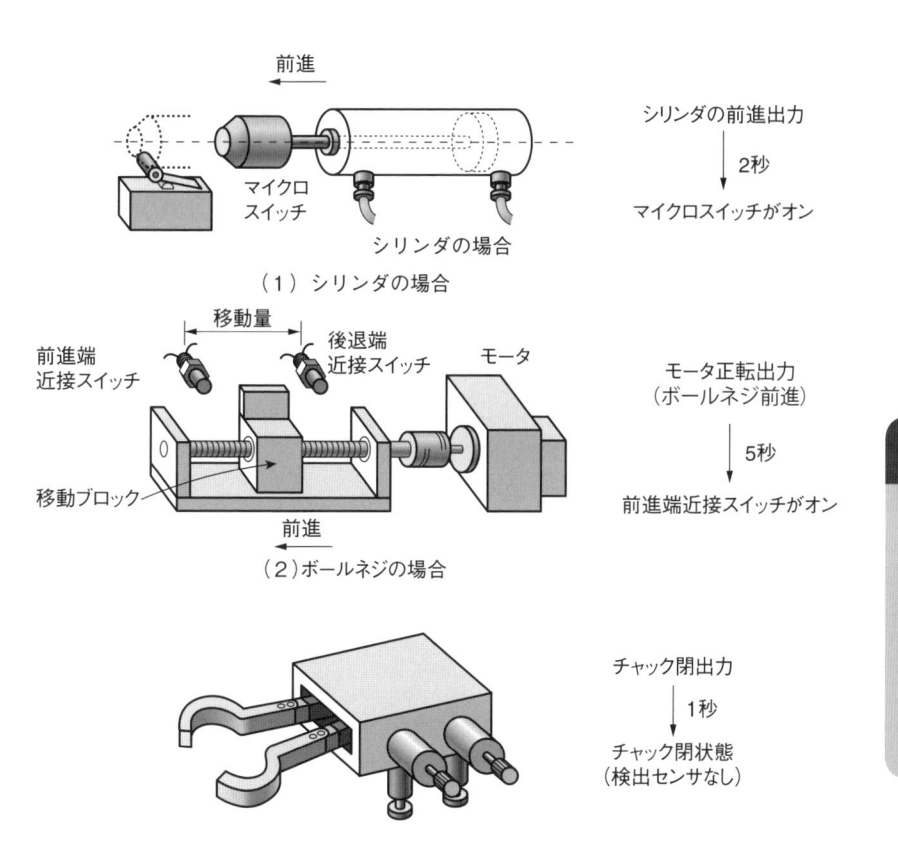

（1）シリンダの場合

シリンダの前進出力
↓ 2秒
マイクロスイッチがオン

（2）ボールネジの場合

モータ正転出力
（ボールネジ前進）
↓ 5秒
前進端近接スイッチがオン

（3）空気圧式チャックの場合

チャック閉出力
↓ 1秒
チャック閉状態
（検出センサなし）

図5.1 出力の切換えと信号の変化

　動作時間で出力のタイミングを管理する代わりに入力信号の変化を使うこともできます。(1)から(2)までの時間を2秒とするのではなく、(1)の出力を出してから、マイクロスイッチがオンするまで待って、オンしたらモータ正転出力を出すようにするように変更します。するとシリンダの速度が変わってもタイミングがずれることがなくなります。

　このように、入力信号の変化を使って時間間隔を置き換えるようにしたものが、状態遷移制御型です。

　機械装置の順序制御では、アクチュエータの出力を切り換えると、その結果なんらかの入力信号が変化すると考えて制御部をつくるのが状態

●実用編　実用的な制御プログラムのつくり方とPLCの拡張機能

```
          時間の流れ           信号の変化
        ┌──────────┐       ┌──────────────┐
        │スタート入力│------│スタートスイッチON│
        └──────────┘       └──────────────┘
             │
 (1)    ┌──────────┐
        │シリンダ前進出力│
        └──────────┘
             │
        ┌──────────┐       ┌──────────────┐
        │2秒経過   │------│マイクロスイッチON│
        └──────────┘       └──────────────┘
             │
 (2)    ┌──────────┐
        │モータ正転出力│
        └──────────┘
             │
        ┌──────────┐       ┌──────────────────┐
        │5秒経過   │------│前進端近接スイッチON│
        └──────────┘       └──────────────────┘
             │
 (3)   ┌──────────────┐
       │モータ出力停止  │
       │チャック閉出力  │
       └──────────────┘
             │
        ┌──────────┐       ┌──────────────┐
        │1秒経過   │------│チャック閉完了  │
        └──────────┘       └──────────────┘
```

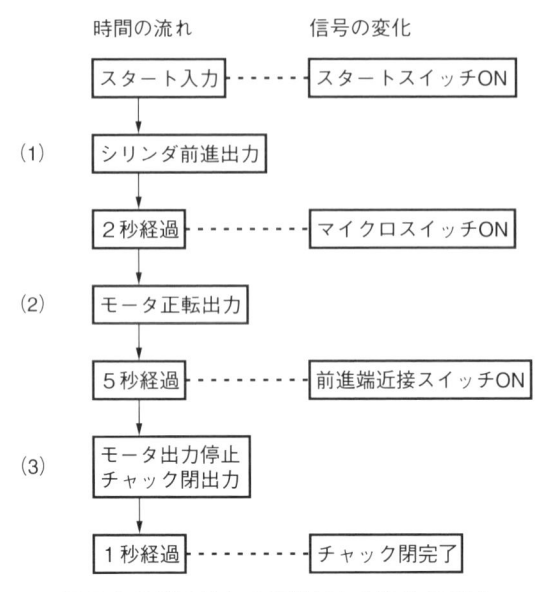

図 5.2 時間の流れを基準にした動作の記述

遷移型の基本になります。

その変化する入力信号とは、リミットスイッチのような接点入力信号や動作時間をはかるタイマの接点のことを指しています。アクチュエータが動作を始めて、その動作が完了したことを知るには、動作が完了したときに変化する入力信号を使うか、動作時間に相当するタイマを使うかの2通りの方法しかありません。

状態遷移制御型は、その2つの信号の変化を利用して出力を切り換えるタイミングをつくり出す制御方式です。

2 制御方式4のプログラムの修正

制御方式4の動作時間制御型では、機械の動作と制御プログラム上で管理している時間をタイマだけを使って同期させて制御しました。このため、アクチュエータの移動速度が変化すると、制御プログラムとの同期がとれなくなっておかしな動作になってしまいます。そこで、動作時間制御型の図4.8の制御プログラムを修正して、アクチュエータの速度

が変化しても同期がずれないように改良してみます。

そのためにまず、制御対象となっている図4.4の制御対象に移動端検出用スイッチを図5.3のように付けて制御してみます。検出用スイッチをつけた結果、PLC入出力割付図は図5.4のようになります。

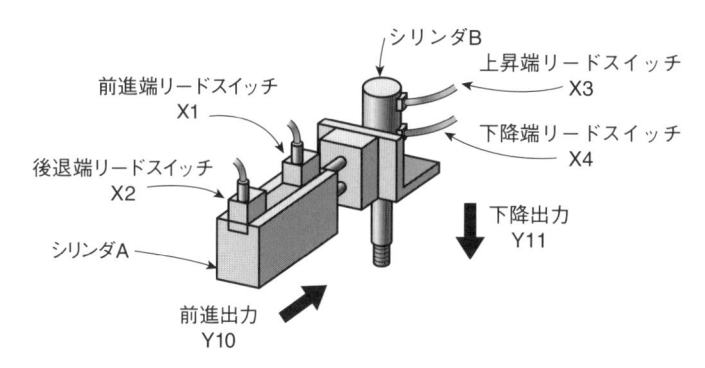

図5.3 移動端検出信号の追加

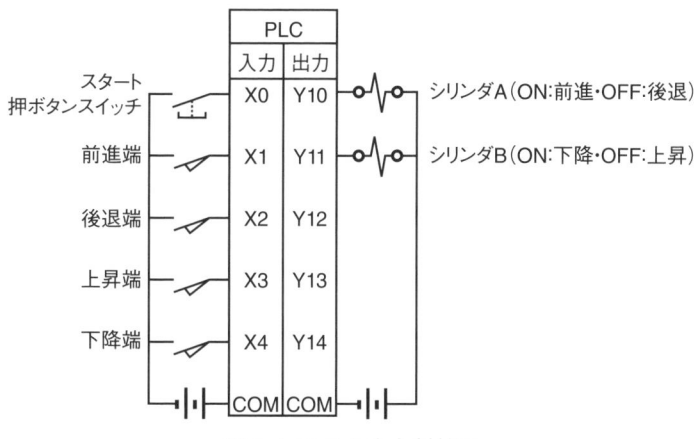

図5.4 PLC入出力割付図

まず、図4.8の(b)′の回路について考えてみます。もし、タイマT1の設定時間が実際の前進時間よりも短く設定されてしまっていたら前進端に達する前に下降してしまうことになります。確実に前進端に達したことを確認するは、前進端の検出信号X1を使わなくてはなりません。

そこで(b)′の回路を図5.5のように修正します。

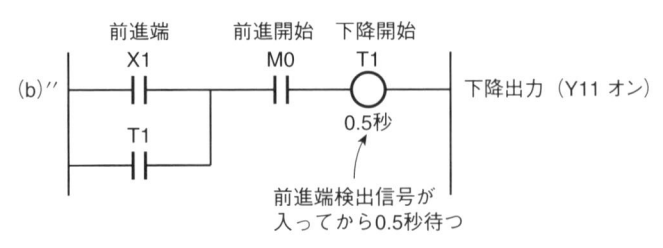

●実用編　実用的な制御プログラムのつくり方とPLCの拡張機能

```
         前進端   前進開始  下降開始
          X1      M0       T1
(b)″ ──┬──┤├──────┤├──────○────── 下降出力（Y11 オン）
        │                  0.5秒
        │  T1
        └──┤├
                          前進端検出信号が
                          入ってから0.5秒待つ
```

図 5.5 下降端検出信号追加

このようにするとT1の接点は、前進端検出信号がオンしてから0.5秒後にオンするようになります。

同様にして、

(d)の回路に下降端検出信号X4を入れて(d)′にします。

(f)の回路に上昇端検出信号X3を入れて(f)′にします。

(h)の回路に後退端検出信号X2を入れて(h)′にします。

このようにして、図4.8のラダー図を修正すると**図5.6**のようになります。

このT1～T4のタイマの設定時間で、その位置に停留している時間が変化します。

ただし、この例ではアクチュエータが空気圧シリンダなのでこのような停留時間をとることができますが、アクチュエータがモータの時には設定時間を0秒にしてすぐに停止しないとオーバーランをしてしまうので注意が必要です。

3 状態遷移制御型の制御プログラム

図5.6の制御プログラムは、タイマで行っていた動作時間の管理を、移動端検出スイッチで置き換えたものですから、もはやタイマは必要がないことになります。そこで、図5.6のT1～T4のタイマをM1～M4の補助リレーに置き換えて書き直すと**図5.7**のようになります。これが状態遷移制御型の制御プログラムです。

状態遷移制御型の特徴は、自己保持回路になっている補助リレーのオンオフ状態が、機械装置の姿勢をあらわしているところにあります。

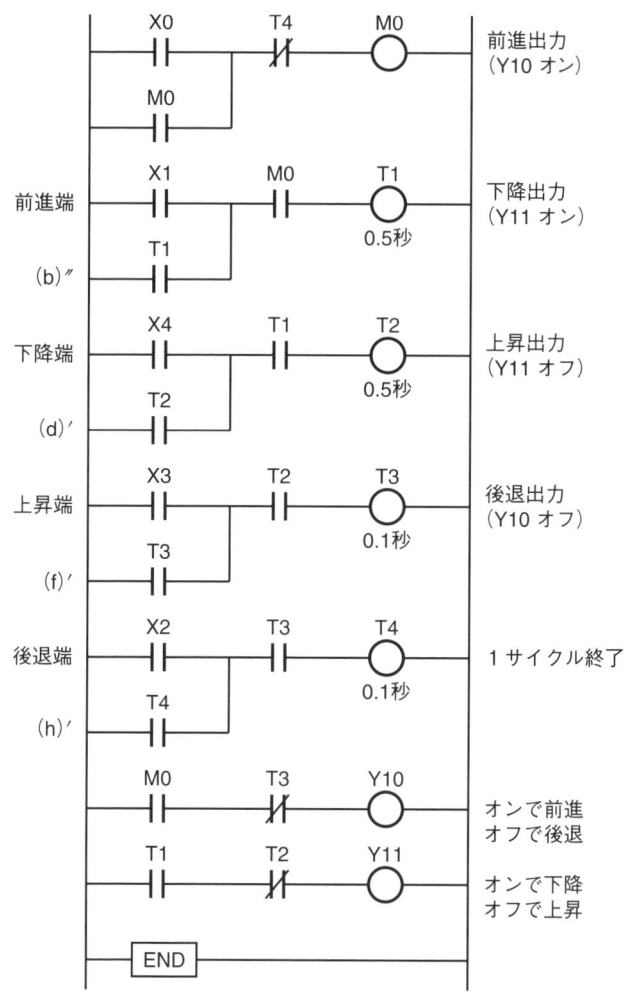

図5.6 移動端検出スイッチを使った動作時間制御型の改善

　すなわちM0は前進で、M1は下降、M2は上昇でM3は後退、M4は1サイクルの終了をあらわす信号となっているのです。
　この制御プログラムで図5.3の装置を動作させると、最初にスタートスイッチが押されたときにM0が自己保持状態になり、装置の動きに合わせて、M1 → M2 → M3と順番に自己保持状態になって最後にM4が

●実用編　実用的な制御プログラムのつくり方と PLC の拡張機能

```
                X0       M4      M0
スタート       ─┤├──┬──┤/├──( )──  前進出力
スイッチ         │                  （Y10 オン）
                M0       │
              ─┤├──┘

                X1       M0      M1
前進端        ─┤├──┬──┤├──( )──  下降出力
                M1       │              （Y11 オン）
              ─┤├──┘

                X4       M1      M2
下降端        ─┤├──┬──┤├──( )──  上昇出力
                M2       │              （Y11 オフ）
              ─┤├──┘

                X3       M2      M3
上昇端        ─┤├──┬──┤├──( )──  後退出力
                M3       │              （Y10 オフ）
              ─┤├──┘

                X2       M3      M4
後退端        ─┤├──┬──┤├──( )──  1サイクル終了
                M4       │
              ─┤├──┘

                M0       M3      Y10
              ─┤├────┤/├──( )──  オンで前進
                                         オフで後退
                M1       M2      Y11
              ─┤├────┤/├──( )──  オンで下降
                                         オフで上昇
              ─[ END ]─
```

状態遷移部 / 出力部

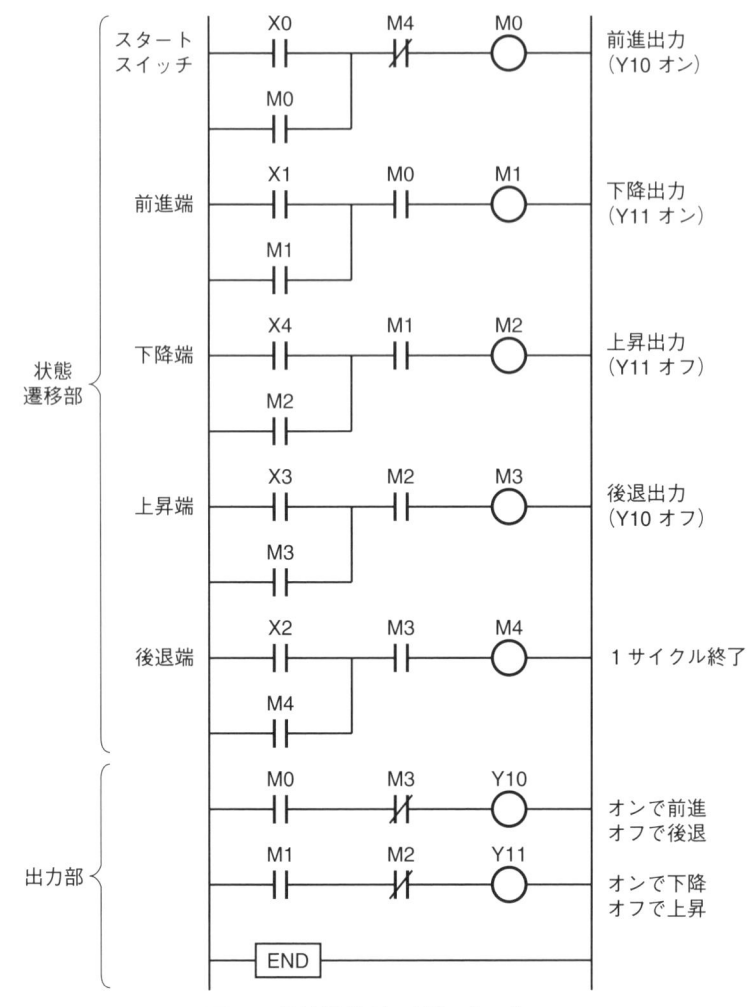

図 5.7 状態遷移型の制御プログラム

オンすると M0〜M3 のすべての自己保持が解除されるようになっています。

そこで、補助リレーのオンオフ状態から装置がどのような姿勢になっているかを知ることができます。たとえば、M0 がオンして M1 がオフならば、装置は前進中で、M0 と M1 がオンで M2 がオフならば下降

中、M0 から M2 までがオンで M3 がオフならば上昇中、M3 までがオンしているのならば後退動作をしている途中であるということになります。

このように、状態遷移制御型の制御プログラムは、機械の状態の遷移に同期してプログラムが進行するような制御構造になっています。

4 状態遷移制御型のプログラム例

もうひとつの例として、**図 5.8** の装置を**表 5.1** の順序で制御するラダー図を状態遷移制御型の回路構造を使ってつくってみます。この装置は図 5.3 の装置の前進後退出力をモータに変更してもので、PLC の入出

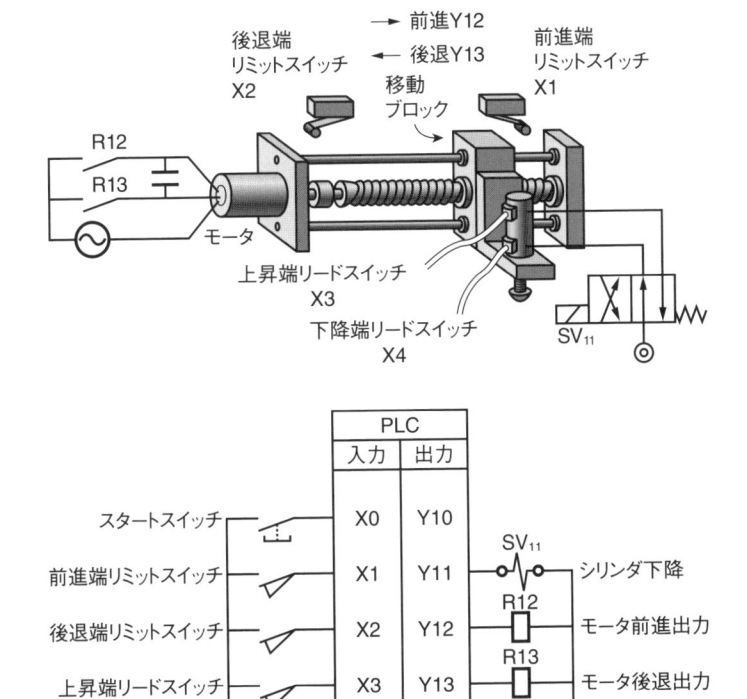

図 5.8 前進後退をモータに変更した装置

●実用編　実用的な制御プログラムのつくり方とPLCの拡張機能

表 5.1 動作順序

制御順序	動作内容
（0）	スタート信号（X0）が入ったら前進（Y12：ON）する。
（1）	前進端信号（X1）が入ったら前進を停止（Y12：OFF）して下降（Y11：ON）する。
（2）	下降端信号（X4）が入ったら上昇（Y11：OFF）する。
（3）	上昇端信号（X3）が入ったら後退（Y13：ON）する。
（4）	後退端信号（X2）が入ったら後退を停止（Y13：OFF）する

力割付も図 5.4 に合わせてあります。

まず、装置の動作を状態遷移制御型でプログラミングするために、動作順序を状態遷移部と出力に分けて**図 5.9**のように記述しなおします。

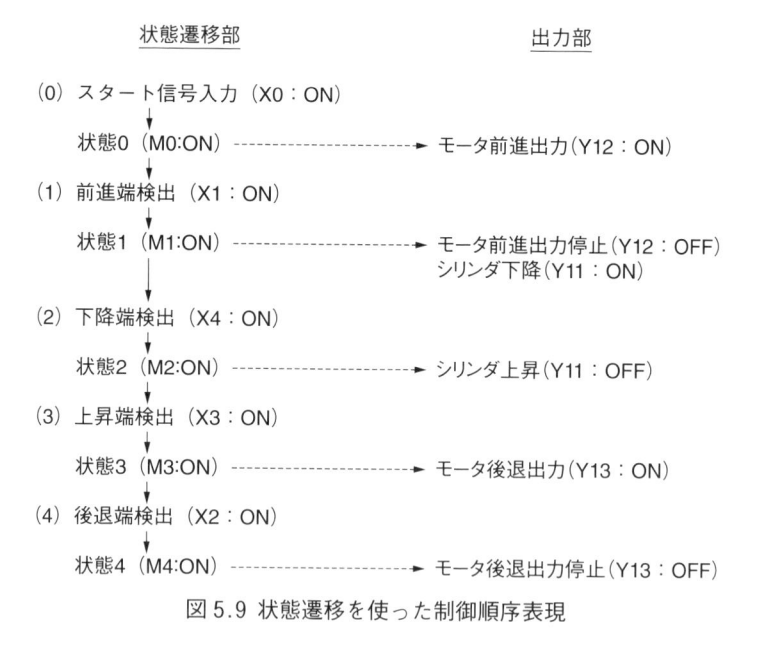

```
        状態遷移部                         出力部

(0) スタート信号入力（X0：ON）
        ↓
    状態0（M0:ON）  ----------→  モータ前進出力（Y12：ON）

(1) 前進端検出（X1：ON）
        ↓
    状態1（M1:ON）  ----------→  モータ前進出力停止（Y12：OFF）
                                  シリンダ下降（Y11：ON）

(2) 下降端検出（X4：ON）
        ↓
    状態2（M2:ON）  ----------→  シリンダ上昇（Y11：OFF）

(3) 上昇端検出（X3：ON）
        ↓
    状態3（M3:ON）  ----------→  モータ後退出力（Y13：ON）

(4) 後退端検出（X2：ON）
        ↓
    状態4（M4:ON）  ----------→  モータ後退出力停止（Y13：OFF）
```

図 5.9 状態遷移を使った制御順序表現

この図の中では、状態遷移部を構成するために状態をあらわす補助リレーを M0～M4 を導入して、順序番号の（0）～（4）に対応するようにしました。

状態遷移部は、この M0～M4 を決められた入力信号で順番に自己保

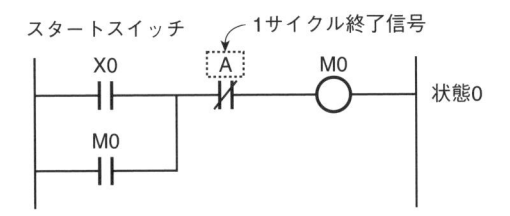

図5.10 状態0の自己保持回路

持状態にするようにプログラムします。まず、状態0に相当するリレーコイル M0 は、**図5.10** のようにスタートスイッチ X0 で自己保持にします。次に、状態1をあらわすリレーコイル M1 は必ず M0 のあとの順番になりますから、M0 がオンしていることを条件にして、X1 の入力信号が入ったときに自己保持にします。これをラダー図にすると**図5.11** のようになります。

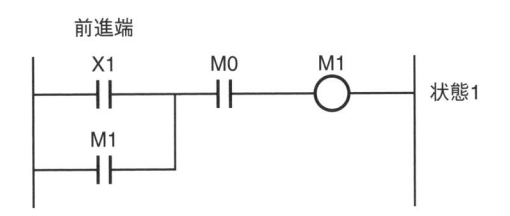

図5.11 状態1の自己保持回路

状態2〜状態4についても同様の考え方で記述すると**図5.12** のようになります。

そして、一番最後の状態4は一連の動作を終えて原点に戻ったときの1サイクル終了信号になりますから、状態0の自己保持回路は M4 のリレー接点で解除すればよいことになります。したがって、図5.10 の A 部には M4 と記述します。

次に出力部のラダープログラムを作成します。出力は前にも述べたように状態遷移部の状態をあらわすリレーの接点で制御します。

図5.9 の出力部を見れば、どの状態になったときにどの出力を切り換えればよいかわかります。

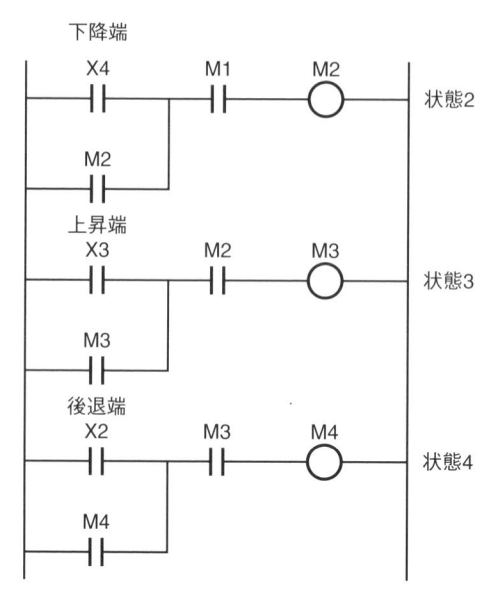

●実用編　実用的な制御プログラムのつくり方と PLC の拡張機能

図 5.12 状態 2 ～状態 4 の自己保持回路

　まず、シリンダ下降出力 Y11 は、状態 1 （M1）でオンして、状態 2 （M2）でオフしますから、**図 5.13** のようになります。

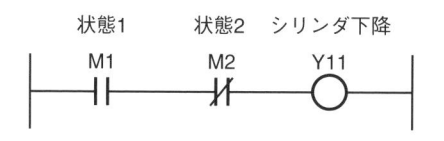

図 5.13 シリンダの下降出力回路

　次にモータに関しては、前進出力の Y12 が M0 でオンして M1 でオフするようになっていて、後退出力 Y13 は M13 でオンして M14 でオフするようになっています。そこで、この出力回路は**図 5.14** のようになります。

　これで、状態遷移制御型の制御プログラムが完成したことになります。

　図 5.10 から図 5.14 までの回路をつなげてみると、**図 5.15** のようになります。

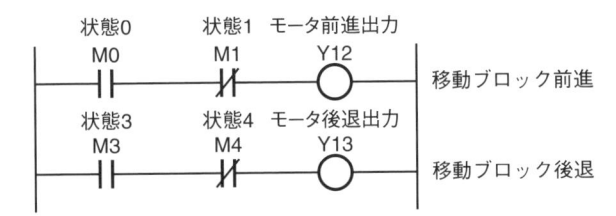

図 5.14 モータの出力回路

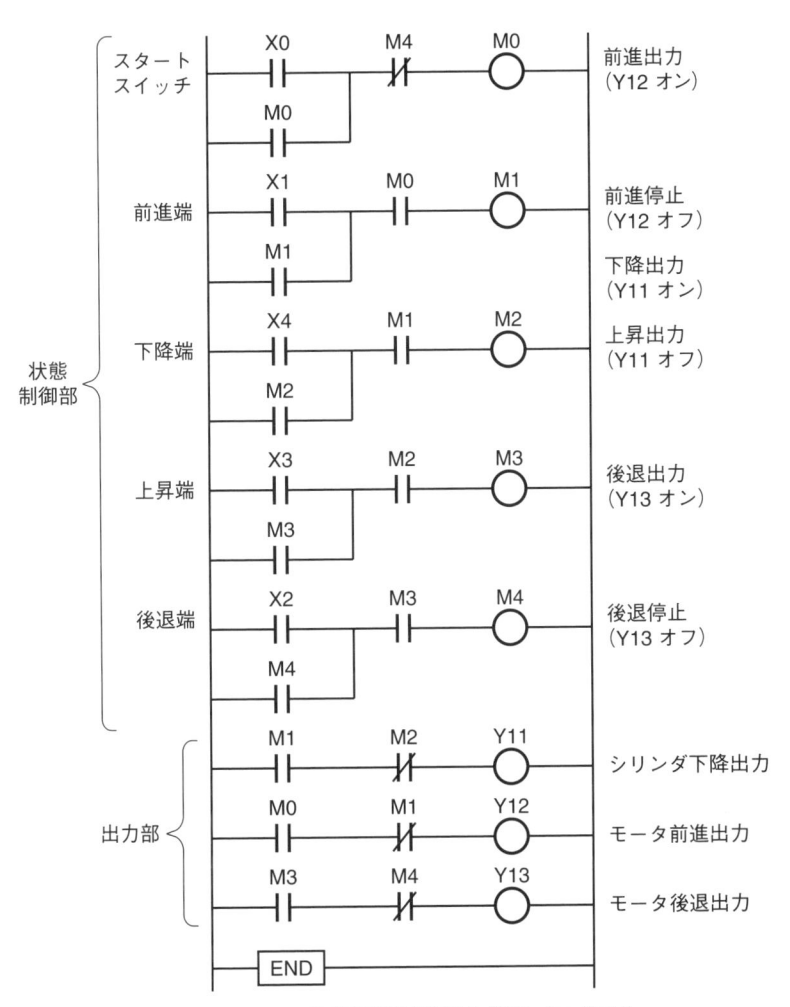

図 5.15 状態遷移制御型の制御プログラム

●実用編　実用的な制御プログラムのつくり方とPLCの拡張機能

　図5.15と図5.7のプログラムを比較してみると、状態遷移部はまったく同じになっていることがわかります。これは、状態遷移部は入力信号でつくるので、入力信号の割付と動作順序が同じであれば、アクチュエータを替えても状態遷移部は同じ制御プログラムになるということです。

　図5.8のシステムは、図5.3のシステムの横移動のアクチュエータをシリンダからモータに変更しただけのものだったので状態遷移部はまったく同じになったわけです。

5 状態遷移制御型の時間待ちの処理

　図5.15では、アクチュエータを動かして、移動端に達したらすぐに次の動作に移るようにプログラミングされています。ところが実際の機械では、移動端で機械が安定してから次の動作に移るように制御することも少なくありません。

　この修正を行うには、状態遷移部に**図5.16**のように時間待ちのためのタイマを追加します。T1は前進端に達してから下降を開始するまでの待ち時間で、T2は下降端での待ち時間、T3は上昇端に達してから後退をはじめるまでの待ち時間です。T4は1サイクルの時間を調整するために利用します。

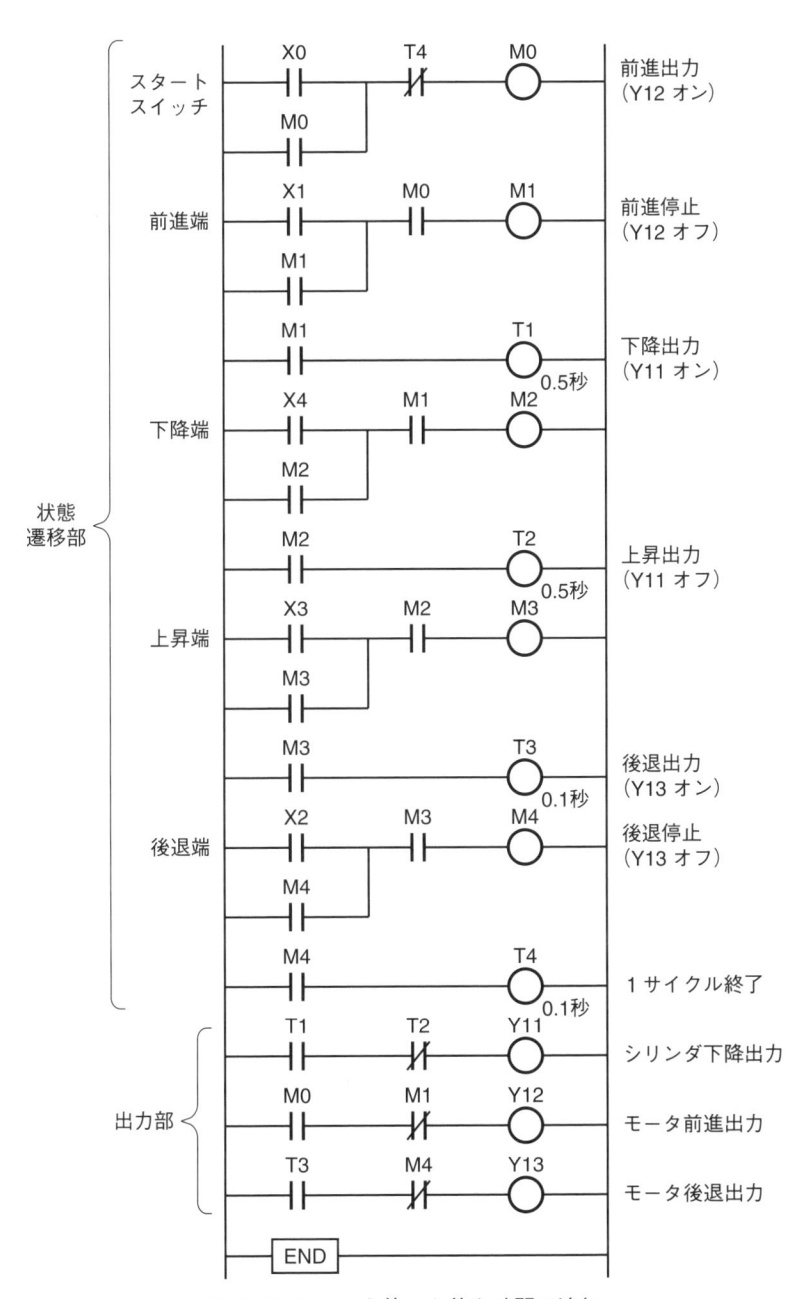

図 5.16 タイマを使った待ち時間の追加

●実用編　実用的な制御プログラムのつくり方とPLCの拡張機能

時系列制御方式	
制御方式6	**イベント順序制御型**

　図6.1のような装置を制御するラダー図をイベント順序制御型の回路構造を使ってつくってみます。

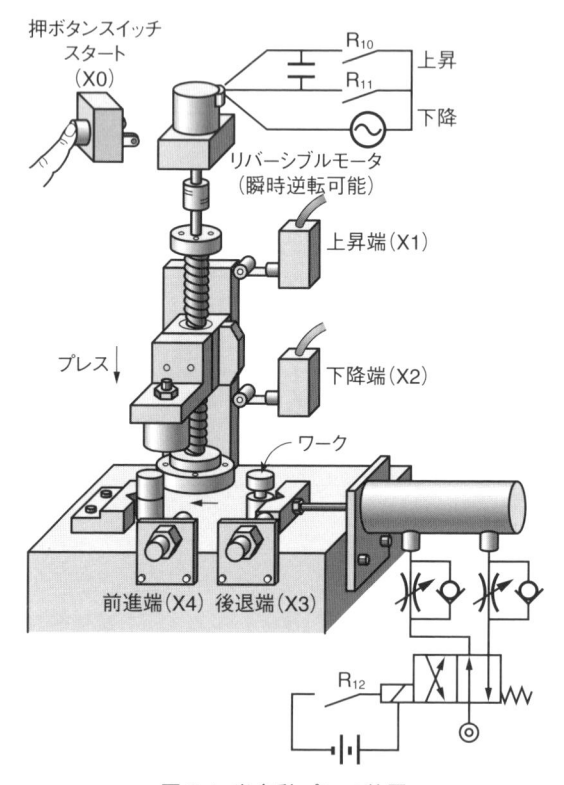

図6.1　半自動プレス装置

　この装置は、作業者がワークの供給取出しを行う半自動のプレス装置です。PLCの配線は図6.2のように入力には各スイッチが配線されていて出力側はリレーを介してモータとシングルソレノイドバルブが接続されています。
　この装置は、シリンダが後退端にあるときにワークを置いて、スター

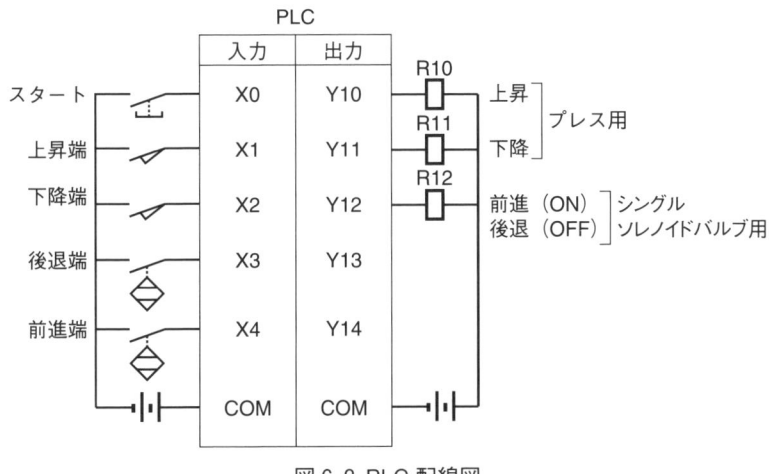

図6.2 PLC 配線図

トスイッチを押すとシリンダが前進してワークをプレス位置まで移動し、つづいてプレスヘッドがモータの力で下降して下降端まで到達したら上昇し、上昇完了後にシリンダが元に戻るというものです。

この一連の動作を入力スイッチの変化だけを頼りに見ていくと、図6.3(a)のイベントの列のようになります。さらに、各入力スイッチが変化したときにどのように出力を変化させたらよいかを記述したものが同図(b)です。

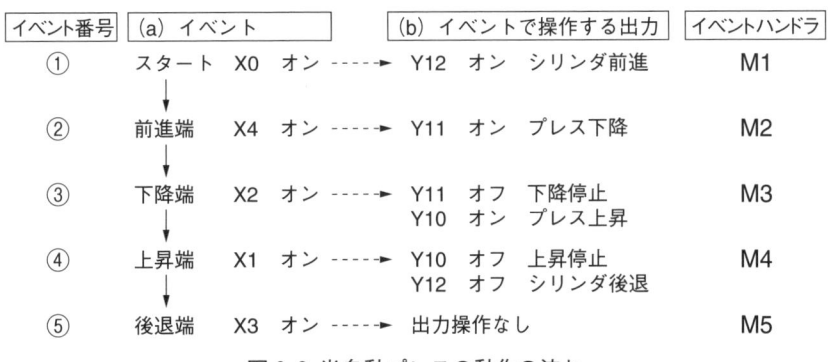

イベント番号	(a) イベント			(b) イベントで操作する出力			イベントハンドラ
①	スタート	X0	オン ----▶	Y12	オン	シリンダ前進	M1
②	前進端	X4	オン ----▶	Y11	オン	プレス下降	M2
③	下降端	X2	オン ----▶	Y11 Y10	オフ オン	下降停止 プレス上昇	M3
④	上昇端	X1	オン ----▶	Y10 Y12	オフ オフ	上昇停止 シリンダ後退	M4
⑤	後退端	X3	オン ----▶	出力操作なし			M5

図6.3 半自動プレスの動作の流れ

(a)の入力の変化をイベントと呼び、各イベントが起きたときに(b)のように出力を切り換えることをあらわしています。この制御を行うためにまず、各イベントが起きたことを記憶しておくリレーを用意します。このリレーをイベントハンドラと呼びます。ここでは図6.3のイベント番号①〜⑤のイベントハンドラとして、補助リレー M1〜M5 を使うことにします。

イベントハンドラは一連の順序制御の中で1つだけがオンするように制御します。

具体的には、①のイベントが入力されたときにイベントハンドラ M1 をオンにしますが、②のイベントハンドラがオンになったときには M1 のイベントハンドラはオフにするということです。すなわち、このイベントハンドラは装置がどういう状態にあるかということをあらわしていることになります。たとえば装置が初期状態で停止しているときは M1〜M5 はすべてオフになっています。M2 だけオンしているときはプレスが下降中であることを意味します。

したがって、基本的に M1 の状態と M2 の状態は同時には存在できませんから、M1 から M2 に移るときには M1 をオフにして M2 をオンにするということになります。

ここまでの様子をまとめたものが図6.4の(a)〜(c)です。

そして、上記の条件に従ってイベントハンドラの動作をラダー図にしたものが同図(d)です。

たとえば、M2 のイベントハンドラを見ると、このイベントハンドラが自己保持になる条件は M1 と X4 がオンしたときなので、M1 の後でないと M2 はオンしないことになります。一方、M1 の方は M2 で自己保持が解除されるようになっているので、M2 がオンした時点で M1 はオフになります。

このように、M1 から M5 まで順番にイベントハンドラが入れ代わりオンしていくことになります。

このイベントハンドラは制御している装置の姿勢が変化するたびに切り換わるので、装置の状態を表現していることになります。

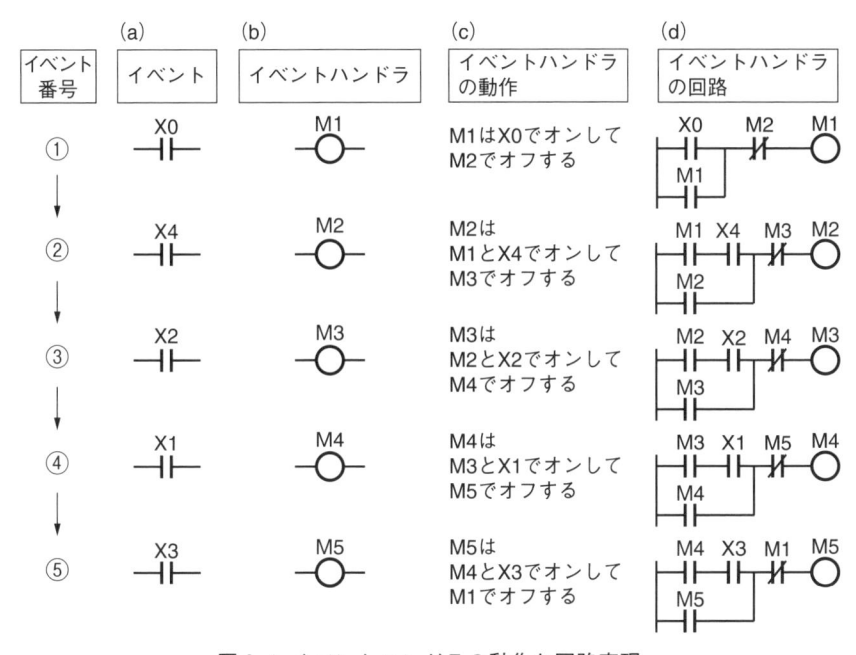

イベント番号	(a) イベント	(b) イベントハンドラ	(c) イベントハンドラの動作	(d) イベントハンドラの回路
①	X0 ─┤├─	M1 ─○─	M1はX0でオンしてM2でオフする	X0─┤├─M2─┤/├─M1─○ M1─┤├─
②	X4 ─┤├─	M2 ─○─	M2はM1とX4でオンしてM3でオフする	M1─┤├─X4─┤├─M3─┤/├─M2─○ M2─┤├─
③	X2 ─┤├─	M3 ─○─	M3はM2とX2でオンしてM4でオフする	M2─┤├─X2─┤├─M4─┤/├─M3─○ M3─┤├─
④	X1 ─┤├─	M4 ─○─	M4はM3とX1でオンしてM5でオフする	M3─┤├─X1─┤├─M5─┤/├─M4─○ M4─┤├─
⑤	X3 ─┤├─	M5 ─○─	M5はM4とX3でオンしてM1でオフする	M4─┤├─X3─┤├─M1─┤/├─M5─○ M5─┤├─

図6.4 イベントハンドラの動作と回路表現

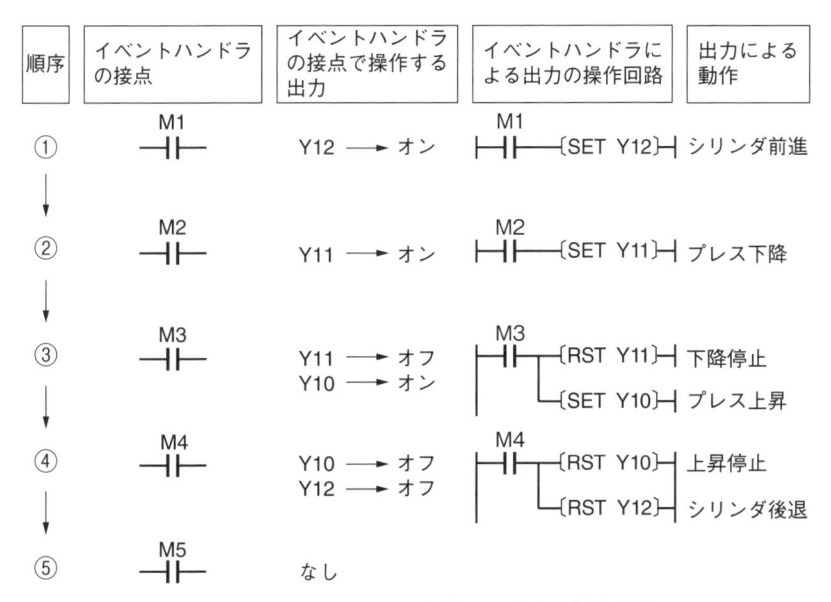

順序	イベントハンドラの接点	イベントハンドラの接点で操作する出力	イベントハンドラによる出力の操作回路	出力による動作
①	M1 ─┤├─	Y12 → オン	M1─┤├─[SET Y12]	シリンダ前進
②	M2 ─┤├─	Y11 → オン	M2─┤├─[SET Y11]	プレス下降
③	M3 ─┤├─	Y11 → オフ Y10 → オン	M3─┤├─[RST Y11] 　　　└[SET Y10]	下降停止 プレス上昇
④	M4 ─┤├─	Y10 → オフ Y12 → オフ	M4─┤├─[RST Y10] 　　　└[RST Y12]	上昇停止 シリンダ後退
⑤	M5 ─┤├─	なし		

図6.5 イベントハンドラを使った出力の操作回路

●実用編　実用的な制御プログラムのつくり方とPLCの拡張機能

さて、動作の流れを書いた図6.3を見ると、各イベントハンドラによってどのような処理（出力の操作）を行えばよいかが書いてあります。この出力部をもう一度記号で書き直すと**図6.5**のようになります。

図6.4と図6.5でつくった回路をつなげてひとつにすると、**図6.6**のイベント順序制御型のシーケンス制御のラダー図が完成します。

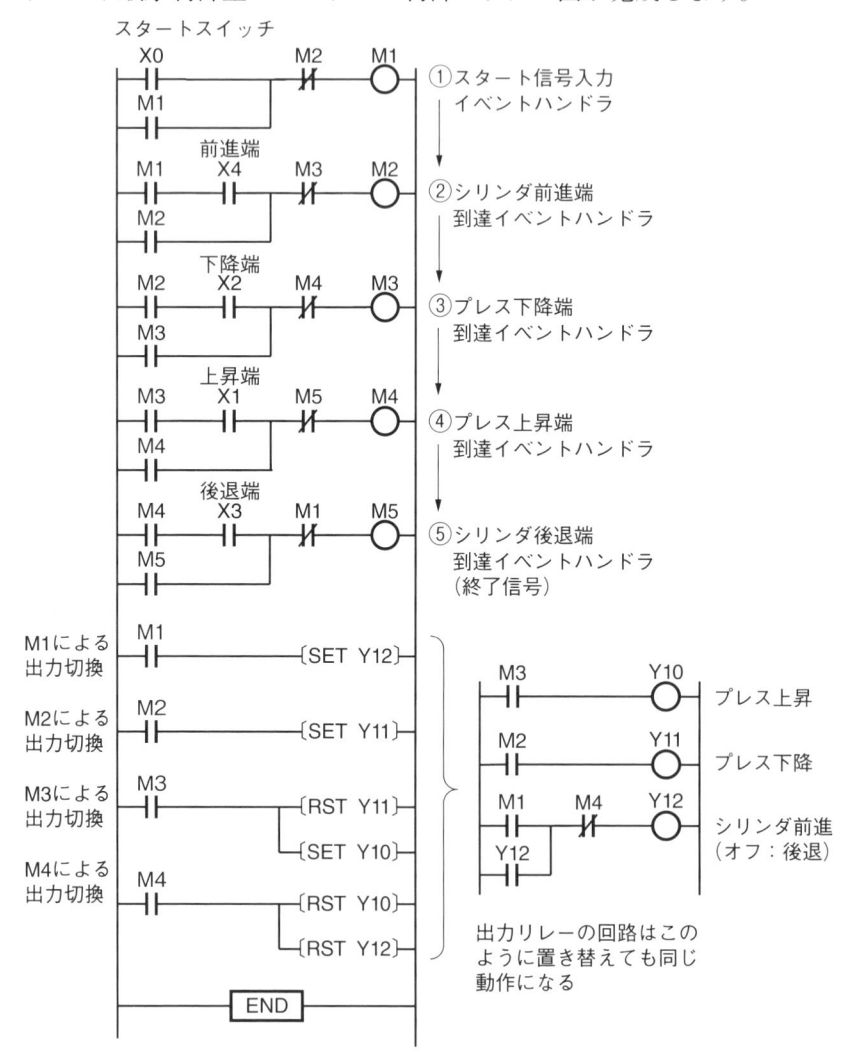

図6.6 イベント順序制御型のラダー図

3章

PLCの拡張機能

　PLCは入出力ユニットを使ったオンオフ制御だけでなく、アナログ制御や位置決め制御など、さまざまな高度な拡張機能をもたせることができます。このような機能を利用するには、PLC本体のベーススロットや増設ポートに目的の高機能ユニットを装着します。

3.1 PLCの高機能ユニット

　PLCがベース装着タイプの場合、図3-1のように高機能ユニットは

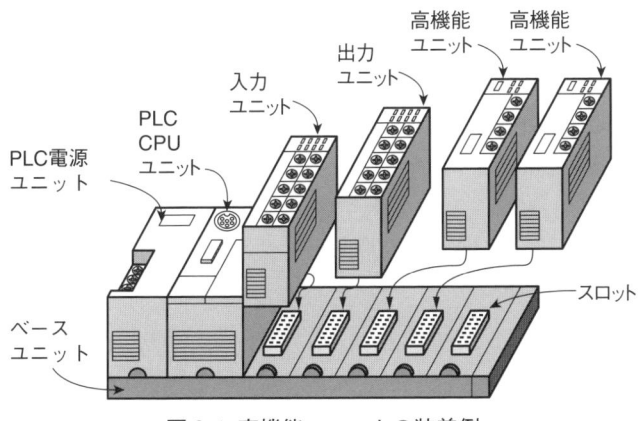

図3-1 高機能ユニットの装着例

ベースのスロットに装着します。

高機能ユニットのうち、よく利用されるものを、表3-1に紹介します。このように高機能ユニットによってアナログ入出力、サーボモータやパルスモータの位置決め、高速カウンタ、温度計測、温度調節など、いろいろな高級な機能をPLCにもたせることができるようになっています。ここでは、高機能ユニットの中でも代表的なアナログ入出力ユニットと位置制御ユニットについて詳細に解説します。

3.2 アナログ入出力ユニット

1 A/D変換とD/A変換

アナログ入力ユニットは、電圧か電流のアナログ信号をPLCが取り扱えるデータの形に変換するもので、アナログ値(A)からデジタル値(D)に変換するのでA/D変換ユニットとも呼ばれます。

アナログ出力ユニットは、PLCでつくった数値の大きさに応じた電圧か電流のアナログ信号を出力するもので、デジタル値(D)からアナログ値(A)に変換するのでD/A変換ユニットとも呼ばれます。

アナログ入出力で使われる電圧や電流の値は通常、0〜5V、1〜5V、0〜10V、−10〜10Vなどの電圧値か、0〜20mA、4〜20mAなどの電流値が使われます。アナログ値とデジタル値の関係は変換ユニットの分解能で決まり、8ビットなら約1/250、12ビットなら約1/4000、16ビットなら約1/65000になります。

アナログ入力ユニットの入力電圧の範囲が0〜10Vで1/4000の分解能を持っているとすると、0Vがデジタル値の0で10Vがデジタル値の4000になり、その間が4000等分に分割されます。したがって、デジタル値1当たり2.5mVになります。したがって、たとえばこのアナログ入力ユニットに入力したアナログ電圧が5Vであれば2000という値が出力されることになります。同じ1/4000の分解能で0〜10Vの電圧出

表 3-1 高機能ユニットの例

名称	構成例	機能
アナログ出力ユニット		PLCからユニットへ、デジタル値で書き込んだデータの大きさに比例した電圧または電流出力が得られる
アナログ入力ユニット		電圧か電流をユニットに入力すると、その大きさに比例した数値データに変換する。そのデータをCPUが読み込めるようにする
位置決めユニット		1軸～4軸程度の数値制御型モータの動作指令パルス列を発生するユニット。CPUからの命令で移動量の設定やパルス列出力を制御できる。CPUユニットに内蔵されているものもある。
高速カウンタユニット		機械の移動量などをロータリエンコーダなどでCPUに取り込むときに利用する。カウント値の他に比較出力信号なども取り込める
温度入力ユニット		測温体で測定した温度をデジタル変換して、CPUが読み込めるようにするユニット
温度調節ユニット		測温体の温度変化を計測して目標値に近づくようにヒータのオンオフなどを制御する。温度調節ユニットにはPID制御が組み込まれている

●実用編　実用的な制御プログラムのつくり方とPLCの拡張機能

力をもつアナログ出力ユニットに、出力データとしてデジタル値で1000を設定すれば、アナログ出力端子から2.5Vが出力されることになります。

このようにアナログ値とデジタル値の間の変換を行うのがアナログ入出力ユニットです。

2 アナログ入出力ユニットの配線

アナログ入出力ユニットを使った制御の1つの例として、三菱電機製Melsec QシリーズのPLCでサーボモータの速度をアナログ制御する例を紹介します。

図3-2のように、アナログ入力（A/D変換）ユニット（Q64AD）をPLCの拡張スロットの2CHに、アナログ出力（D/A変換）ユニットを（Q62DAN）を3CHに装着します。0CHには16点入力ユニット、1CHには16点出力ユニットが装着されているので、2CHのアナログ入力ユニットにはX20〜X2F、Y20〜Y2Fの入出力リレーが割り付けられます。3CHのアナログ出力ユニットにはX30〜X3F、Y30〜Y3Fのリレーが割り付けられます。このリレーはアナログ入出力ユニットをPLCのラダープログラムからコントロールするときに使う制御リレーです。

アナログ入力CH1にはポテンショメータの0〜5Vの電圧信号が接続されています。一方、アナログ出力CH1にはサーボモータのアナログ制御用速度入力端子（0〜5V仕様）が接続されていて、このアナログ出力CH1から出力する電圧の値によってサーボモータの速度をコントロールできます。

PLCのプログラムやアナログ入出力ユニットの機能スイッチの設定などは、パソコンにインストールしたラダーサポートソフトウェア（GX-Developer）を使います。

今回の制御の目的は、ポテンショメータの0〜5Vの電圧変化をQ64ADのCH1からPLCのデータメモリに取り込むことと、Q62DANのCH1に0〜5Vの任意の電圧値を出力するラダープログラムを作成して、サーボモータの速度指令値として与えることとします。そのために

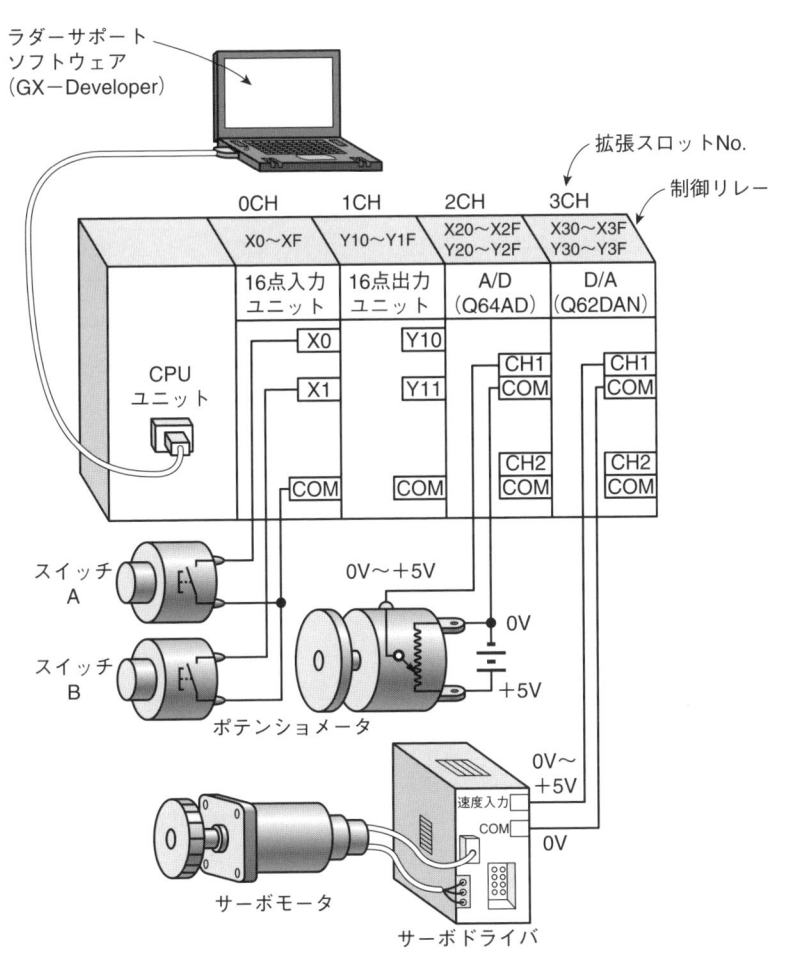

図3-2 アナログ変換（A/D、D/A）ユニットの配線例

まずアナログ入出力ユニットの設定を行い、プログラムを作成するための手順を追っていきましょう。

3 アナログ入出力ユニットの機能スイッチ設定

まずアナログ入出力ユニットの機能スイッチで初期設定を行います。これは GX-Developer の I/O 割付け設定の中のスイッチ設定画面で設

●実用編　実用的な制御プログラムのつくり方とPLCの拡張機能

定します。機能スイッチはスイッチ1から5までのソフトウェアスイッチで、それぞれのスイッチは、**表3-2**のように4桁の16進数で設定するようになっています。

表3-2 アナログ入出力ユニットの機能スイッチの設定

	A/D（Q64AD）		D/A（Q62DAN）		通常分解能
	設定値	設定データ	設定値	設定データ	
スイッチ1	0033 CH4↑↑↑CH1 　CH3 CH2 （CH1とCH2を0〜5Vに、他は4〜20mAに設定）	0_H：4〜20mA 3_H：0〜5V 4_H：−10〜10V	0043 　↑↑ CH2 CH1 （CH1を0〜5VにCH2を−10〜10Vに設定）	0_H：4〜20mA 3_H：0〜5V 4_H：−10〜10V	0〜4000 0〜4000 −4000〜4000
スイッチ2	0000	—	0000	—	
スイッチ3	0000	—	0000	HOLDなし	
スイッチ4	0000	通常分解能	0000	通常分解能	
スイッチ5	0000	0に固定	0000	0に固定	

ここではA/D、D/A共にスイッチ1の1桁目に3を設定して、アナログのCH1に0〜5Vのレンジを設定します。スイッチ4を0にして通常分解能を選択すると、分解能は1/4000になるので、1.25mVの分解能になります。このように設定すると、デジタル値とアナログ値の関係は**表3-3**のようになります。

表3-3 0〜5V、分解能1/4000のときのデータ

アナログ値	デジタル値
0V	0
1.25mV	1
2.5mV	2
1V	800
1.25V	1000
2.5V	2000
3.75V	3000
5V	4000

4 バファメモリと制御リレー

　バファメモリは A/D、D/A 変換ユニットの中に装着されているメモリで、バファメモリにデータを設定することでユニットの動作設定を行えます。制御リレーは A/D、D/A 変換の動作に必要なタイミングなどをとるためのリレーです。制御リレーは PLC に装着されているスロッ

表 3-4　A/D 変換ユニット Q64AD のバファメモリと制御リレー

	バファメモリ番号	内容	説明
バファメモリ	0	A/D 変換許可 （許可するときビットを 0 にする）	ビット 0～3 に CH1～CH4 の A/D 変換許可フラグが割り付けられている。ビットの値が 1 で禁止、0 で許可。（デフォルトは 0）
	1	CH1　平均時間設定	⎫ ⎬ サンプリング処理のときは設定不要 ⎭
	2	CH2　〃	
	⋮	⋮	
	9	平均処理指定	サンプリング処理のときは 0。（デフォルトは 0）
	10	A/D 変換完了フラグ	CH1～CH4 の完了フラグがビット番号 0～4 に割り付けられている。A/D 変換が完了すると 1 になる。
	11	CH1　デジタル出力値	A/D 変換されたデジタル出力値がチャネルごとに 16 ビットバイナリ値で格納される。（通常分解能は 12 ビット）
	12	CH2　〃	
	13	CH3　〃	
	14	CH4　〃	
	リレー番号	内容	説明
制御リレー	Y□9	動作条件設定要求	バファメモリ番号 0～9 の設定内容を有効にするための出力リレー
	X□0	ユニット READY	A/D 変換準備完了
	X□9	動作条件設定完了	動作条件設定要求をオン／オフするインターロックに使用
	X□E	A/D 変換完了フラグ	A/D 変換が完了したことを示すフラグ

※□はユニットが装着されているスロット No. を入れる。図 3-2 の場合には□に 2 を入れるので、上から Y29、X20、X29、X2E となる。

ト番号（CH 番号）に割り付けられている入出力リレーが使われます。表 3-4 と表 3-5 は、それぞれのバファメモリと制御リレーの中でよく利用するものを抜粋したものです。

表 3-5 D/A 変換ユニット Q62DAN のバファメモリと制御リレー

	バファメモリ番号	内容	説明
バファメモリ	0	D/A 変換許可 （許可するときビットを 0 にする）	CH1 が 0 ビットに、CH2 が 1 ビットに割り付けられている。例えば、CH1 を使わないなら 1、CH2 を使わないなら 2、両方とも使わないなら 3 を設定する。
	1	CH1 デジタル入力値	チャネルに出力するデジタル値を設定する。通常分解能の 0～5V の場合、0～4000 の数値を設定する。－10～10V では－4000～4000 の範囲になる。
	2	CH2　　〃	

	リレー番号	内容	説明
制御リレー	Y□1	CH1 出力許可リレー	各チャネルへの実際の出力を開始する
	Y□2	CH2 出力許可リレー	
	Y□9	動作条件設定要求	バファメモリ番号 0 の設定を有効にするときにオンにする
	X□0	ユニット READY	D/A 変換準備完了
	X□9	動作条件設定完了	動作条件設定要求をオン / オフするインターロックに使用

※□はユニットが装着されているスロット No. で、図 3-2 の 3CH の D/A ユニットであれば 3 を入れて、上から、Y31、Y32、Y39、X30、X39 となる。

バファメモリにデータを設定するには MOV 命令を使います。たとえば、X0 がオンしたときに PLC の 3CH の拡張スロット（拡張スロット No.3）に装着されている D/A 変換ユニットのバファメモリ番号 0 に 1 を書き込むならば、次のような PLC ラダープログラムの命令を実行します。

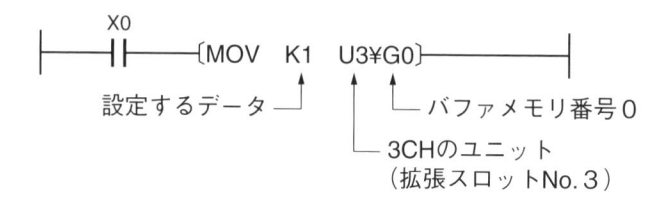

```
     X0
ー－| |ー－－[MOV    K1    U3¥G0]ー－－－－－
         設定するデータ ┘    │ └ バファメモリ番号 0
                             └ 3CHのユニット
                               （拡張スロットNo.3）
```

X1がオンしたときに2CHの拡張スロット（拡張スロットNo.2）のバファメモリ番号11のデータを読み込んでデータメモリD50に書き込むならば次のようなPLCラダープログラムになります。

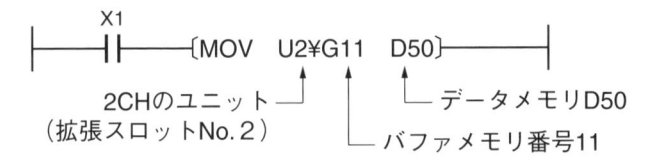

```
    X1
────┤ ├────────[MOV  U2¥G11  D50]────
         2CHのユニット ↑        ↑
        （拡張スロットNo.2）    └── データメモリD50
                        └── バファメモリ番号11
```

5 A/D変換プログラム例

図3-2のようにA/D変換ユニットをPLCの2CHに装着してあるとして、スイッチA（X0）が押されたときにポテンショメータからのアナログ入力信号をデータメモリD100に格納するには、**図3-3**のようにプログラムします。

```
    X20
────┤ ├────┬────[MOV  H0  U2¥G0]────  A/D変換許可
           │
           ├────[MOV  H0  U2¥G9]────  サンプリング処理
           │
           └────[SET  Y29]─────────  動作条件設定
    Y29  X29
────┤ ├──┤/├────[RST  Y29]─────────
                      2CH ↓    バファメモリ番号11 ↓
    X0
────┤ ├────────[MOV  U2¥G11  D100]──  アナログデータ読込み
```

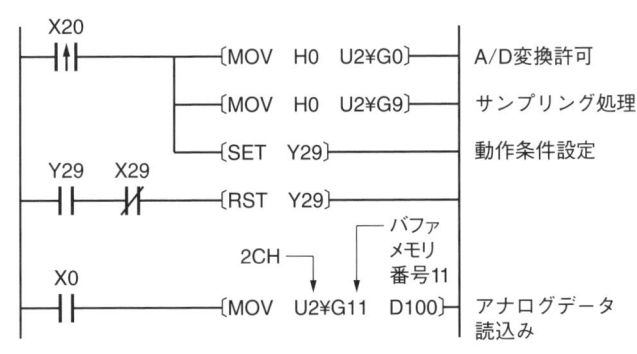

図3-3 A/D変換プログラム例

6 D/A変換プログラム例

図3-2のD/A変換ユニットからサーボモータに1.0Vの速度指令電圧を与えるには**図3-4**のようにプログラムします。D/A変換ユニットはPLC拡張スロット3CHに割り付けられているので制御リレーはX30～X3F、Y30～Y3Fに割り付けられています。このプログラムはスイッチA（X0）が押されるとK800という値を3CHにあるD/A変換ユニ

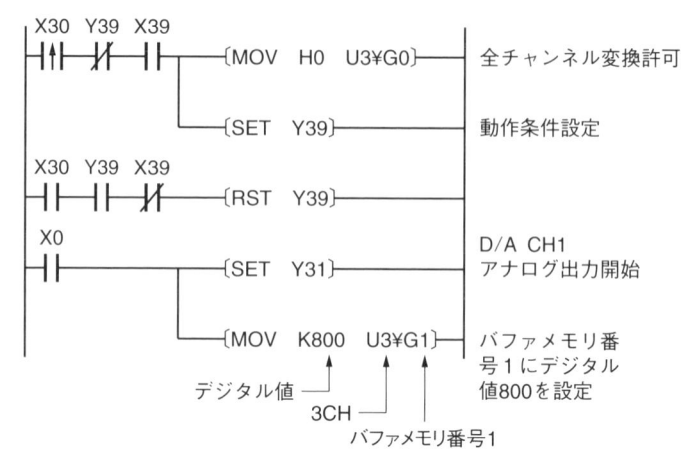

●実用編　実用的な制御プログラムのつくり方とPLCの拡張機能

```
   X30  Y39  X39
   ─┤↓├─┤/├─┤ ├──────[MOV   H0    U3¥G0]──   全チャンネル変換許可

                    └──────[SET   Y39]──      動作条件設定

   X30  Y39  X39
   ─┤↓├─┤ ├─┤/├──────[RST   Y39]──

   X0
   ─┤ ├──────────────[SET   Y31]──           D/A CH1
                                              アナログ出力開始

                    └──[MOV   K800   U3¥G1]── バファメモリ番
                                              号1にデジタル
                                              値800を設定
```
デジタル値　　3CH
　　　　　バファメモリ番号1

図3-4 D/A変換プログラム例

ットのバッファメモリ番号1に転送します。

７ A/D、D/A 連動プログラム例

　スイッチB (X1) が押されている間、ポテンショメータのデータをそのままサーボモータの入力データにするには、図3-3、図3-4のプログラムにつづけて、図3-5のようにプログラムします。

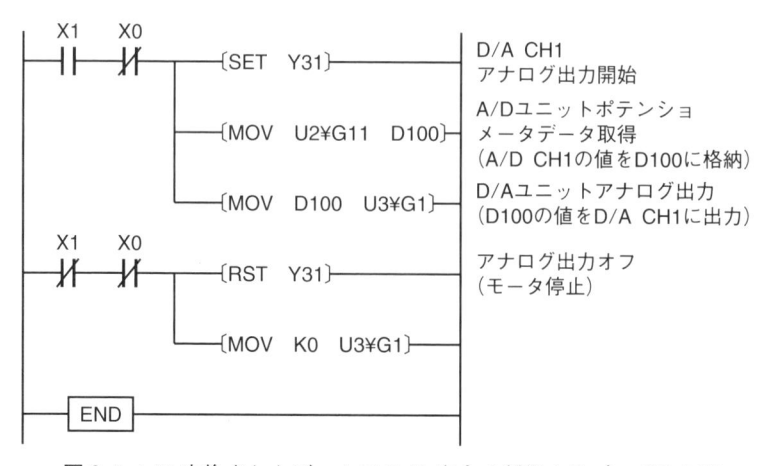

```
   X1   X0
   ─┤ ├─┤/├─────[SET   Y31]──              D/A CH1
                                              アナログ出力開始

                └─[MOV   U2¥G11   D100]──    A/Dユニットポテンショ
                                              メータデータ取得
                                              (A/D CH1の値をD100に格納)

                └─[MOV   D100    U3¥G1]──    D/Aユニットアナログ出力
                                              (D100の値をD/A CH1に出力)

   X1   X0
   ─┤/├─┤/├─────[RST   Y31]──              アナログ出力オフ
                                              (モータ停止)

                └─[MOV   K0      U3¥G1]──

            [END]
```

図3-5 A/D変換されたデータでD/A出力を制御するプログラム部

3.3 位置制御ユニット

■1 位置制御ユニットの概要

　位置制御ユニットは、パルス列で駆動するサーボモータやパルスモータなどの数値制御型アクチュエータに対してパルス列信号を送るユニットです。このようなアクチュエータは1パルス当たりの移動量が決まっているので送ったパルスの数で移動する量が決まります。また、パルス間隔を短くすると速い速度になり、遅くするにはパルス間隔を長くします。

　位置制御ユニットには、PLC の CPU に内蔵しているものと拡張スロットなどに増設するものがあります。

■2 CPU 内蔵型位置制御ユニット

　図 3-6 は、オムロン製 Sysmac CJ1M シリーズの PLC に内蔵されて

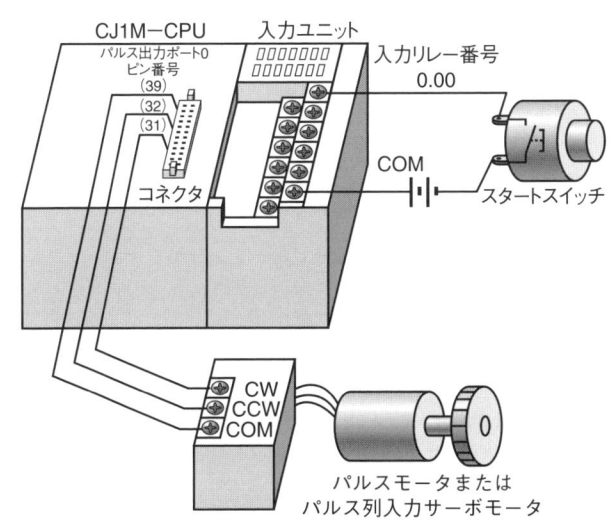

図 3-6　オムロン製 CJ1M–CPU の内蔵パルス出力制御

いる位置制御機能（パルス出力機能）を使ったパルスモータとの接続例です。内蔵パルス出力はCPUユニットのコネクタに出るようになっていて、パルス出力0はピン番号31にCWパルス、32にCCWパルス、39が共通コモンになっています。実際にはその他に37番ピンに+24Vの電源を供給します。

このCPU内蔵位置制御ユニットにはラダープログラムで制御するための専用命令が用意されています。たとえば、台形位置制御のためのPULS命令、原点復帰のためのORG命令、連続パルス出力をするACC命令、パルス出力を停止するINI命令などがラダープログラムの中で使えます。

図3-7に、加速度付きの連続パルス出力をするラダープログラムの例を示します。

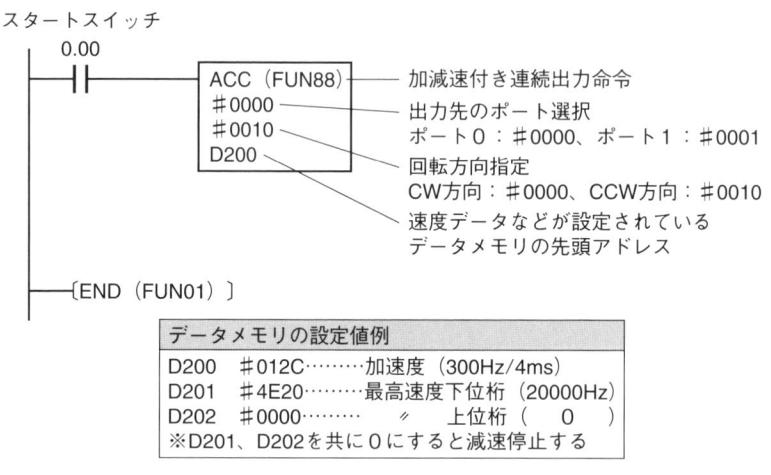

```
スタートスイッチ
 0.00
──┤├────┌─────────┐── 加減速付き連続出力命令
        │ ACC（FUN88）│
        │ ♯0000  ────── 出力先のポート選択
        │ ♯0010         ポート0：♯0000、ポート1：♯0001
        │ D200   ────── 回転方向指定
        └─────────┘    CW方向：♯0000、CCW方向：♯0010
                        速度データなどが設定されている
                        データメモリの先頭アドレス

──[END（FUN01）]
```

データメモリの設定値例
D200 ♯012C………加速度（300Hz/4ms）
D201 ♯4E20………最高速度下位桁（20000Hz）
D202 ♯0000………　〃　上位桁（　0　）
※D201、D202を共に0にすると減速停止する

図3-7 加減速付き連続パルス出力例（オムロンCJ1Mの場合）

この例のように、CPUに内蔵している位置制御ユニットでは専用のパルス出力命令で簡単にパルス出力を行うことができるようになっているものが一般的です。

3 拡張スロット増設タイプ位置制御ユニット

図 3-8 は、三菱電機製 Melsec Q シリーズの位置決めユニット QD75P2 を、PLC の 2CH の拡張スロットに装着したものです。QD75P2 の I/O 割付は、2CH ですから 20 を加えて、制御リレーは X20～X2F、Y20～Y2F が設定されます。

QD75P2 は 2 軸の位置決めユニットで、パルス列制御アクチュエータを 2 台動作させるためのパルス列を出力できるようになっています。図 3-8 の配線は QD75P2 の第 1 軸目にサーボモータを接続した例です。

第 1 軸目を制御するには QD75P2 のバファメモリ番号 1500 に制御コマンドを書き込み、シーケンレディー信号 Y20 をオンにして、第 1

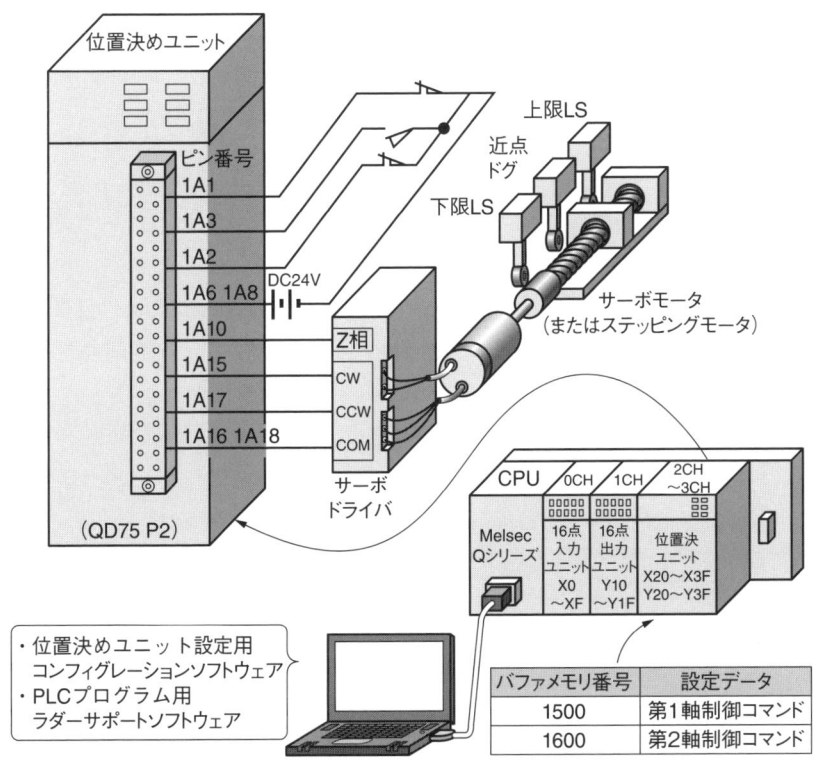

図 3-8 位置決めユニットの使用例（三菱電機 QD75P2）

●実用編　実用的な制御プログラムのつくり方と PLC の拡張機能

軸の位置決め始動信号 Y30 をオンにします。第 1 軸の位置決め完了信号は X34 です。

たとえば、機械原点復帰の制御コマンドは 9001 と既定されているので、1 軸目の原点復帰命令は図 3-9 のようになります。

```
        データ設定スイッチ     原点復帰           2CHの
                            コマンド            ユニット    バファメモリ番号1500
                                                         （第1軸用）
            X3
            ─┤↑├─────────────{MOV   K9001    U2¥G1500}
                                                         シーケンサレディー
                                              {SET  Y20}  信号オン
        スタートボタン
            X0                                    Y30
            ─┤ ├─────────────────────○── 位置決め始動
```

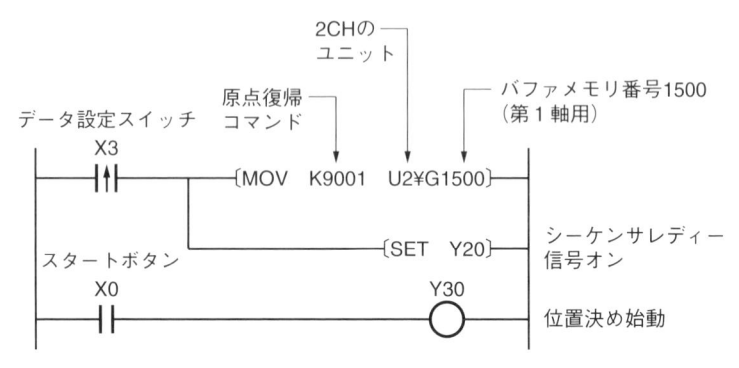

図 3-9 機械原点復帰プログラム（QD75P2）

2 軸目の位置決めのときには、バファメモリ番号 1600、位置決め始動リレーは Y31、位置決め完了信号は X35 になります。

各軸を任意の位置に移動する位置決めデータはコンフィグレーションソフトウェアを使って設定します。

位置決めデータ番号 1 を呼び出して第 1 軸を移動するには、バファメモリ番号 1500 に位置決めデータ番号の 1 を設定して、位置決め始動信号 Y30 をオンにします。このプログラムを図 3-10 に示します。

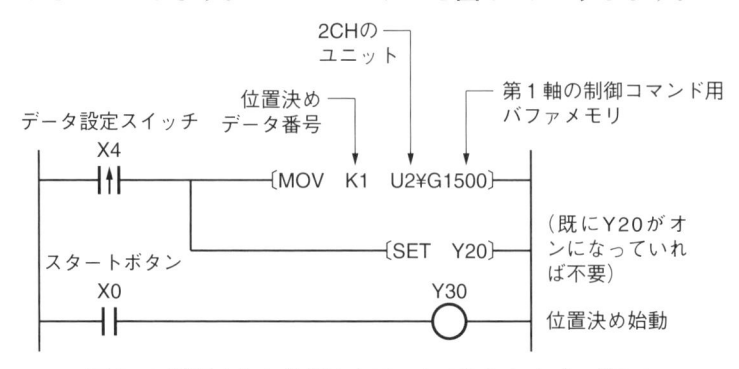

```
                            位置決め           2CHの
        データ設定スイッチ   データ番号          ユニット    第1軸の制御コマンド用
                                                         バファメモリ
            X4
            ─┤↑├─────────────{MOV   K1      U2¥G1500}
                                                         （既にY20がオ
                                              {SET  Y20}  ンになっていれ
        スタートボタン                                      ば不要）
            X0                                    Y30
            ─┤ ├─────────────────────○── 位置決め始動
```

図 3-10 選択された位置決めデータで動作するプログラム

4章 PLCの通信機能

PLCの通信機能を使うと、PLCの内部データやリレーの状態をモニタしたり、パソコンなどからPLCのI/Oメモリにデータを設定したりすることができるようになります。また、計測器やセンサなどとPLCを通信接続して測定データを自動的に取り込むこともできます。本章では具体例を示しながらPLCの通信機能の使い方について解説します。

4.1 タッチパネル

PLCには表示機能がないので、PLCの内部のデータやリレーの状態を表示したり、設定したりするためにタッチパネルが使われます。タッチパネルはPLCの通信ポートに接続してデータの送受信をします。タッチパネルを使うと、タッチパネル画面に配置したスイッチを使ってPLCの任意のリレーコイルのオンオフをしたり、PLCのリレーコイルのオンオフの状態を画面のランプで表示したりすることができます。また、PLCのデータメモリにデータを設定したり、データの値を読み込んで表示することもできます。ただし、タッチパネルは一般的にはデータの保存は機能や演算機能はもっていないので、データ解析などには利用できません。

図4-1は、タッチパネルをPLCのCPUにある通信ポートに接続した

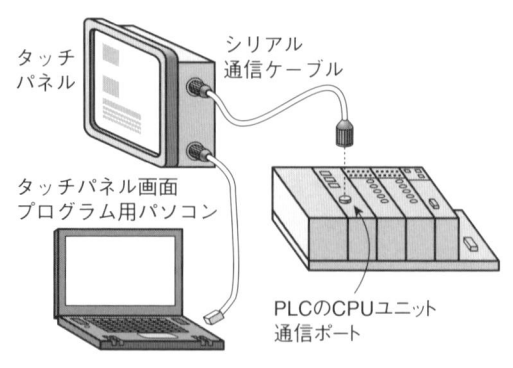

●実用編　実用的な制御プログラムのつくり方とPLCの拡張機能

図4-1　タッチパネルの接続

例です。タッチパネルの画面の作成や設定などはタッチパネル画面プログラム用ソフトウェアをインストールしたパソコンを使います。

図4-2は、タッチパネル画面の作成例です。色々な表示器や設定器が部品として用意されていて、タッチパネル画面に自由に貼りつけられるようになっています。貼りつけた部品はPLC内部のリレーやデータメモリとリンク（接続）するように設定します。PLCと専用のケーブルで通信接続して、画面のスイッチ類にタッチするとリンク先であるPLC内部のリレーの状態が切り換わります。表示灯（ランプ）はリンク先のリレーコイルが切り換わったときに表示色や表示文字を変化させるようにしておきます。

データメモリはリンク先のデータメモリの値を数値表示します。この

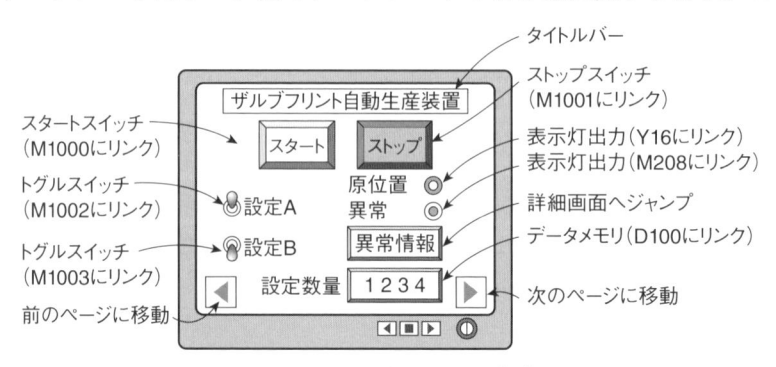

図4-2　タッチパネルの画面作成例

他に、PLCのデータメモリの値によって表示するメッセージを切り換えたり、文字や数値をデータメモリに設定したりすることもできます。タッチパネルのプログラム作成とは、タッチパネル画面に部品を配置することと、その部品の配色や表示する文字や数値を決めたり動作のリンク先を設定したりすることです。

4.2　パソコンとPLCの通信

　パソコンにPLCのデータを取り込んだりパソコンでつくったデータをPLCに送り込んだりするには、パソコンとPLCを通信接続しなくてはなりません。通信手段にはシリアル通信（RS-232C）と、イーサネットがよく利用されます。

　Windows環境でPLCと通信するには、たとえば図4-3のような接続になります。この図では、1台のPLCはパソコンのCOMポートにRS-232Cで通信接続し、もう1台のPLCはイーサネットで通信接続しています。

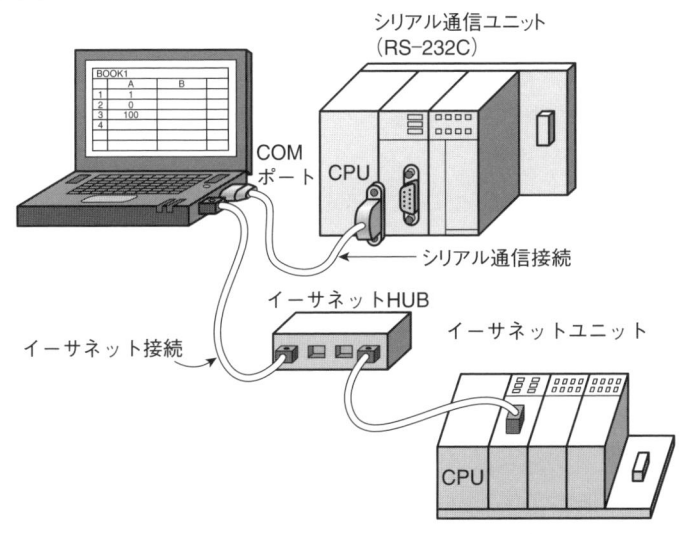

図4-3　シリアル通信とイーサネット通信

●実用編　実用的な制御プログラムのつくり方とPLCの拡張機能

1 Excelを使ったパソコンとPLCの通信

マイクロソフト社の表計算ソフトExcelにPLCのデータを表示させるには、**表4-1**のような専用の通信ソフトウェアを利用するのが早道です。

表4-1 Excel専用の通信ソフトウェア

適用PLC	商品名
三菱電機Melsecシリーズ	MX-Sheet
オムロンSysmacシリーズ	代官山32
Panasonic電工FPシリーズ	PCWAY

　これらのソフトウェアはプログラムレスでパソコンとPLC間の通信ができるようになっています。通信経路はシリアル通信やイーサネットに対応し、PLCのネットワークを経由することもできるようになっているものがほとんどです。

　ソフトウェアはExcel専用なので、Excelといっしょに使うことで、表計算画面のセルにPLCのデータメモリの値やリレーコイルのオンオフの状態を表示できるようになります。また、Excelに書き込んだデータをPLCに送信することもできるので、ExcelからPLCのデータメモリの値を設定したり、PLC内部のリレーのオンオフを行うことができます。

　たとえば、MX-SheetではExcelのツールバーに MX_Sheet というボタンが組み込まれるので、Excelを立上げてそのボタンをクリックしてPLCと通信を開始するようになります。

　Excelを使った通信でデータ管理を行う簡単な例を**図4-4**に示します。このデータ通信はパソコンからPLCに対してコマンドを出して、PLCはそのコマンドに従ってデータの設定や返信などを行います。このとき、パソコンからはPLCの通信ユニットが元々持っている通信手順に従ってコマンドを送るので、PLC側では使用する通信ポートの設定だけを行えばよく、通信のためのPLCプログラムは一般に必要あり

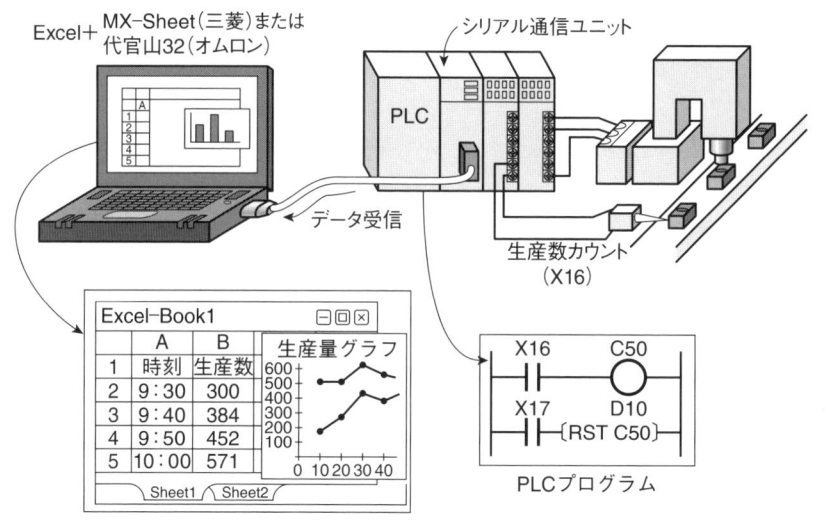

図 4-4 Excel を使ったデータ管理

ません。

ただし、Excel に組み込まれた通信ソフトウェアのデータ送受信はあまり高速な通信速度は期待できないので、PLC のデータが変化してから実際に表示されるまでには、数秒単位の時間遅れが出ることがあるので注意します。

2 Visual Studio を使ったパソコンと PLC の通信

Windows パソコンと PLC の通信を行うときのプログラム開発言語として、マイクロソフト社の Visual Basic、Visual C♯、Visual C++ などの Visual Studio のファミリーがよく利用されます。これらの開発言語にもシリアル通信やイーサネット通信を行うための機能が用意されていますが、その使い方をマスターして PLC と通信するのは容易ではありません。

そこで、各 PLC の製造元から Visual Studio に対応した通信用のコンポーネントが提供されているのでそれを使うのが近道です。そのコンポーネントの製品の一部を**表 4-2** に紹介しておきます。これらの製品は単

●実用編　実用的な制御プログラムのつくり方と PLC の拡張機能

表 4-2 Visual Studio 用の通信コンポーネント

適用 PLC	商品名	対応ソフトウェア
三菱電機 Melsec シリーズ	MX-Component	Visual Basic Visual C++ VBA
オムロン Sysmac シリーズ	Compolet	Visual Basic Visual C♯
Panasonic 電工 FP シリーズ	Control CommX	Visual Basic Visual C#

独で使用するものではなく、対応している Visual Basic などの開発言語のプログラムに組み込んで利用します。

4.3　PLC の無手順通信

1 無手順通信と手順あり通信

　PLC と計測器などの外部機器をシリアル通信接続すると、PLC のプログラムで外部機器に対してコマンドを送信したり、外部機器から送られてきたデータを PLC に取り込んで処理することが必要になります。このように、PLC のシリアル通信ポートを使って、外部の機器にデータや制御コマンドを送ったり、外部の機器から通信で受け取ったデータを PLC のプログラムで処理するような通信方法を無手順通信と呼んでいます。

　前項のパソコンと PLC の通信では、PLC 側が持っているコマンドに合わせてパソコンからコマンドの文字列を送ってもらい、PLC が持っている通信手順に従って処理し、パソコンにレスポンスを返すという形になっていました。このような通信方法は、手順あり通信と呼ばれています。手順あり通信では PLC は受け身で、パソコンからの要求コマンドを受け取らない限り、自分からは何もしませんでした。

無手順通信は、PLC が能動的に相手機器にデータを送り込むような通信方法です。

2 Melsec Q シリーズの無手順通信

2つの RS-232C ポートを持つ Melsec Q シリーズのシリアルコミュニケーションユニット QJ71C24R-2 を使って、パソコンの COM ポートにデータメモリの数値を送信する無手順通信の PLC プログラムをつくってみましょう（図 4-5）。

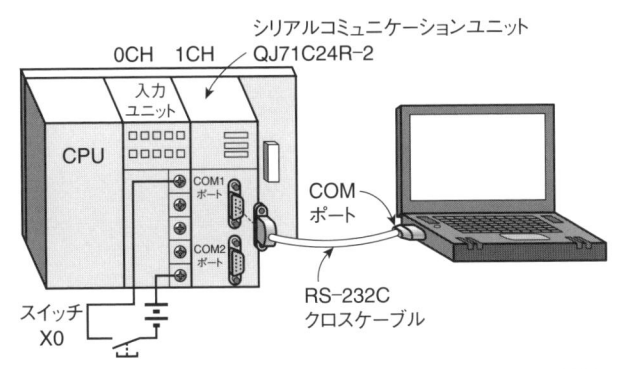

図 4-5 Melsec Q シリーズのシリアル通信ユニットの接続

パソコンの COM ポートとシリアルコミュニケーションユニットは、クロス接続の RS-232C ケーブルで接続します。シリアルコミュニケーションユニットの通信設定はラダーサポートソフトウェア（GX-Developer）で行います。GX-Developer を立上げて、PC パラメータの I/O 割付画面からスイッチ設定画面を開いて、スイッチ1とスイッチ2に数値を設定します。

スイッチ1とスイッチ2の設定値は**表 4-3**のようになっているので9600bps、設定変更禁止、RUN 中書込み禁止、サムチェックなし、ストップビット1、パリティなし、データ長8、にするならスイッチ1を 0502_H にします。スイッチ2は無手順通信の 0006_H にします。

これで通信設定は完了したので PLC を一担リセットして再起動します。通信条件はパソコン側も同じ条件にしておきます。

●実用編　実用的な制御プログラムのつくり方と PLC の拡張機能

表 4-3　QJ71C24-R2 のスイッチ設定

〔スイッチ 1〕通信速度と伝送条件の設定（4 桁の 16 進数）

上 2 桁

bit	15〜8		
設定値	05H	9600bps	
	06H	14400bps	
	07H	19200bps	
	08H	28800bps	
	09H	38400bps	

下 2 桁

bit	7	6	5	4	3	2	1	0
項目	設定変更	RUN中書込み	サムチェック	ストップビット	パリティ	パリティ	データ長	―
設定値	0：禁止 1：許可	0：禁止 1：許可	0：なし 1：あり	0：1 1：2	0：奇数 1：偶数	0：なし 1：あり	0：7 1：8	

〔スイッチ 2〕交信プロトコルの設定（4 桁の 16 進数）

bit	15〜0	
設定値	0000H	GX-Developer 接続用プロトコル
	0001H 〜0005H	手順あり通信の場合のプロトコル
	0006H	無手順通信プロトコル

　PLC からパソコンにデータを送るには G.OUTPUT 命令を使います。G.OUTPUT 命令を実行すると、送信データが格納されているデータメモリの値をコントロールデータの設定に従ってシリアルコミュニケーションユニットの送信バファに送ります。

　図 4-6 のプログラムは、拡張スロット 1CH に装着されている QJ71C24R-2 の COM1 ポートの送信バファに D200 から 1 ワード分のデータを送るようにしたものです。

　外部機器から送信されてきたデータはシリアルコミュニケーションユニットの受信バファに貯えられます。PLC が受信バファからデータを読み取るときには図 4-7 のように G.INPUT 命令を使います。この例では、受信データは受信した順に D400 の下位 8 ビットから順に格納されます。

3　Sysmac CS1 シリーズの内蔵 COM ポート無手順通信

　オムロン製 Sysmac CS1 シリーズの PLC には、CPU に汎用の COM

```
        X0
       ─┤↑├─────┬──[MOV  H1234  D200]──    ← 送信データ1234HをD200に設定
                │
                │          ┌── COM1ポートを選択
                ├──[MOV  K1  D100]──
                │
                │          ┌── 送信するワード数
                └──[MOV  K1  D102]──

        X0                    ┌── 送信が完了するとONするリレー
       ─┤├─────────[G.OUTPUT  U1  D100  D200  M10]──
```

シリアルコミュニケーションユニットのスロット番号　1CHのときはU1

送信データの先頭アドレス

コントロールデータの先頭アドレス

コントロールデータ	
D100	送信するポート番号を指定（1：COM1、2：COM2）
D101	送信の結果、正常ならば0になる
D102	送信するワード数（1：1ワード、2：2ワード、…）

図4-6 データ送信プログラム

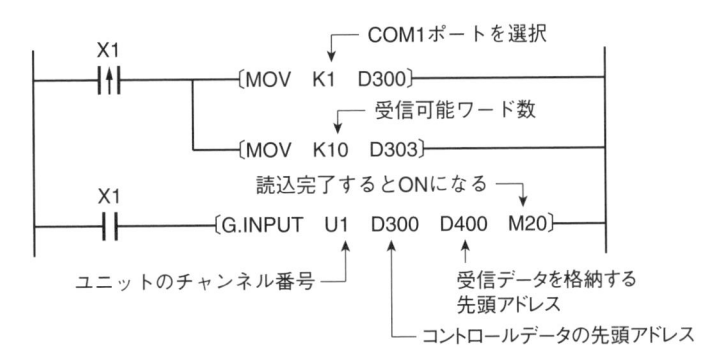

```
        X1           ┌── COM1ポートを選択
       ─┤↑├─────┬──[MOV  K1  D300]──
                │
                │          ┌── 受信可能ワード数
                └──[MOV  K10  D303]──

        X1                   ┌── 読込完了するとONになる
       ─┤├─────────[G.INPUT  U1  D300  D400  M20]──
```

ユニットのチャンネル番号

受信データを格納する先頭アドレス

コントロールデータの先頭アドレス

コントロールデータ	
D300	受信ポート番号（1：COM1、2：COM2）
D301	受信の結果、正常ならば0になる
D302	受信したワード数
D303	受信可能ワード数

図4-7 データ受信プログラム

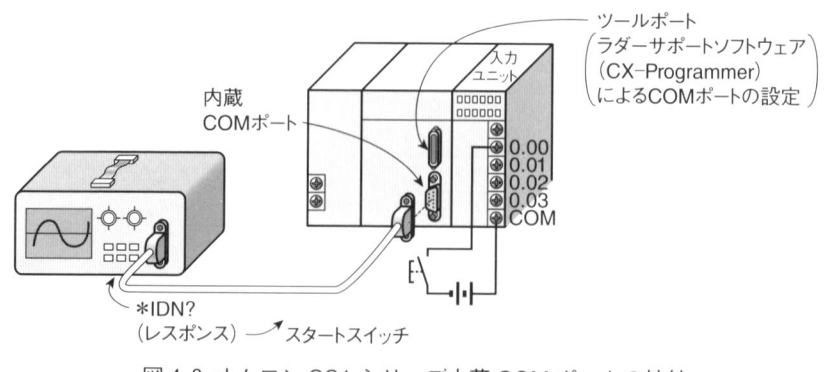

●実用編　実用的な制御プログラムのつくり方とPLCの拡張機能

図4-8 オムロンCS1シリーズ内蔵COMポートの接続

ポート（RS-232C）が内蔵されています。このCOMポートを計測器のシリアル通信ポートに接続してPLCで計測器を制御してみましょう。

図4-8は、オシロスコープとCS1のCOMポートを接続した例です。CS1の内蔵COMポートの設定は、ツールポートにパソコンをつないで、オムロン製ラダーサポートソフトウェア（CX-Programmer）を使います。

CX-Programmerを立上げて、PLCシステム設定画面の上位リンクポートのタブを選択して、動作モードをRS-232C（無手順）に設定します。ボーレートやパリティなどのパラメータは接続した計測器に合わせておきます。スタートコードはなしで、エンドコードは計測器側に合わせますが、通常はCRLFにします。エンドコードとはPLCからの送信が完了した最後に送られるコードでターミネータとも呼ばれています。

COMポートから計測器にデータを送信するにはTXD命令を使います。仮にオシロスコープに"*IDN?"という文字列を送るプログラムを**図4-9**に示します。

*IDN?というキャラクタは、**表4-4**のASCIIコード表を使ってASCIIコードに変換して、データメモリのD100から順に書き込んでおくものとします。たとえば、*はASCIIコード表の上位桁が2、下位桁がAのところにありますから*のACSIIコードは2Aになります。

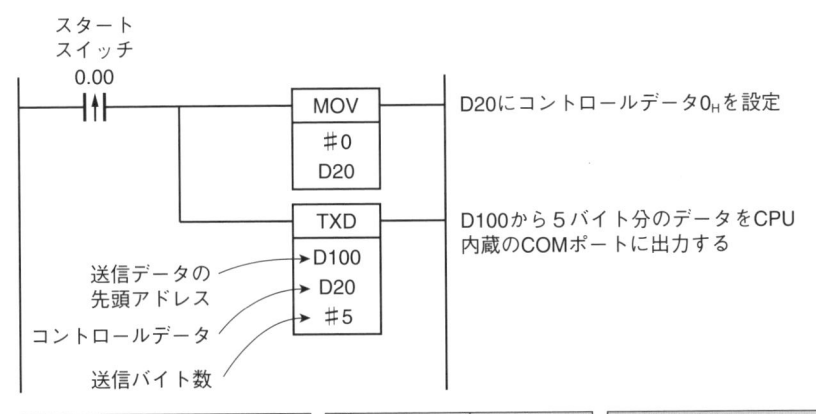

```
                                    D20にコントロールデータ0ᴴを設定
 スタート
 スイッチ
  0.00
  ─┤├─────────────┬──── MOV
                  │      #0
                  │      D20
                  │
                  └──── TXD           D100から5バイト分のデータをCPU
                         ▸D100        内蔵のCOMポートに出力する
  送信データの ────────── ▸D20
  先頭アドレス
                         ▸#5
  コントロールデータ ─────
  送信バイト数 ──────────
```

データメモリ	送信データ	
	（上位)	（下位)
D100	2A	49
D101	44	4E
D102	3F	00

データメモリには前もって*IDN?の
文字（ASCIIコード）を設定しておく。

ASCIIコード	キャラクタ
2A	*
49	I
44	D
4E	N
3F	?
0D	CR
0A	LF

コントロールデータ
#0を設定すると 上位バイト ↓ 下位バイト の順に送信する
#1に設定すると、 下位バイト ↓ 上位バイト の順に送信する

図4-9 "＊IDN?"を送信するプログラム（Sysmac CS1）

＊IDN?という文字列は、2A49444E3Fという5バイトのコードになります。そこで、D100の上位から5バイト分を送信すれば5文字分が送られるので、TXD命令では送信バイト数を#5として5バイト分送る設定にしてあります。

この文字列が送られたあとにつづいてエンドコード（ターミネータ）のCRLF（ASCIIコード：0D 0A）が自動的に送信されます。

＊IDN?という命令語は標準規格で定められてる計測器共通のコマンドで、「計測機の型式を返信せよ」という意味をもっています。＊IDN?の文字列を受け取った計測器は、自分の型式を送信元に送り返します。

内蔵COMポートから受信データを取り込むにはRXD命令を使いま

●実用編　実用的な制御プログラムのつくり方と PLC の拡張機能

表 4-4 ASCII コード表
(上位桁)

16進	0	1	2	3	4	5	6	7	8	9	A	B	C	D	E	F
0		DLE	SP	0	@	P	`	p				-	タ	ミ		
1	SOH	DC1	!	1	A	Q	a	q			。	ア	チ	ム		
2	STX	DC2	"	2	B	R	b	r			「	イ	ツ	メ		
3	ETX	DC3	#	3	C	S	c	s			」	ウ	テ	モ		
4	EOT	DC4	$	4	D	T	d	t			、	エ	ト	ヤ		
5	ENQ	NAK	%	5	E	U	e	u			・	オ	ナ	ユ		
6	ACK	SYN	&	6	F	V	f	v			ヲ	カ	ニ	ヨ		
7	BEL	ETB	'	7	G	W	g	w			ァ	キ	ヌ	ラ		
8	BS	CAN	(	8	H	X	h	x			ィ	ク	ネ	リ		
9	HT	EM	)	9	I	Y	i	y			ゥ	ケ	ノ	ル		
A	LF	SUB	*	:	J	Z	j	z			エ	コ	ハ	レ		
B	VT	ESC	+	;	K	[	k	{			オ	サ	ヒ	ロ		
C	FF	FS	,	<	L	\	l	|			ャ	シ	フ	ワ		
D	CR	GS	-	=	M	]	m	}			ュ	ス	ヘ	ン		
E	SO	RS	.	>	N	^	n	~			ョ	セ	ホ	゛		
F	SI	US	/	?	O	_	o	DEL			ッ	ソ	マ	゜		

(下位桁)

7 ビット ASCII コード

8 ビット JIS コード

す。2 バイトずつデータを読み込んでデータメモリ D200 に格納するには図 4-10 のようにプログラムします。D200 には計測器から返信されたデータが格納されます。

```
スタート
スイッチ
0.01
─┤↑├─────────────┬──[ MOV  ]
                  │   #0
                  │   D40
                  │
                  └──[ RXD  ]
                      →D200
                      D40
                      #2
```

D40にコントロールデータ0ₕを設定
(#0：上位→下位の順に読込)
(#1：下位→上位の順に読込)

D200に受信データを2バイトずつ格納する

格納先のデータメモリ
コントロールデータ
読込むバイト数

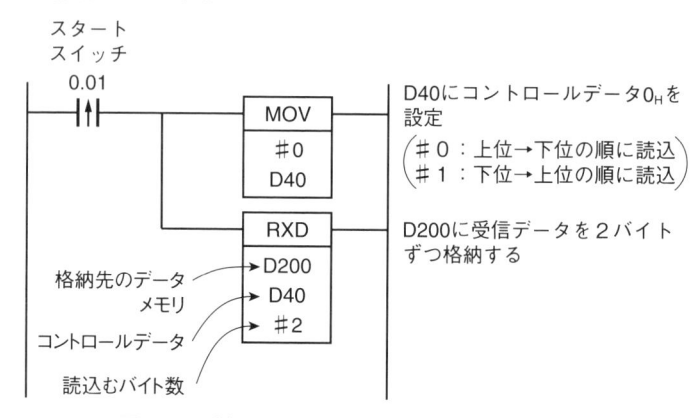

図 4-10　受信データの読込み (Sysmac、CS1)

5章
PLCのネットワーク機能

　PLC のネットワーク機能には、複数の PLC を通信ネットワークでつないでデータを共有にするような PLC ネットワークと、PLC から離れたところにある入出力機器とのネットワークをつくり、入出力信号を通信によって制御することを主な目的にした I/O リンクとか、CC リンクやデバイスネットのようなオープンフィールドネットワークと呼ばれているものがあります。

　これらのネットワークを接続するケーブルは、ツイストペアケーブル、同軸ケーブル、光ファイバケーブルなどが利用され、通信の形態はシリアル伝送のものがほとんどです。

5.1 PLC ネットワーク

　図 5-1 は PLC ネットワークの例で、各生産セルを制御している PLC 同士を PLC ネットワークで接続して、データをホスト PLC に集めて集中制御や生産管理をするような構成になっています。

　設備の運転に必要な操作パネル、生産データを設定したり稼働状態をモニタするタッチパネル、それに生産管理やデータ処理をするコンピュータはホスト PLC に付けられていて、これらのすべてのデータはホスト PLC の PLC ネットワークユニットを経由して、PLC1、PLC2、

●実用編　実用的な制御プログラムのつくり方とPLCの拡張機能

図5-1 PLCネットワーク

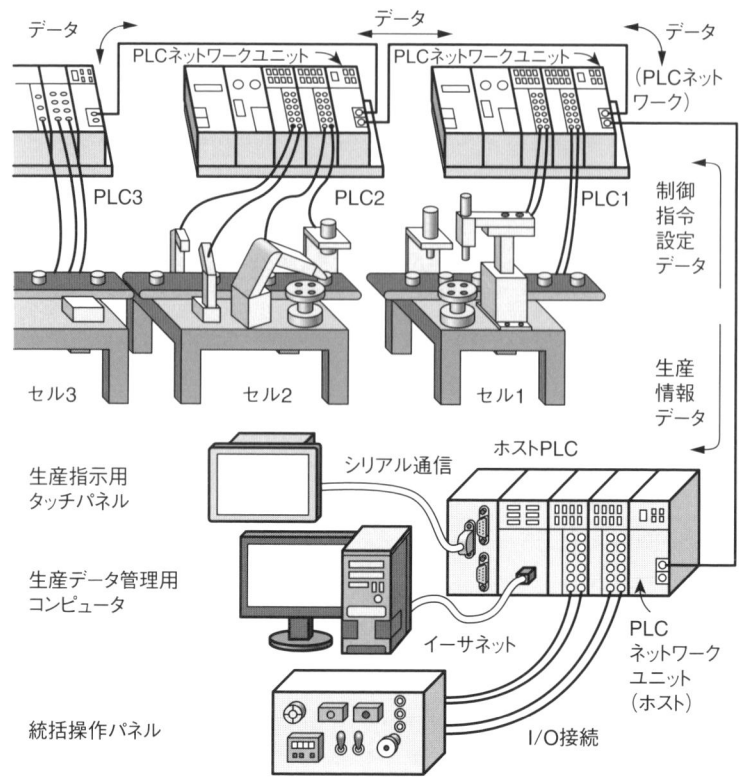

PLC同士をネットワークで接続して、リレー信号やデータメモリなどを共有する。
各PLCはネットワーク上のデータの読み書きができる。
高速大容量のデータ通信ができる。

PLC3…と送受信を行います。

　PLCで取り扱うデータとは、プログラムで使うリレーのオンオフの情報と、データメモリのデータのような数値データだけですから、これらのデータの送受信が行えるようになっています。

　図5-2には、三菱電機製QシリーズのPLCのPLCネットワークであるMelsec NET/Hを使った例を示します。PLCネットワークはネットワーク上でリレーとデータメモリのエリアを共有するもので、各局（ネットワーク上の各PLCのこと）で共通のデータエリアを読み出すことができます。一方、書込みができるエリアは局ごとに重複しないよう

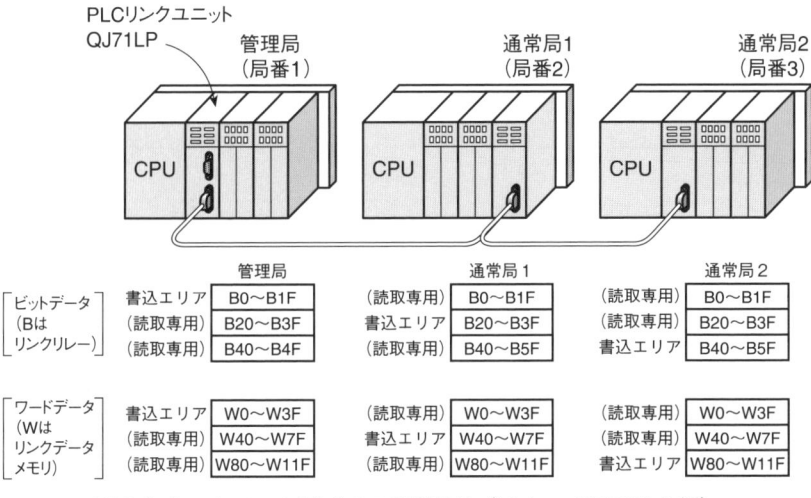

図5-2 ネットワークデバイスの割付け（Melsec NET/Hの例）

	管理局	通常局1	通常局2
ビットデータ （Bは リンクリレー）	書込エリア B0〜B1F （読取専用）B20〜B3F （読取専用）B40〜B4F	（読取専用）B0〜B1F 書込エリア B20〜B3F （読取専用）B40〜B5F	（読取専用）B0〜B1F （読取専用）B20〜B3F 書込エリア B40〜B5F
ワードデータ （Wは リンクデータ メモリ）	書込エリア W0〜W3F （読取専用）W40〜W7F （読取専用）W80〜W11F	（読取専用）W0〜W3F 書込エリア W40〜W7F （読取専用）W80〜W11F	（読取専用）W0〜W3F （読取専用）W40〜W7F 書込エリア W80〜W11F

に割り付けます。

　ネットワーク上で送受信するリレーはリンクリレーと呼ばれ、リレー番号の頭にBを付けます。ネットワークで共有するデータを格納するデータメモリに相当するデバイスはリンクレジスタと呼ばれ、頭にWを付けます。

　図5-2の例では、管理局を局番1として、局番1にはリンクリレーB0〜B1Fとリンクレジスタ W0〜W3F が書込エリアとして割り付けられているので、そのエリアについては局番1のPLCによってデータを書き替えることができます。その他のエリアは読込みだけができるエリアになります。リンクリレーの読込みができるというのは、PLCのプログラムでそのリレーの接点を使えるということです。

　ネットワークを有効にするには、ラダーサポートソフトウェア（GX-Developer）を使って管理局のPLCに必要なデータを設定して、ネットワーク上の各PLCのネットワーク範囲を指定したり、各PLCで書き替えができるデータ範囲を指定したり、さらにリフレッシュパラメータと呼ばれるデバイスの設定が必要です。

　設定が完了して、たとえば次のようにプログラムすると、通常局1の

●実用編　実用的な制御プログラムのつくり方とPLCの拡張機能

PLCのX20をオンしたときに通常局2のPLCのY32がオンするようになります。

```
         X20    B24                    B24    Y32
通常局1  ─┤├───○         通常局2  ─┤├───○
のPLC                      のPLC
プログラム                  プログラム
         ─[END]─                    ─[END]─
```

　オムロン製のSysmac CシリーズのPLCには、Sysmac LinkやController Linkと呼ばれるPLCネットワークが用意されています。Sysmac CシリーズのPLCネットワークでも複数のPLC間でビットデータとワードデータを共有するという考え方は同じです。

5.2 オープンフィールドネットワーク・I/Oリンク

　オープンフィールドネットワークやI/Oリンクは、PLC本体から離れた場所にある機器の入出力信号を省配線でPLC本体に接続するネットワーク機能を持っています。特に、CCリンクやデバイスネットに代表されるオープンフィールドネットワークでは、入出力信号のやりとりだけでなくデータ通信も可能になっています。

1 CCリンク

　MelcecシリーズのPLCで利用できるオープンフィールドネットワークにCCリンクがあります。CCリンクのマスタユニットを装着したPLCをホストとして、複数のリモートI/Oユニットをネットワーク接続して遠隔制御を行ったり、CCリンクのローカルユニット装着した他のPLCとの間で入出力ビットやデータメモリのデータの送受信を行います。

　CCリンクのネットワーク構成例を図5-3に示します。ユニットと間はツイストペアケーブルで接続して、端末に終端抵抗を付けます。マスタ局の局番は0にします。データの交信は高速にサイクリックに行わ

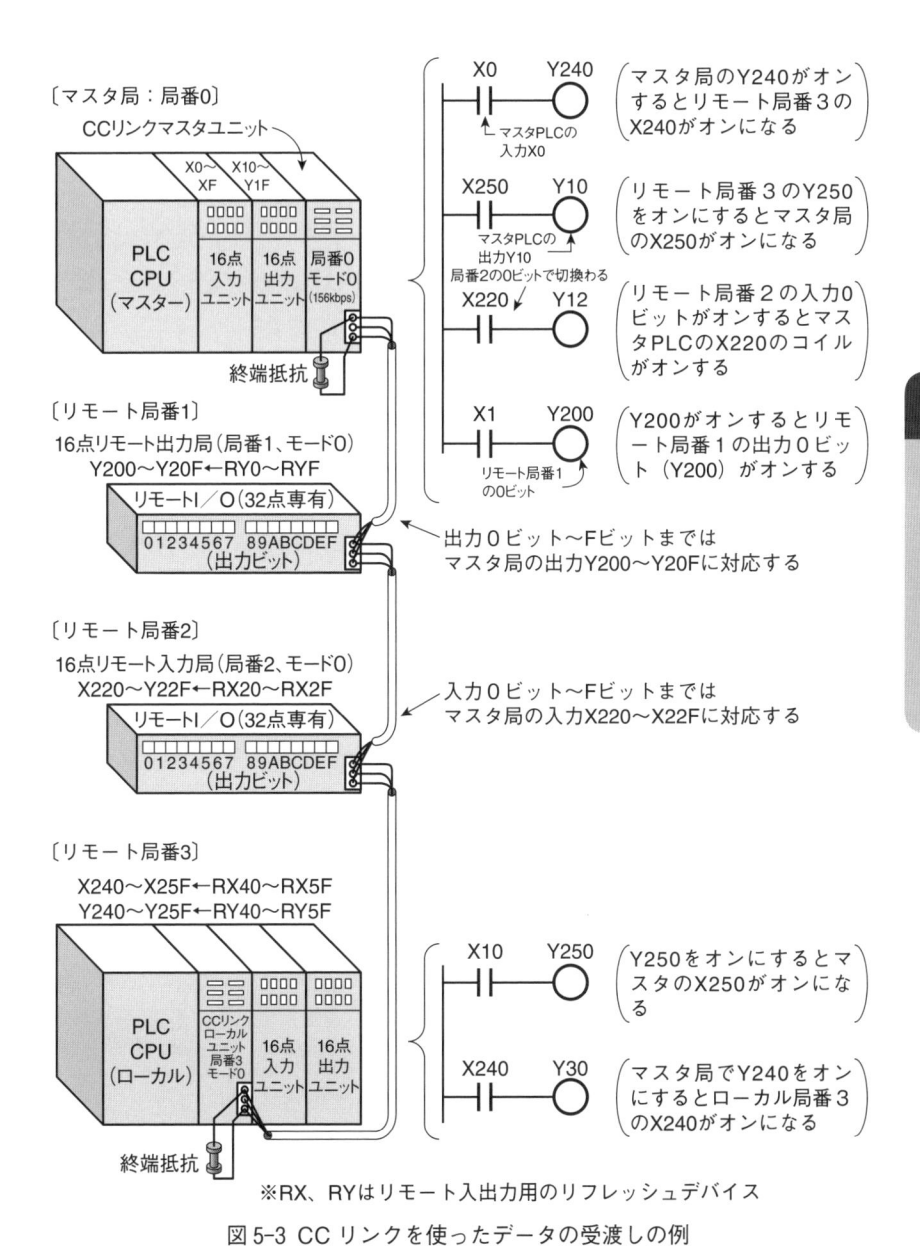

図 5-3 CCリンクを使ったデータの受渡しの例

れ、常時新しいデータに書き替えられます。交信速度はモード番号で変更できます。

CCリンクで入出力ビットを送受信する交信を行うときには、リモート入力用のリフレッシュデバイスRXとリモート出力用のリフレッシュデバイスRYが使われます。送受信したいリレーのデータをリフレッシュデバイスの設定でPLCのプログラムで利用できるリレー番号に置き換えて利用します。このリレー番号を置き換える割付けはマスタユニットを装着しているPLCのパラメータ設定で行います。

2 デバイスネット

デバイスネットもオープンフィールドネットワークの1つです。オムロン製SysmacCシリーズのPLCなどが対応しています。**図5-4**はオムロン製PLCのデバイスネットユニットを使ってネットワークを構成したものです。

CCリンクと同様にすべてのユニットは同じ通信速度に設定しておか

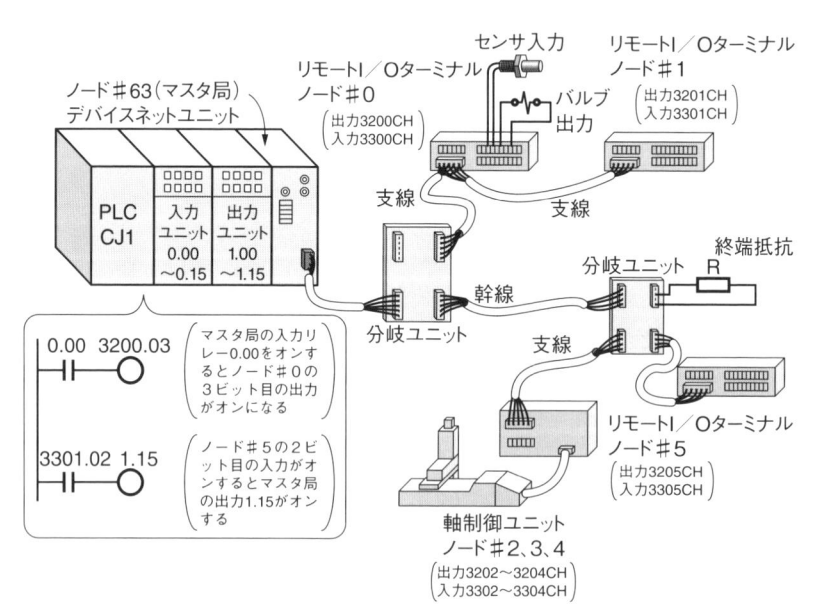

図5-4 デバイスネットの構成例（デフォルト固定割付け）

なくてはなりません。この例でのデバイスネットユニットの設定は、リモート I/O 通信を行うためのデフォルトの固定割付け設定 1 を利用しています。

　この設定では、デバイスネットのノード番号 0 に、出力 3200CH、入力 3300CH が自動的に割り付けられて、順次ノード番号 1 には出力 3201CH と入力 3301CH が割り付けられるというように入出力の I/O 番号がチャネル単位で固定的に決められていきます。

　1 つのユニットで複数のノードを専有するものはその分のチャネル数が割り付けられていくので、次のユニットはその分だけノード番号を繰り上げて設定します。ノード番号が重複するとエラーを起こします。

　図 5-4 のネットワーク設定で、たとえば、PLC 本体の入力リレー 0.00 がオンしたときにノード♯ 0 のリモート I/O ターミナルの出力ビット No.3 をオンするプログラムは**図 5-5** のようになります。

```
マスタ局の                    ノード♯0の
入力リレー                    3200CHの03番目
                             のビットに相当する
                             リレーコイル
    ↓                              ↓
    0.00                          3200.03
────┤├──────────────────────────────( )────
```

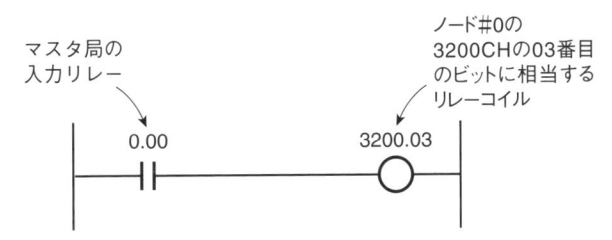

図 5-5　ノード♯ 0 の 3 ビット目をオンするマスタ局の PLC プログラム

　また、ノード♯ 1 のリモート I/O ターミナルの入力ビット No.2 がオンしたときに PLC 本体の出力リレー 1.15 をオンするには、**図 5-6** のようなプログラムを記述すればよいことになります。

```
ノード♯1の                   マスタ局の
3301CHの2ビット目              1CHの15ビット目の
                             出力リレー
    ↓                              ↓
    3301.02                       1.15
────┤├──────────────────────────────( )────
```

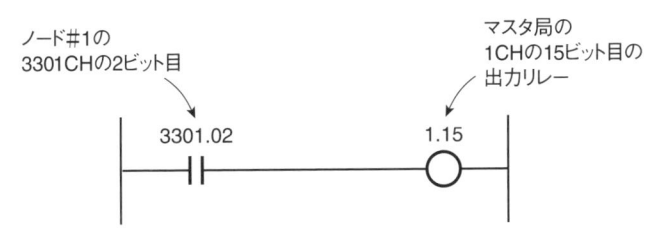

図 5-6　ノード♯ 1 の 2 ビット目の入力がオンしたときに出力
　　　　リレー 1.15 をオンするマスタ局の PLC プログラム

●実用編　実用的な制御プログラムのつくり方と PLC の拡張機能

　このようにデバイスネットでリモート I/O 通信の設定ができると、遠隔にあるユニットを通常の入出力リレーと同じようなプログラムで制御できるようになります。

応用編
自動化装置の構成と複雑なシステムのシーケンス制御

簡単な自動化装置から複数のユニットが混在する自動機まで、さまざまなシステムの制御のポイントとシーケンス制御プログラムの作成方法を考えてみよう。

●応用編　自動化装置の構成と複雑なシステムのシーケンス制御

1章
自動化装置の構成とシーケンス制御

　PLCを使ってシーケンス制御を行うときの一般的な手順は次のようになります。

(1)準備	制御する機械装置の構造と動作順序を理解する
(2)入出力割付	PLCの入出力端子の割付を行い、電気回路図を製作する
(3)計画	PLCのシーケンス制御プログラムの回路構造を決める
(4)プログラミング	PLCのシーケンス制御プログラムを作成する
(5)デバッグ	実際に機械装置を動作させてシーケンス制御プログラムの不具合を修正する

　この中の(1)は、機械の設計者とその機械を使用するユーザーから説明を受けて機械の動作順序を確認する作業です。
　(2)では、その情報に基いて制御に必要な機器の配線やPLCの入出力

ユニットに接続するための入出力割付をして、電気回路図を作成します。

　(3)では、機械の動作や目的にあったシーケンス制御プログラムの回路構造を選択します。回路構造の選択とは、シーケンス制御プログラムをどのような制御方式を使って制御するかということです。シーケンスプログラムの回路構造には、大きく分けて入力条件制御方式と時系列制御方式の2つがあります。さらにいくつかに分類されますが、これは実用編の解説を参照下さい。

　(4)では、実際の制御プログラムを(1)～(3)をベースにして作成します。(3)のシーケンス制御プログラムの回路構造は1つだけを選択するのではなく、機械装置を構成する部分についてそれぞれ異なる回路構造を選択したり、場合によっては複数の回路構造が混在することもあります。

　(5)では、(4)でつくった制御プログラムを使って実際に機械を動かして、不具合箇所を修正していきます。プログラムのデバッグと同時に、センサの感度や位置の調整、機械の停止位置の調整、モータやシリンダの速度調整などが同時に進行して行きます。

　たとえば、プログラム上のタイマの設定時間ひとつとってみても、使い勝手や実際の機械の動作速度にあわせて最適な時間に調整しなければなりません。このように機械デバッグと併行してプログラムのデバッグも行われていくわけです。

　本章では自動化装置（自動機）を作ることを目的として、そのシーケンス制御プログラムをどのようにつくればよいのかを具体例を紹介しながら解説します。

1.1 自動化装置の構成

　自動化装置は、自動機とも呼ばれ、一般に移送（トランスファ）と供給（部品供給）と実作業（目的作業）の3つの基本機能から成り立って

います。

　自動機の目的は、対象となるワークに対する加工や組付けなどの実作業を精度よく早く行うことにあります。自動機全体の構成は生産方式や移送方式によって大きく変わってきます。

　自動機にはいろいろなレベルのものがあり、全自動で動くものだけが自動機ではありません。たとえば、作業者が作業を補助し、状態を見ながら操作する半自動機というものもあります。

　このような半自動機がつくられる理由はいくつか挙げられます。

　ひとつは部品供給を自動で行うのが難しい場合です。部品が複雑な形状をしていたり、自動整列ができなかったり、高価だったり、部品を治具に取り付けるのが機械では難しいといったような場合に、作業者の手作業によって部品供給作業を行うということがよくあります。また、品種の切換え頻度が高く、自動化しにくいという場合もあるでしょう。

　次に、コストの問題です。全自動にするだけの金額を装置にかけることができない場合です。これは単にお金がないということではなく、自動化にかかる金額が大きくなることによって製品原価が上がるということです。大量に製造するものであれば高いお金をかけて全自動化して高速に製造した方が原価が下がることが多いのですが、製品寿命が短く、モデルチェンジが多いものや生産量の少ない製品では装置にかけられる金額は限られてきます。このように、自動機をつくるときはどこまで機械化するのかということが検討されることになります。その結果、導入する自動機の自動化のレベルも変わってくるわけです。

　それでは、いろいろなレベルの自動機の具体例を紹介しながら自動化装置の構成とその制御方法について見ていくことにします。

1.2　作業者によるセル生産方式

　作業者によるセル生産方式と呼ばれているものは、単一のステーションで部品の組付けを作業者が行うものです。ワークの移送も作業者が行

図 1-1 セル生産方式

い、部品供給と実作業も作業者が行っています。

この方式は、プリンタや家電製品の最終組立などといった数多くの部品をいろいろな方向から作業者の技能力を生かして組み付けるような場合や、付加価値の高い多品種少量生産などに向いています。図 1-1 は作業者一人でプリンタを組み立てるセル生産方式のイメージです。この場合は制御する対象はありません。

1.3 ステージ型半自動機の制御

図 1-2 のような端子に接点を取付けて締結する作業を考えてみます。端子の先端の穴に接点の足を取付けて、上からプレスで足をつぶしてカシメ締結をします。図 1-3 はこの作業をワークの移送がないステージ型半自動機として構成したものです。ステージ型とは、固定した治具の上で行われる作業工程で、機械によるワークの移送を行わないものです。

装置の中で使われている入出力機器は図 1-4 のように PLC に配線されているものとします。

この装置を使って製品をつくるには、まず作業者が接点をワーク装着用治具の穴に装着します。次に、端子の穴に接点の足が通るように端子を上から載せます。そして、両手押ボタンスイッチ（X0、X1）を両手

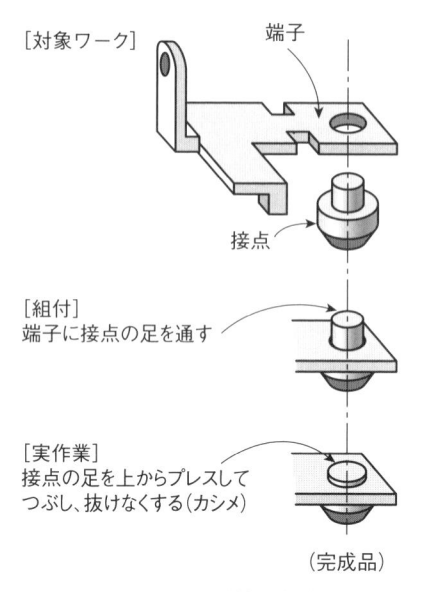

●応用編　自動化装置の構成と複雑なシステムのシーケンス制御

図1-2 ワークの形状と製作工程

で同時に押すと、プレスヘッドが下降を開始（Y10オン）して、下降端（X3）に達してから3秒間待って上昇（Y10オフ、Y11オン）して上昇端（X2）に戻るように制御します。このプレスの動作はPLCの制御プログラムをつくって自動動作にします。

カシメ作業が完了したら作業者が完成品を取り出して、次の部品を供給するようにします。この部分は手作業ですからプログラムはありません。それではこの自動動作の部分についてPLCの制御プログラムをつくってみましょう。

まず両手押しボタンですが、これはプレスに手が挟まれる危険を防止するために両手を使うようになっているものですから、プレスの下降途中で手が離れたら下降を中止するか上昇するかしなければなりません。

実際に、作業をしてみると、両手で押ボタンを押した後で、接点がはずれていることに気がついたりすると、つい、プレスヘッドの下に手を突っ込んでしまいます。このようにして手をはさみ込む事故は頻繁に起こる可能性があります。

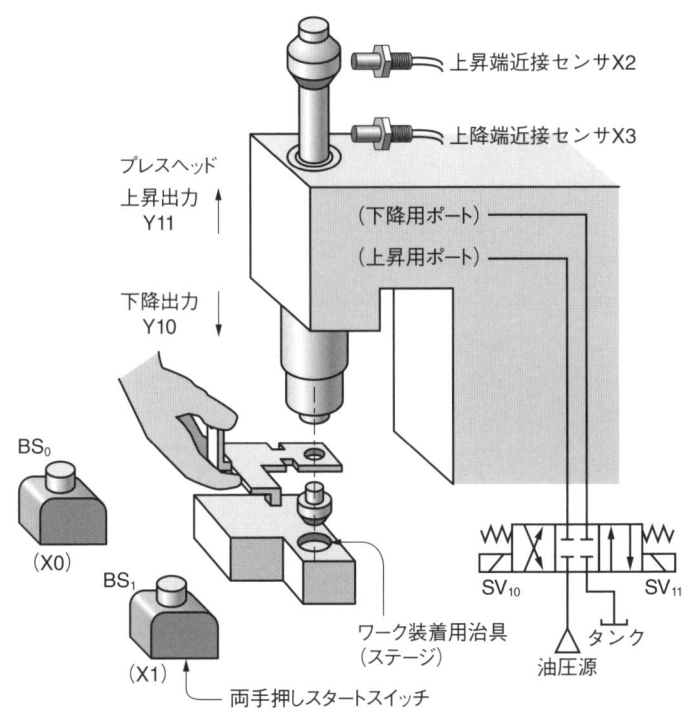

図 1-3 ステージ型半自動機

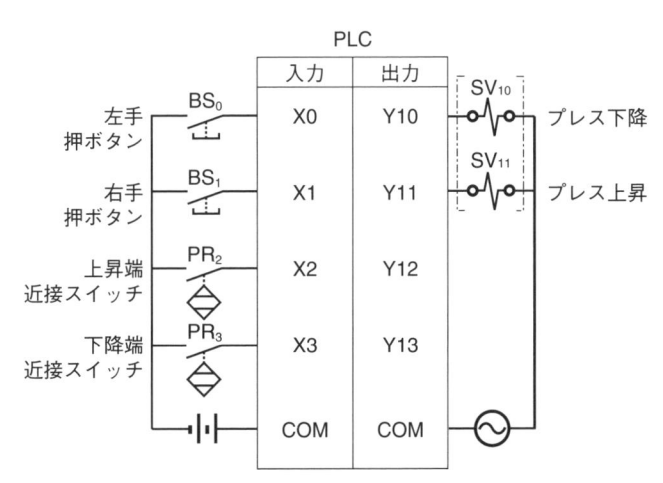

図 1-4 ステージ型半自動機の PLC 接続回路

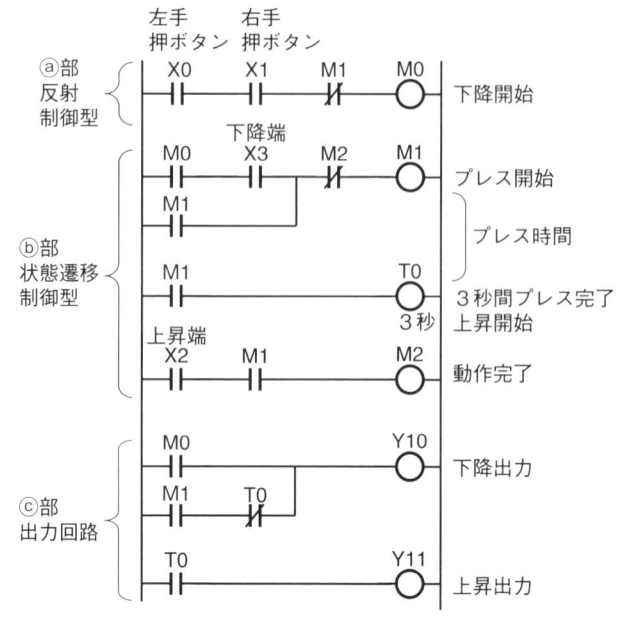

●応用編　自動化装置の構成と複雑なシステムのシーケンス制御

```
              左手      右手
              押ボタン  押ボタン
              X0    X1    M1          M0
  ⓐ部        ─┤├──┤├──┤/├─────○      下降開始
  反射
  制御型

              下降端
              M0    X3    M2          M1
             ─┤├──┤├──┤/├─────○      プレス開始
              M1
             ─┤├─                              ┐
                                                │ プレス時間
  ⓑ部        M1                      T0        │
  状態遷移   ─┤├─────────────────○      3秒間プレス完了
  制御型                             3秒          上昇開始

              上昇端
              X2    M1                M2
             ─┤├──┤├────────○      動作完了

              M0                      Y10
             ─┤├─────────────────○      下降出力
  ⓒ部        M1    T0
  出力回路   ─┤├──┤/├─
              T0                      Y11
             ─┤├─────────────────○      上昇出力
```

図 1-5　ステージ型半自動機のラダープログラム

　そこで、ここの部分の制御は**図 1-5** のⓐ部のような反射制御型のプログラムにしておきます。このプログラムでは、プレスが下降中に押ボタンを押している手を離すと、その場で停止するようになります。

　ⓑ部の部分は、下降端近接スイッチ X3 までプレスヘッドが下降したあとの制御部になります。X3 がオンしたら、M1 が自己保持になって、今度は押ボタンから手を離してもそのままプレスした状態を保持します。その後も自動で動作させます。このラダープログラムでは、プレス時間が 3 秒間を経過したらタイマ T0 がオンになります。そのタイマの接点で下降出力を切って上昇出力をオンにして、プレスヘッドを上昇し、上昇端で M2 がオンになって停止するように制御しています。

　このⓑ部の自動動作の部分は、状態遷移制御型のプログラム構造を使っています。

180

1.4 シャトル型半自動機の制御

　1.3で例を挙げて説明したステージ型半自動機では、実作業（プレス）と供給作業（作業者による部品セット）が同時にできないためにプレスと作業者が交互に休んで相手の作業が完了するのを待っていなければなりません。

　たとえば、作業者による供給に5秒、プレスの1サイクル動作も5秒かかるとすると、作業者の就労時間の半分が待ち時間になってしまいます。ステージ型では1つしか作業ステージがないので、動作が干渉するときには必ずどちらかが待機していなくてはならないからです。

　そこで作業ステージを2ヶ所設けて、1ヶ所では供給を専門に行い、もう1ヶ所でプレスを専門に行うようにすれば同時に作業できるので作業効率が上がることがあります。

　図1-6の半自動機は、前のステージ型半自動機を改良して、シャトル型と呼ばれる移送装置を付けたものです。回転円盤の2ヶ所にワーク装着用の治具が付けられていてどちらでも作業ができるようになっています。

　今度は作業場所が分かれているので、両手押ボタンは必要なく、作業者の供給作業が終わったところでスタートボタンを押すとテーブルが180°回転し、プレスの下にワークが移動して自動的にプレス作業が行われます。その間にもうひとつの治具にワークを取りつけて、作業完了後にテーブルを反対に180°回転するとプレスし終ったワークが作業者のところへ戻ってくるので、これを取り出してまた新しいワークを治具に載せます。その間に反対側では自動でプレス作業を行っているわけです。

　このシャトル型半自動機のシーケンス制御をするラダープログラムをつくってみます。PLCとの配線は**図1-7**の通りです。

　スタートSW（X0）を作業者が押すと、テーブルが180°旋回してプレスの真下に治具が移動します。バルブはダブルソレノイドバルブになっていて、デテント（戻り止め）が付いています。まず、ボタンを1回

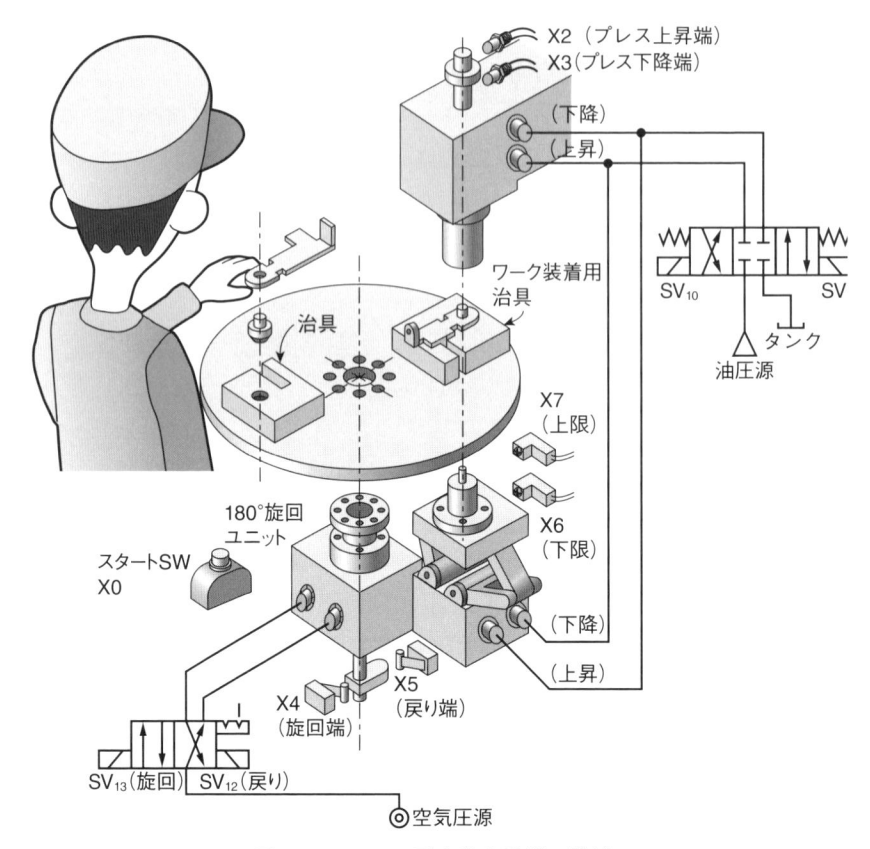

●応用編　自動化装置の構成と複雑なシステムのシーケンス制御

図1-6　シャトル型半動自動機の機械

　押すごとにテーブルを反対方向に移動するだけのプログラムを簡単に書くとすると、たとえば反射制御型の回路構造で、**図1-8**のようにすればとりあえずうまくいきます。

　実際には、スタートボタンを押したらテーブルがいずれかの方向に回転して反対側のリミットスイッチが入ったら受けが上昇し、つづいてプレスが下降するという連続した作業を行うように制御しますから、このままというわけにはいきません。その修正をしたものが**図1-9**です。

　まず、スタートSWを押したらその信号を補助リレーM0に記憶しておきます（図1-9 ⓐ）。次にテーブルを回転する回路が図1-9 ⓑです。

182

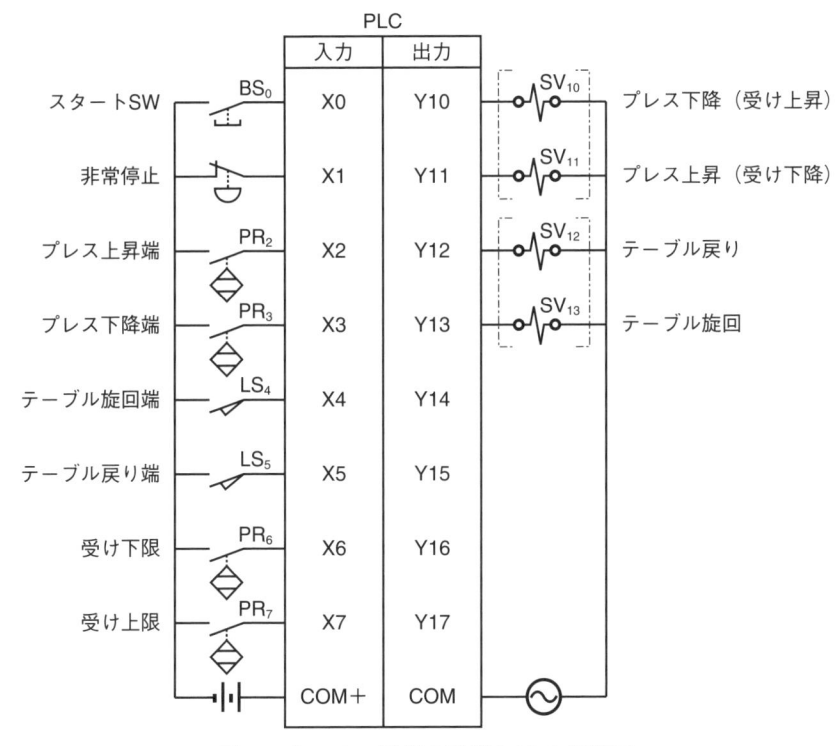

	PLC			
	入力	出力		
スタートSW　BS_0	X0	Y10	SV_{10}	プレス下降（受け上昇）
非常停止	X1	Y11	SV_{11}	プレス上昇（受け下降）
プレス上昇端　PR_2	X2	Y12	SV_{12}	テーブル戻り
プレス下降端　PR_3	X3	Y13	SV_{13}	テーブル旋回
テーブル旋回端　LS_4	X4	Y14		
テーブル戻り端　LS_5	X5	Y15		
受け下限　PR_6	X6	Y16		
受け上限　PR_7	X7	Y17		
	COM+	COM		

図1-7　シャトル型半自動機のPLC配線図

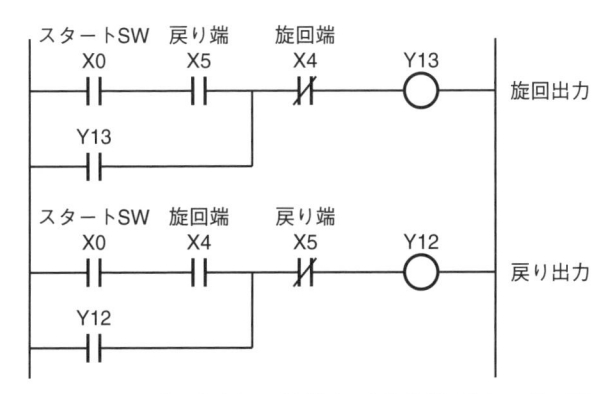

```
    スタートSW  戻り端   旋回端
      X0       X5       X4       Y13
    ──┤├──────┤├──────┤/├──────( )──────  旋回出力
      Y13
    ──┤├──
    
    スタートSW  旋回端   戻り端
      X0       X4       X5       Y12
    ──┤├──────┤├──────┤/├──────( )──────  戻り出力
      Y12
    ──┤├──
```

図1-8　テーブルを交互に移動する反射制御型のラダー図

● 応用編　自動化装置の構成と複雑なシステムのシーケンス制御

```
                     ┌──原点位置──┐
           スタート  プレス   テーブル  受け        終了
             X0    上昇端X2 戻り端X5  下限X6       M4      M0
         ┌───┤├────┤├──┬──┤├──┬──┤├────┤/├──( )───┐
 ⓐスタート│               │   旋回端   │                    │
   信号部 │               │    X4      │                    │
         │               └───┤├──────┘                    │
         │   M0                                             │
         └───┤├──────────────────────────────────────────┘

                         戻り端              インター
             X0    M0    X5         M3  ロック M2   M1
         ┌───┤/├──┤├───┤├─────────┤/├──┤/├──( )─── テーブル旋回
 ⓑテーブル│   M1                                             (Y13 オン)
   旋回制御│───┤├
   部     │         旋回端            インター
  (パルス信│   X0    M0    X4         M3  ロック M1   M2
  号制御型)├───┤/├──┤├───┤├─────────┤/├──┤/├──( )─── テーブル戻り
         │   M2                                             (Y12 オン)
         └───┤├

                   旋回端
             M1     X4            M4          M3          〔テーブル回転完
         ┌───┤├────┤├───────────┤/├────────( )───    了信号〕
         │   M2   戻り端X5                                   プレス下降・受け上昇
         ├───┤├────┤├                                      (Y10 オン)
         │   M3
         ├───┤├

 ⓒカシメ、│  プレス下降端 受け上昇端
   作業制御│    X3        X7           M3          T1       〔カシメ時間経過〕
   部     ├───┤├────────┤├────────┤├───────( )───    プレス上昇・受け下降
  (状態遷移│   T1                                     3秒     (Y10オフ、Y11オ
   制御型) ├───┤├                                              ン)

         │  プレス上昇端 受け下降端
         │    X2         X6           T1          M4         終了
         └───┤├─────────┤├─────────┤├───────( )───    (Y11オフ)

             M1                                   Y13
         ┌───┤├────────────────────────────( )───    テーブル旋回出力
         │   M2                                    Y12
         ├───┤├────────────────────────────( )───    テーブル戻り出力
 ⓓ出力   │                        非常停止
   リレー部│    M3      T1           X1           Y10
         ├───┤├──────┤/├─────────┤/├───────( )───    プレス下降出力
         │                        非常停止                    (受け上昇出力兼用)
         │    T1      M4           X1           Y11
         └───┤├──────┤/├─────────┤/├───────( )───    プレス上昇出力
                                                             (受け下降出力兼用)
                     ┌─────┐
                     │ END │
                     └─────┘
```

図 1-9　シャトル型半自動機のラダー図

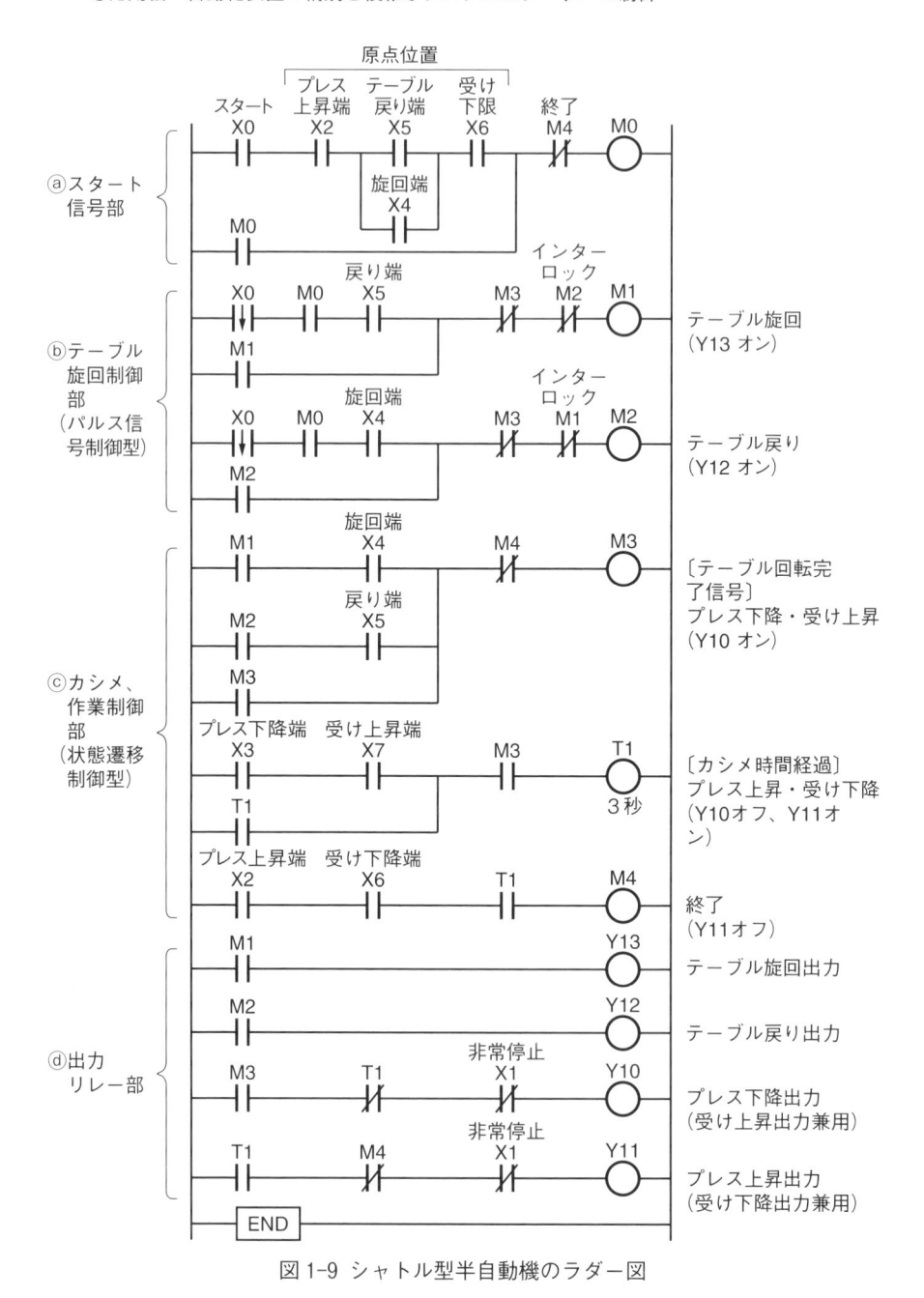

この部分は、スイッチを離したときに動作を開始するようにパルス信号制御型で記述しました。プレスヘッドの下降と受けの上昇は同じソレノイドバルブを使っているので、出力 Y10 と Y11 で制御します。プレスヘッドと受けは同時に動き出すので、受けよりもプレスの方が遅れてワークに接するようにスピードを調節しておきます。

図 1-9 ⓒ部はプレスを行っている制御部で、状態遷移制御型を使ってプログラムを構成してあります。

1.5 インデックス型自動機の制御

図 1-10 は直進タイプのインデックス型自動機の例です。モータによってスプロケットが一定の角度だけまわされるとチェーンの爪が 1 ピッチ分移動して、ワークを次の作業ステーションに移動します。

このようにすべてのワークを一度に同じピッチだけ移送することをインデックス移送といい、インデックス移送をベースにして作業を行うようにした装置をインデックス型自動機と呼んでいます。

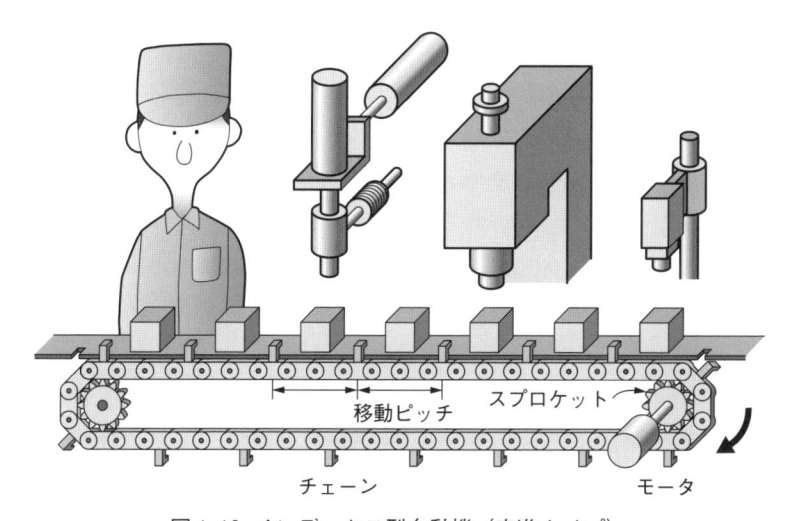

図 1-10 インデックス型自動機（直進タイプ）

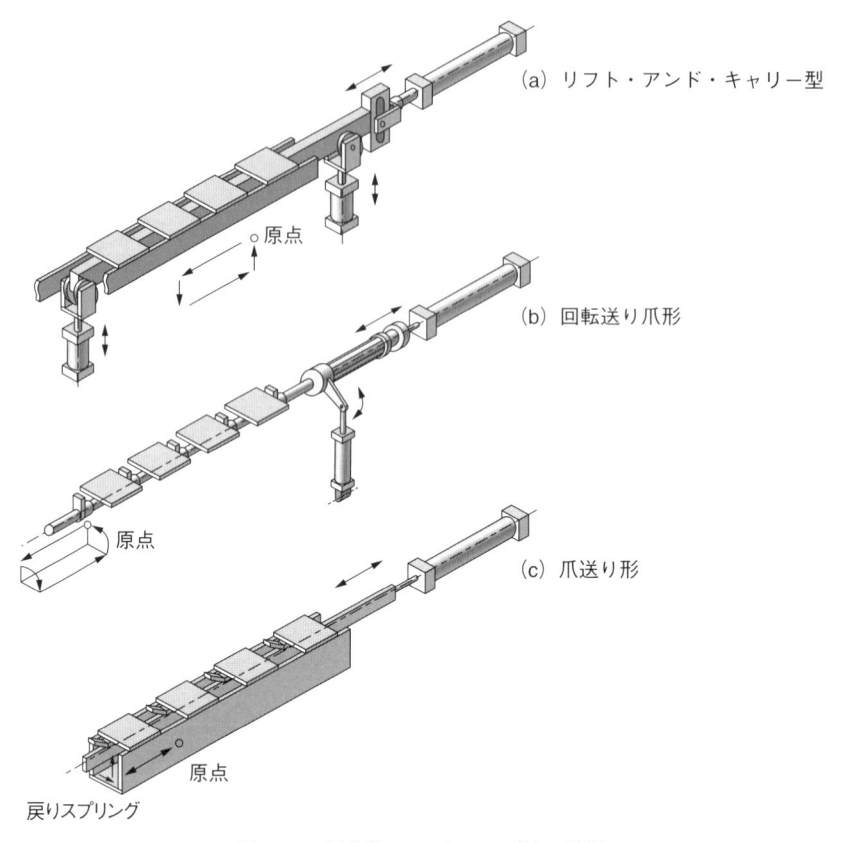

●応用編　自動化装置の構成と複雑なシステムのシーケンス制御

(a) リフト・アンド・キャリー型

(b) 回転送り爪形

(c) 爪送り形

図 1-11 直進型インデックス送り機構

　直進タイプのインデックス型自動機の移送機構はこのほかにも**図 1-11** のようなものがあります。

　インデックス型自動機には直進タイプの他に回転テーブルタイプがあります。

　回転テーブルタイプの移送を精度よく行うために**図 1-12** のように位置決め機構をつけることもあります。

　あるいは、**図 1-13** のような回転角度分割機構を使って、精度よく決められた角度の位置決めをすることもできます。回転角度分割機構の場合は、モータの付いている駆動軸を 1 回転させると、決められた角度だ

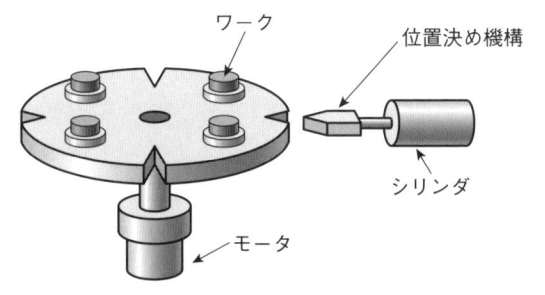

図1-12 回転テーブルタイプの位置決め例

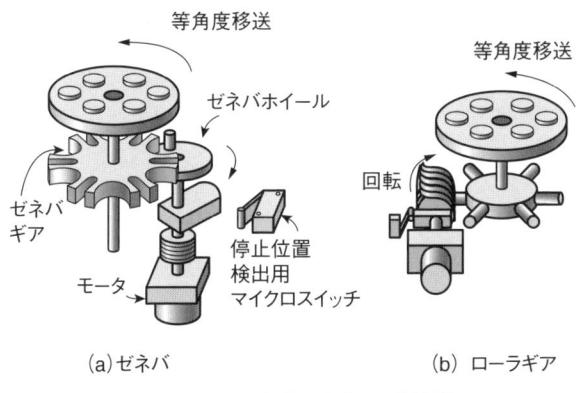

図1-13 回転角度分割位置決機構
(a) ゼネバ
(b) ローラギア

けテーブルが回転するので、制御するときには、モータ出力軸を1回転して停止することになります。

インデックス型自動機では全ワークが一度に同時に移送されます。そこで、ワークを移送してから作業ユニットが作業を開始するか、その逆にスタートが入ったら先に作業を行ってからワークを移送するかのいずれかの動作になります。その動作順序を**図1-14**に示します。いずれにしても作業の動作とワークの移送を1回ずつ実行し終わったときが、一連の動作が完了したときになります。

図1-15には、回転テーブルタイプのインデックス型自動機を構成した例を示します。この自動機を使って、先に作業をしてから移送をするときのシーケンス制御プログラムつくってみます。PLCとの接続は**図**

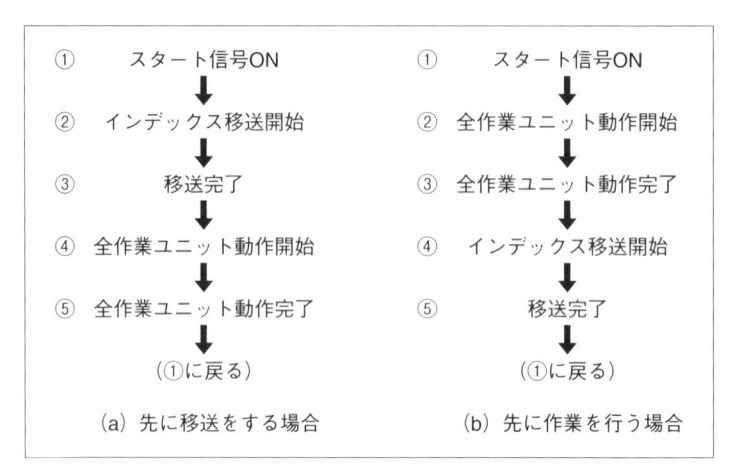

●応用編　自動化装置の構成と複雑なシステムのシーケンス制御

① スタート信号ON
↓
② インデックス移送開始
↓
③ 移送完了
↓
④ 全作業ユニット動作開始
↓
⑤ 全作業ユニット動作完了
↓
（①に戻る）

(a) 先に移送をする場合

① スタート信号ON
↓
② 全作業ユニット動作開始
↓
③ 全作業ユニット動作完了
↓
④ インデックス移送開始
↓
⑤ 移送完了
↓
（①に戻る）

(b) 先に作業を行う場合

図1-14 インデックス型自動機の動作

③［プレスユニット］
④［P&Pユニット］

X3（プレス上昇端）
X4（プレス下降端）
Y13（プレス下降）
Y14（プレス上昇）

①操作盤
X0（自動スタート）
Y10（スタートランプ）
X1（自動ストップ）

X5（P&P上限）
X6（P&P下限）

X7（P&P前端）
X8（P&P後端）

Y15（P&P下降）
Y16（P&P上昇）
Y17（P&P前進）
Y18（P&P後退）

X9（ワーク検出センサ）

治具

XA（手作業完了スイッチ）
Y1A（手作業要求ランプ）

［モータ出力］
Y12

X2 テーブル位置検出近接スイッチ

⑤［作業者］
②〔インデックステーブル〕

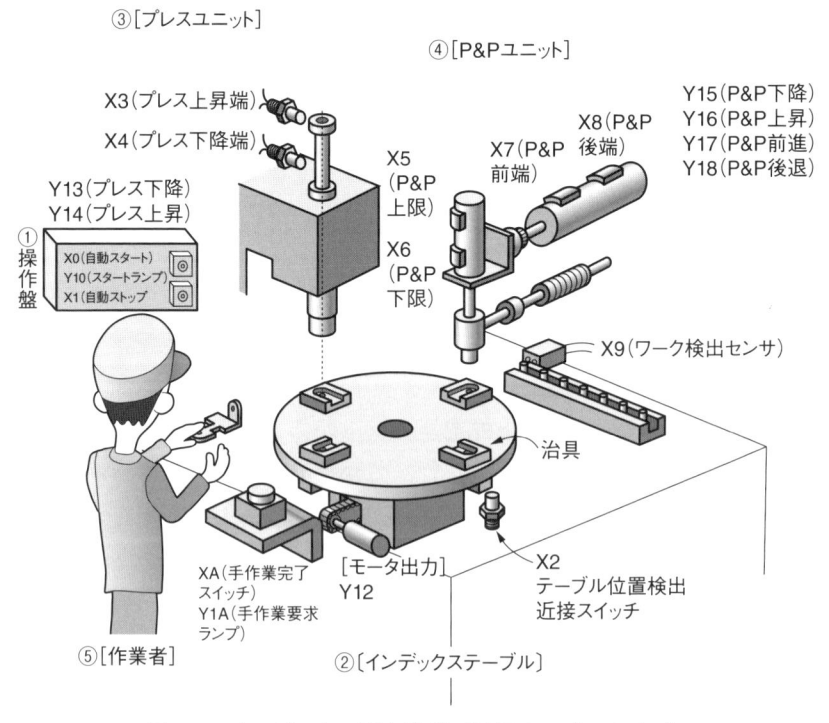

図1-15 インデックス型自動機（回転テーブルタイプ）

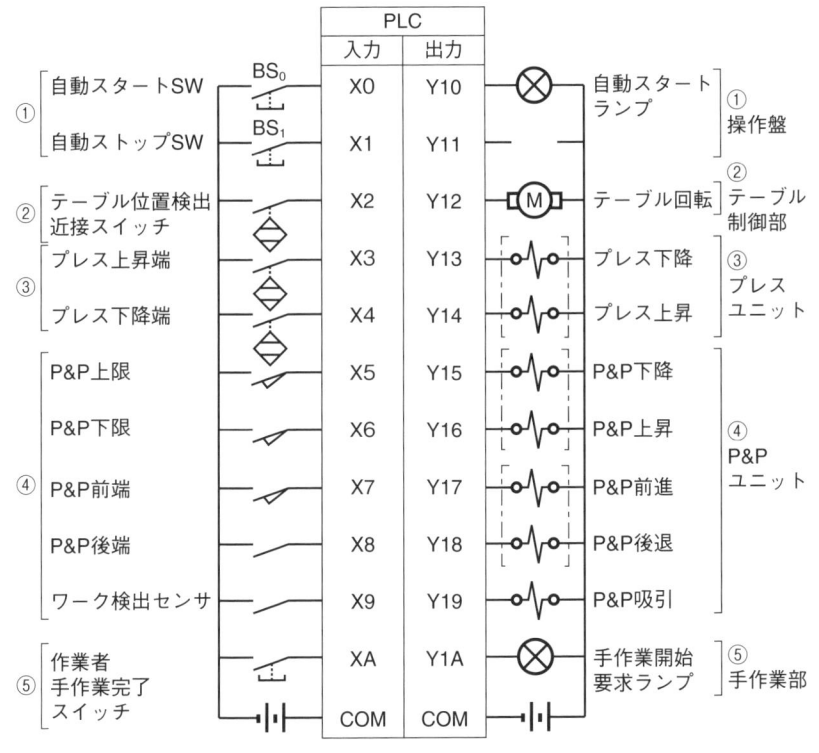

図1-16 インデックス型自動機のPLC配線図

1-16のようになっているものとします。

　回転テーブルタイプのインデックス型自動機では、回転テーブルの周囲に作業ユニットが複数配置されるのが普通です。作業ユニットは、テーブルに配置された治具の位置で作業を行います。制御プログラム的には作業者も作業ユニットのひとつとして扱われます。

　この自動機を構成する作業ユニットは、作業者とプレスユニットとP&P（ピック&プレイス）ユニットの3つです。各作業ユニットはそれぞれ別々の治具上で作業を行うので、個々の作業ユニットの1サイクル動作に関しては独立した制御プログラムにすることができます。また、インデックステーブルは作業者とすべての作業ユニットが作業を完了したときに90°回転すればよいので、これも独立したユニットと考え

●応用編　自動化装置の構成と複雑なシステムのシーケンス制御

てプログラムすることができます。

　そこで、この装置全体の制御プログラムをつくるときには、各作業ユニット毎に独立した1サイクル動作のプログラムとテーブルを90°送るプログラムをつくることから始めます。

　そして、作業ユニットの動作を先におこなって、作業が完了したらテーブルをインデックス送りするようにします。すなわち、全作業ユニットの動作完了信号（終了信号）がそろったところで、インデックステーブルのスタート信号が入るように信号を受け渡すわけです。このときの制御構造を図1-17に示します。

　図1-17中の②〜⑤の部分は、それぞれ独立したユニットとしてプログラムされています。③、④、⑤の作業ユニットの動作が完了したところで、おのおのの作業ユニットの終了信号をつくっておいて、3つの終了信号がそろったら②のテーブルの回転を開始します。テーブルが何度も回転してしまわないように、テーブルの回転が完了したら、作業ユニットの終了信号はリセットしておきます。

　②〜⑤までの全ユニットの動作が終了して、作業ユニットの終了信号がオフになっていたら、①に戻って、同じ動作を繰り返します。①に戻ったときに自動運転スタート信号がオフになっていたら次の作業は行い

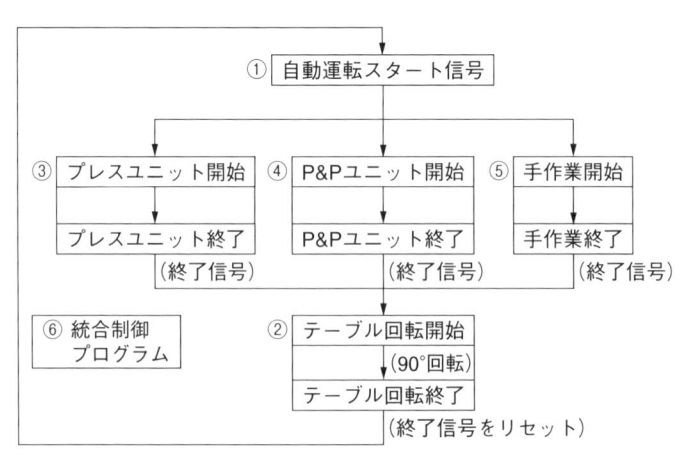

図1-17　インデックス型自動機の制御構造

ません。

それでは、実際にこの制御構造を利用してインデックス型自動機の制御プログラムをつくってみます。

手順としては、図1-17の①から⑤の各部分のプログラムをつくり、最後にこれらを組み合わせて機能するように⑥の統合制御プログラムをつくって、信号の受渡しをします。

①自動運転スタート部のプログラム

このプログラムは、**図1-18**のように、自動スタートSWと自動ストップSWで自動運転の起動／停止の信号をつくります。M0がオンしているときが自動スタートが入っているときですから、M0で自動スタートランプを点灯するようにします。

```
自動スタートSW  自動ストップSW
    X0           X1          M0
    ─┤├──────────┤/├─────────( )──── 自動スタート
     │                              信号
    M0│
    ─┤├─
     │
    M0                       Y10
    ─┤├─────────────────────( )──── 自動スタート
                                    ランプ
```

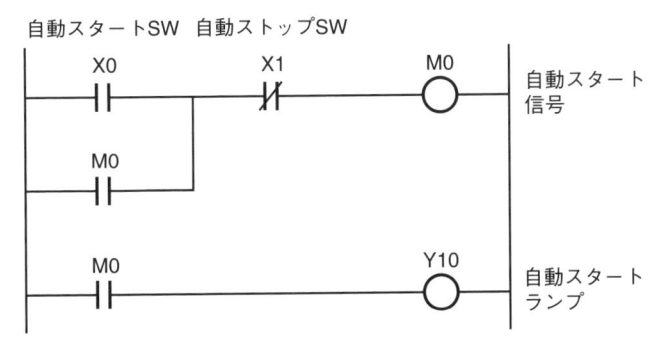

図1-18 自動運転スタート部(①)の制御プログラム

②テーブル回転部のプログラム

テーブルの回転開始リレーをM12として、M12が入ったらテーブルを90°回転して停止するようにした制御プログラムが**図1-19**です。テーブルを90°回転するにはY12のモータをオンにして、テーブル位置検出スイッチX2が一担オフになってからオンに変化したところで、モータを停止すればよいことになります。そこでX2がオフからオンに変化する信号をパルス命令でとらえて終了パルスを出しています。これは反

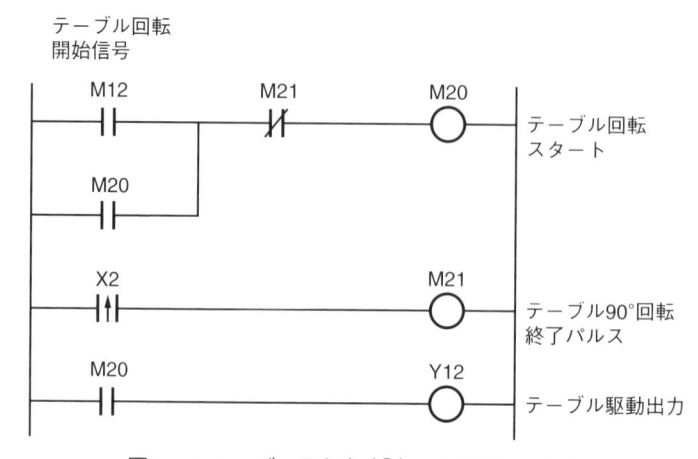

●応用編　自動化装置の構成と複雑なシステムのシーケンス制御

図 1-19 テーブル回転部(②)の制御プログラム

射制御型の回路構造になっています。

③プレスユニット制御部のプログラム

プレスユニットは、図 1-20 のように動作するものとします。

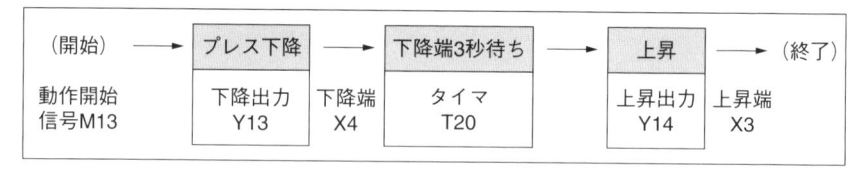

図 1-20 プレスユニットの動作

　プレスユニットの動作開始信号を M13 としておきます。下降を開始して下降端に達したら 3 秒間待って上昇し、上昇端に到達したところで動作終了とします。この制御プログラムを状態遷移制御型で記述したものが図 1-21 です。

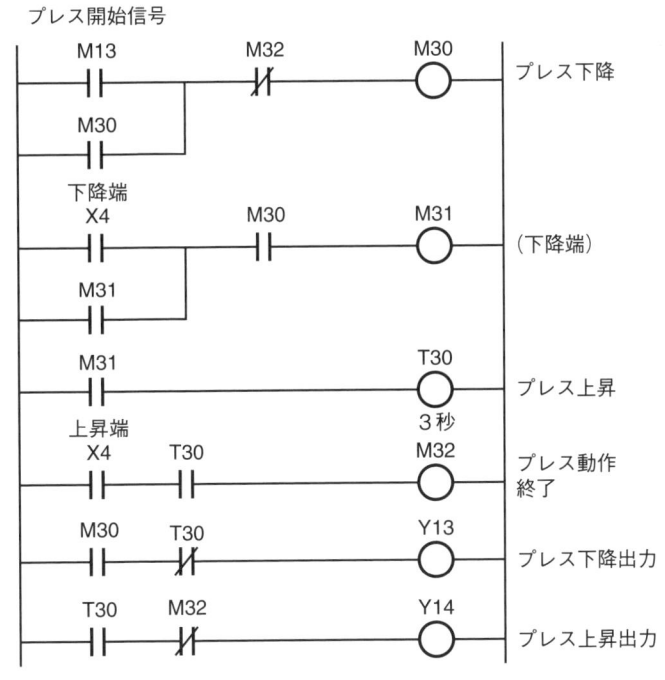

図 1-21 プレスユニット部(③)の制御プログラム

④ P&P（ピック&プレイス）ユニット制御部のプログラム

P&Pユニットは**図 1-22**のような順序で動作するものとします。

P&Pユニットの動作開始信号を M14 として、P&Pユニットの制御プログラムをつくるために状態遷移部と出力部を分離して一連の動作を記述してみると、**図 1-23**のようになります。これをもとにして、プログラムを状態遷移制御型でつくったものが**図 1-24**です。

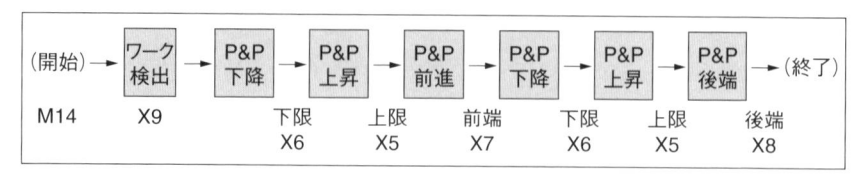

●応用編　自動化装置の構成と複雑なシステムのシーケンス制御

(開始)→ ワーク検出 → P&P下降 → P&P上昇 → P&P前進 → P&P下降 → P&P上昇 → P&P後端 →(終了)
M14　　X9　　　　　下限　　上限　　前端　　下限　　上限　　後端
　　　　　　　　　　X6　　　X5　　　X7　　　X6　　　X5　　　X8

図1-22　P&Pの動作順序

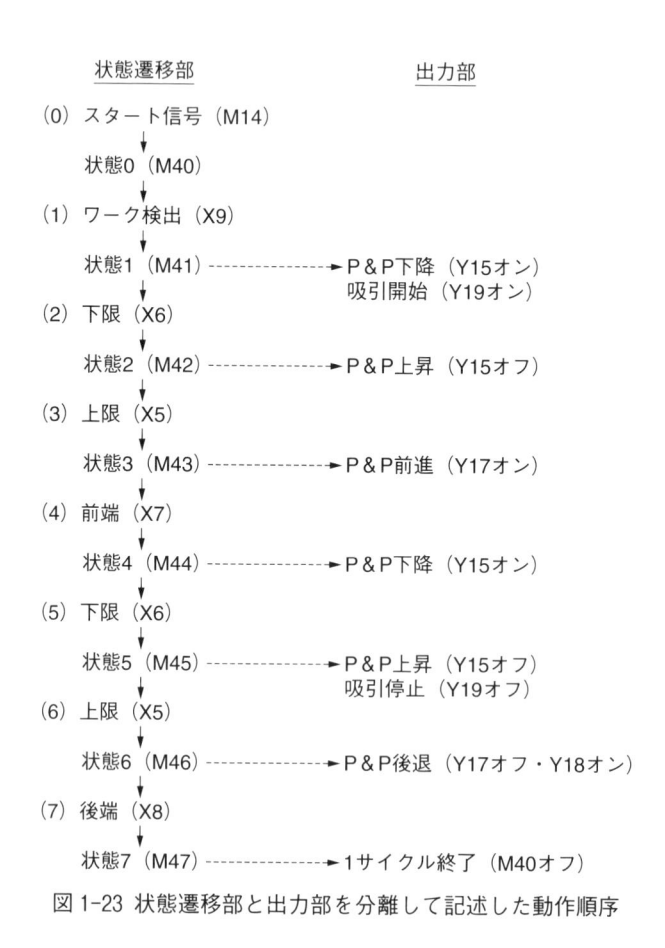

　　　　　　　　　　　状態遷移部　　　　　　　　出力部
(0) スタート信号（M14）
　　　　　↓
　　　状態0（M40）
　　　　　↓
(1) ワーク検出（X9）
　　　　　↓
　　　状態1（M41）------→ P&P下降（Y15オン）
　　　　　↓　　　　　　　吸引開始（Y19オン）
(2) 下限（X6）
　　　　　↓
　　　状態2（M42）------→ P&P上昇（Y15オフ）
　　　　　↓
(3) 上限（X5）
　　　　　↓
　　　状態3（M43）------→ P&P前進（Y17オン）
　　　　　↓
(4) 前端（X7）
　　　　　↓
　　　状態4（M44）------→ P&P下降（Y15オン）
　　　　　↓
(5) 下限（X6）
　　　　　↓
　　　状態5（M45）------→ P&P上昇（Y15オフ）
　　　　　↓　　　　　　　吸引停止（Y19オフ）
(6) 上限（X5）
　　　　　↓
　　　状態6（M46）------→ P&P後退（Y17オフ・Y18オン）
　　　　　↓
(7) 後端（X8）
　　　　　↓
　　　状態7（M47）------→ 1サイクル終了（M40オフ）

図1-23　状態遷移部と出力部を分離して記述した動作順序

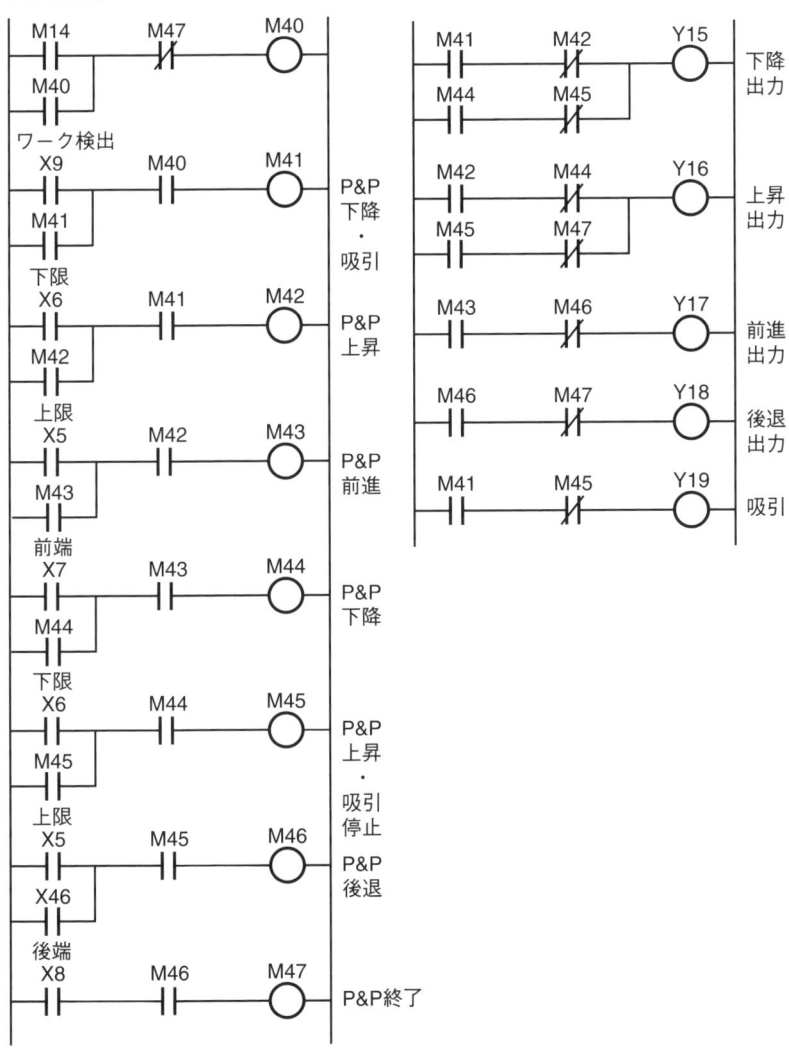

図1-24 P&P ユニット部（④）の制御プログラム

●応用編　自動化装置の構成と複雑なシステムのシーケンス制御

⑤作業者のステーションの制御プログラム

手作業もひとつの作業ユニットとして制御プログラムを作成します。手作業ユニットの開始リレーを M50 として、プログラムをつくってみますと図 1-25 のようになります。M15 は手作業開始の要求信号で、この信号が入力されたら、手作業開始ランプを点灯して作業者に作業をうながします。作業者が作業を完了すると手元にある作業完了スイッチで、終了信号を発信します。

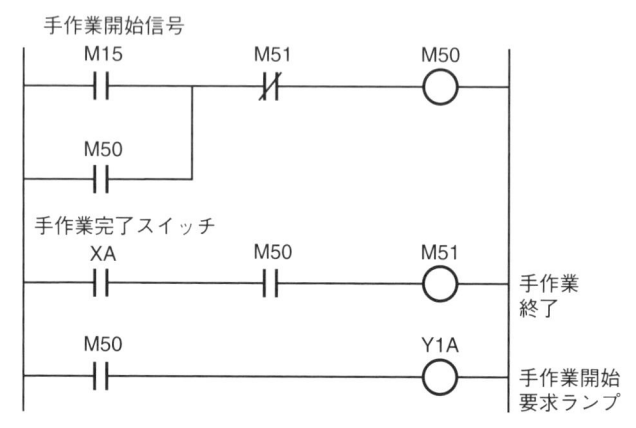

図 1-25　手作業ユニット部(⑤)の制御プログラム

⑥統合制御部のプログラム

各部の制御プログラムが①〜⑤のように出来上ったら、これらのプログラムを統合して、図 1-17 のような形になるように終了信号をつくります。

まず作業ユニットの1サイクル終了をあらわすリレーを使って、終了信号をつくり、それを自己保持にします。図 1-17 の③、④、⑤の作業ユニットは作業が完了したときにそれぞれ M32、M47、M51 が1スキャンだけオンするパルス信号になっています。このパルス信号を新たに M93、M94、M95 を使ってテーブルの回転が終了するまで保持します。そのプログラムが図 1-26 です。M93〜M95 を終了信号として自己保持にしてあります。

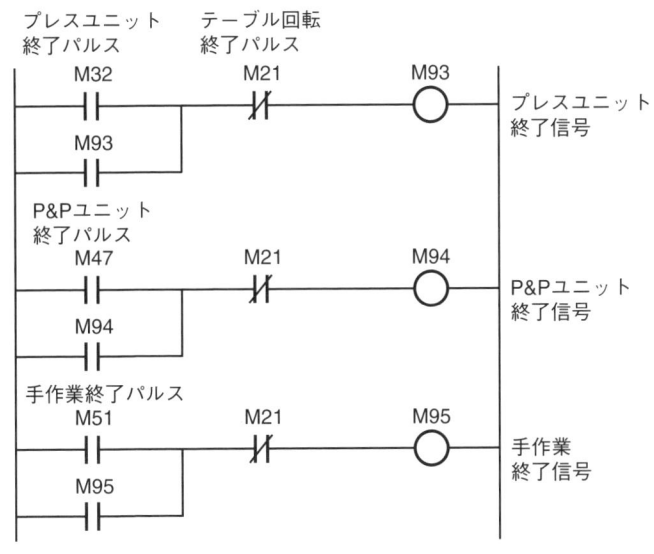

```
プレスユニット   テーブル回転
終了パルス      終了パルス
  M32           M21           M93
───┤├──────────┤/├──────────( )──────  プレスユニット
   │                                    終了信号
  M93
───┤├──

P&Pユニット
終了パルス
  M47           M21           M94
───┤├──────────┤/├──────────( )──────  P&Pユニット
   │                                    終了信号
  M94
───┤├──

手作業終了パルス
  M51           M21           M95
───┤├──────────┤/├──────────( )──────  手作業
   │                                    終了信号
  M95
───┤├──
```

図1-26 終了信号処理部のプログラム

　一方、テーブルの回転が終了したときにオンするリレーはM21ですから各ユニットの終了信号の自己保持はこのM21で解除するようになっています。

　テーブルの回転を開始するのは、すべてのユニットの終了信号がそろったときですから、M93、M94、M95がオンになったときです。テーブルの回転開始リレーはM12でしたから、M12は**図1-27**のようにします。

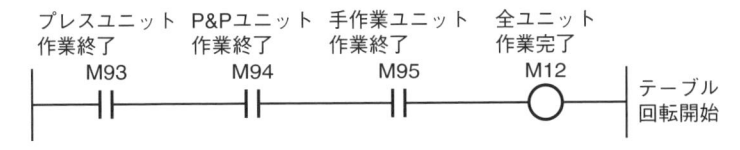

```
プレスユニット  P&Pユニット  手作業ユニット  全ユニット
作業終了       作業終了     作業終了        作業完了
  M93          M94          M95            M12
───┤├─────────┤├───────────┤├───────────( )───── テーブル
                                                   回転開始
```

図1-27 テーブル回転開始信号

　各作業ユニットの開始信号M13、M14、M15は、自動スタート信号M0がオンしていて、ユニットが停止していて、作業終了信号がオンしていないときですから**図1-28**のようになります。

　以上のプログラムをつなげて、PLCに入力すれば図1-15のインデッ

●応用編　自動化装置の構成と複雑なシステムのシーケンス制御

```
    自動スタート        プレス作業終了信号
      M0      M30       M93       M13
    ──┤├─────┤/├─────┤/├──────( )──── プレス開始信号

                    P&P作業終了信号
      M0      M40       M94       M14
    ──┤├─────┤/├─────┤/├──────( )──── P&P開始信号

                     手作業終了信号
      M0      M50       M95       M15
    ──┤├─────┤/├─────┤/├──────( )──── 手作業開始信号
```

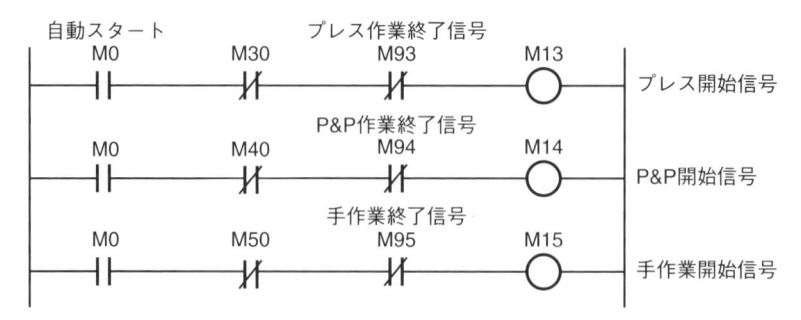

図1-28 作業ユニット開始信号

クス型自動機が連続で運転できるようになります。

1.6 フリーフローライン型自動機

　フリーフローライン型自動機はフリーフローコンベアを使って作業ステーション間のワークを移送するものです。

　図1-29はその例で、フリーフローコンベア上をたくさんのパレットが流れています。フリーフローコンベアにはパレットが落ちないようにパレットガイドがあり、パレットを停止する必要のあるところにはパレットストッパが付けられています。

　コンベア上を一つひとつ独立したパレットが自由に流れるのでフリーフローコンベアと呼ばれます。パレットに関しては、パレット同士が接触して押し合っても姿勢がくずれないようになっていなくてはなりません。

　パレットを停止して作業を行う場所を作業ステーションと呼んでいます。パレットおさえのシリンダは、作業が終ったパレットを次のステーションに送り出すときに2個目がついて行かないようにおさえておく役割をします。このようにパレットなどひとつずつ送り出す機構をエスケープメントと呼んでいます。

　フリーフローライン型自動機は、フリーフローコンベアと複数の作業

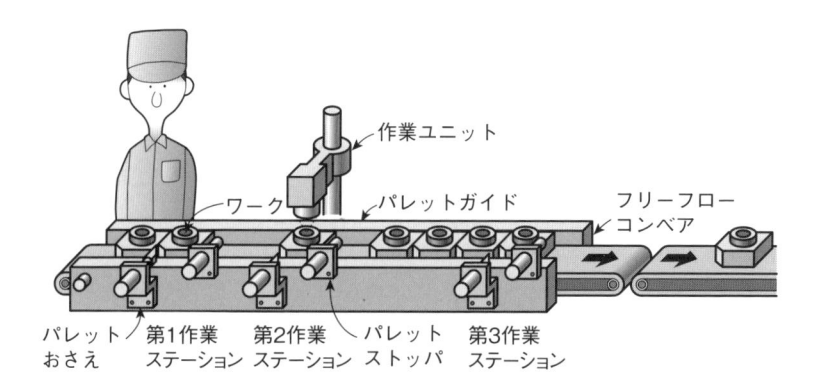

図 1-29 フリーフローラインの例

ステーションから構成されます。

　インデックス型自動機との最も大きな違いは、パレットの移送が同期していないことです。1つの作業ステーションの作業が完了したら、コンベアにスペースがある限りいつでもパレットを後工程の作業ステーションに送り出して、次のパレットの作業を開始できます。

　またステーション間の間隔は自由に設定できるので、大きな作業スペースを必要とするときには、ステーション間隔を広くとるようにすればよいわけです。一方、移送に時間をかけたくないときには、コンベアのスピードを上げるか、ステーションの間隔を短くとるか、作業ステーションの手前に常に待機中のパレットが溜まっているようにします。

1.7 フリーフローライン型自動機の制御

　図1-30のフリーフローライン型自動機を使ってこれを制御するプログラムを考えてみましょう。

　第1ステーションでは手作業でワーク1を供給し、第2ステーションではP&Pユニットでワーク2を装入して、第3ステーションでワークのプレスを行っています。コンベアはベルトが2つあってまん中があい

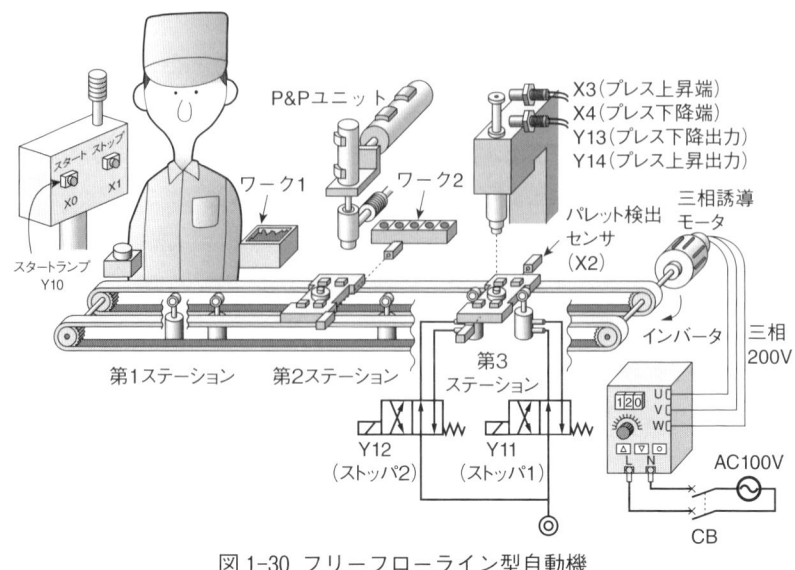

●応用編　自動化装置の構成と複雑なシステムのシーケンス制御

図1-30　フリーフローライン型自動機

ており、下からパレットの位置決め機構などを付けられるような構造になっています。生産をしている間はパレットの移送のためにコンベアは動かしたままにしておきます。

　このフリーフローラインには、作業ステーションの位置にパレットを止めるためのストッパがあります。各作業ステーションには2つのストッパが付いています。進行方向前側のストッパ1は作業位置にパレットを停止させるためのストッパで原位置は上になっています。後ろにあるストッパ2は作業位置のパレットを送り出すときに次のパレットが進んでこないように止めておく役割をするもので原位置は下にしてあります。また、パレットが到着したことや、送り出したパレットが完全に通過したことを確認するために、パレット検出センサ（X2）が付けられています。

　このストッパの構造はどの作業ステーションも同じにしてあります。また、各作業ステーションの作業はそれぞれ独立して行われるので、制御プログラムも各作業ステーションごとに独立した形で記述すればよいことになります。

そこで、ここでは1つの作業ユニットについてだけの制御プログラム例を紹介します。図1-31は第3ステーションのプレス作業に関連した部分の入出力機器をPLCに接続した配線図です。

それでは実際に制御プログラムをつくってみましょう。

自動運転の開始信号は、図1-32のようにします。ここでは反射制御型の回路構造で単純にスタートボタンで自動運転開始信号をオンにしていますが、実際には、機械の原点信号や停止信号などの条件を追加します。その詳細は第2章の中で解説します。

コンベアの作業ステーションでは、コンベア上のパレット作業位置で

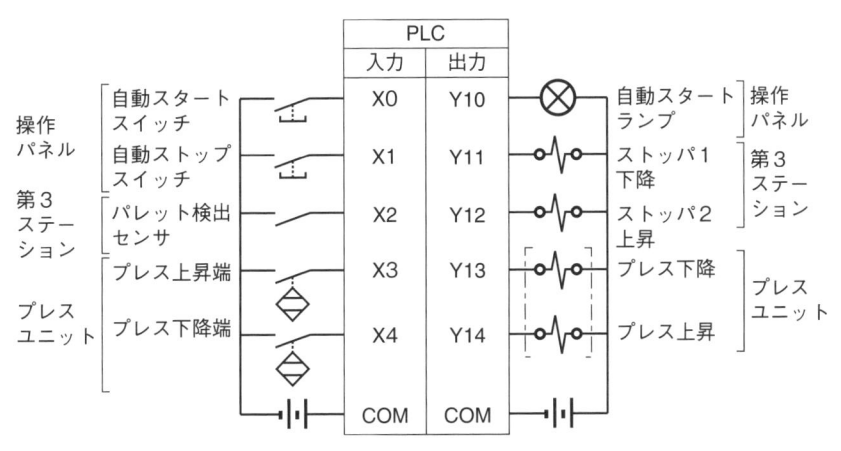

図1-31 第3ステーションのPLC配線図

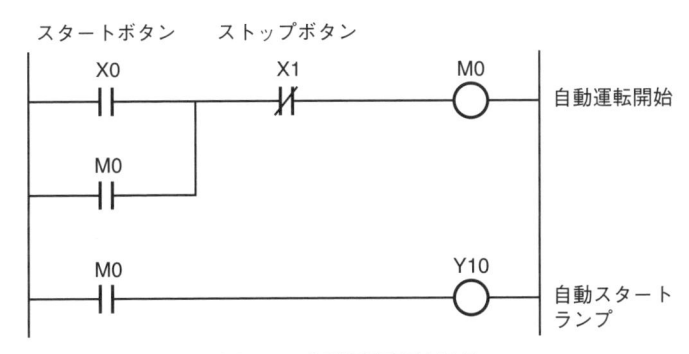

図1-32 自動運転開始信号

●応用編　自動化装置の構成と複雑なシステムのシーケンス制御

停止して、プレス作業が完了するのを待って次のパレットに交換するようにします。このためのパレットストッパの制御プログラムは状態遷移制御型を使うと図1-33のようになります。

プレス作業ユニットの制御プログラムは図1-34のようにします。このプログラムも状態遷移制御型で記述されています。ストッパ1の原位

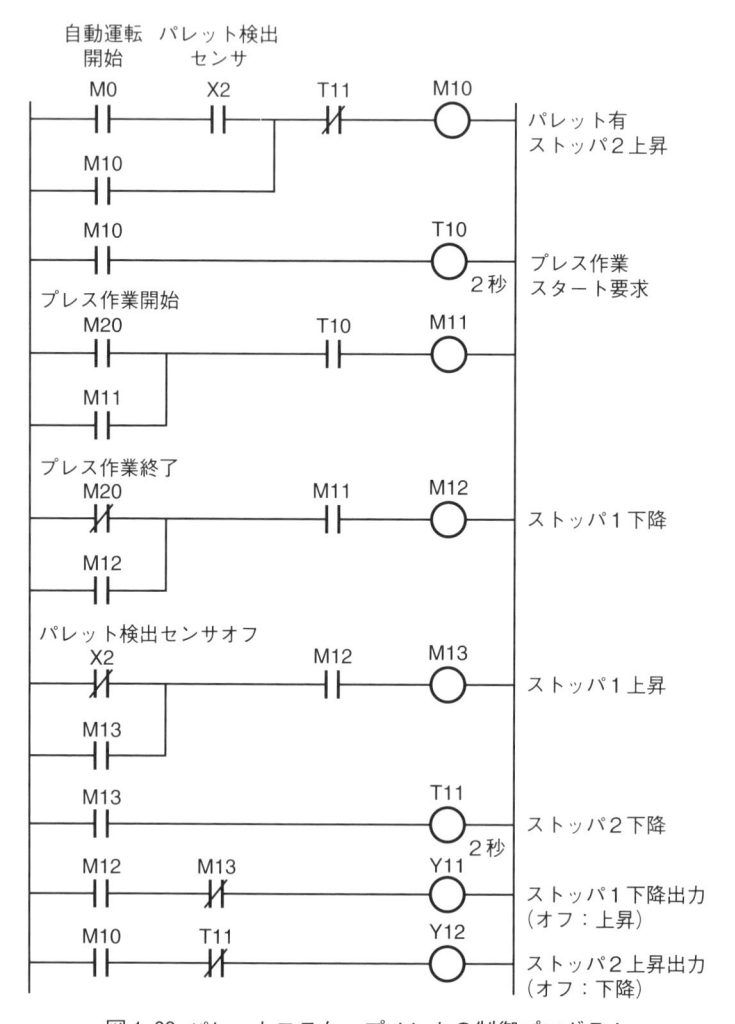

図1-33　パレットエスケープメントの制御プログラム

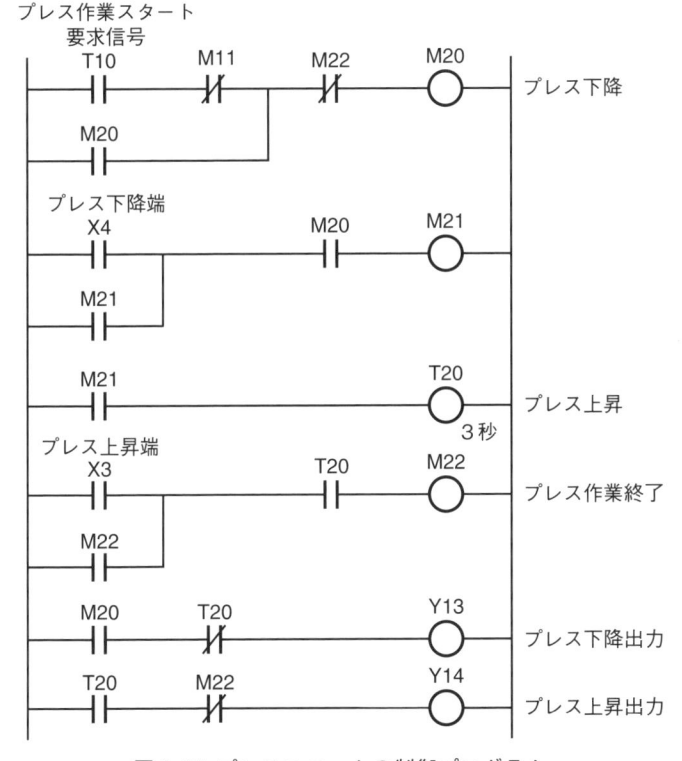

図1-34 プレスユニットの制御プログラム

置は上で、ストッパ2の原位置は下になっているので混乱しないように注意します。プレス作業ユニットは、図1-33のT10のプレス作業スタート要求信号でスタートします。そして下降して3秒間待ってから上昇します。この制御プログラムも状態遷移制御型になっています。

図1-31、図1-32、図1-33をつなぎ合わせると第3作業ステーションの制御プログラムが完成します。

この例でもわかるように、フリーフローライン型自動機はステーション毎に作業が分割され独立しているので、比較的単純なプログラム構造になります。ただし、パレットのエスケープメントや位置決めに要する時間が長くかかり装置のサイズや専有面積も大きくなりがちなので注意します。

●応用編　自動化装置の構成と複雑なシステムのシーケンス制御

1.8 その他のフリーフローライン型自動機

　フリーフローラインには図1-29のように1つのパレットに1つの製品を載せて組付や加工を順次行いながら完成品にして行くものだけでなく、図1-35のようにたくさんの製品をトレーやケースに入れて一度に運ぶようなものもあります。

　ケースを動かしているローラコンベア1、2、3、4はそれぞれ独立して動作できるようになっています。ローラコンベア1と2を同時に動かすと、ケースが送られてきます。1番目のケースがセンサ2に到着したときにローラコンベア1を停止して、ローラコンベア2と3は動かしておくと、1番目のケースと2番目のケースを分離することができます。

　その後1番目のケースがケースストッパの位置に来たことをセンサ3で検出したら、ケースの種類や順番によってケースの行先を決めて、ローラコンベア4側かケースストッカ側に送り出します。

　ケースストッカにケースを移動するには、ストッパは上げたままにしておいてまず横移動ローラを上昇します。そして、横押出しユニットを

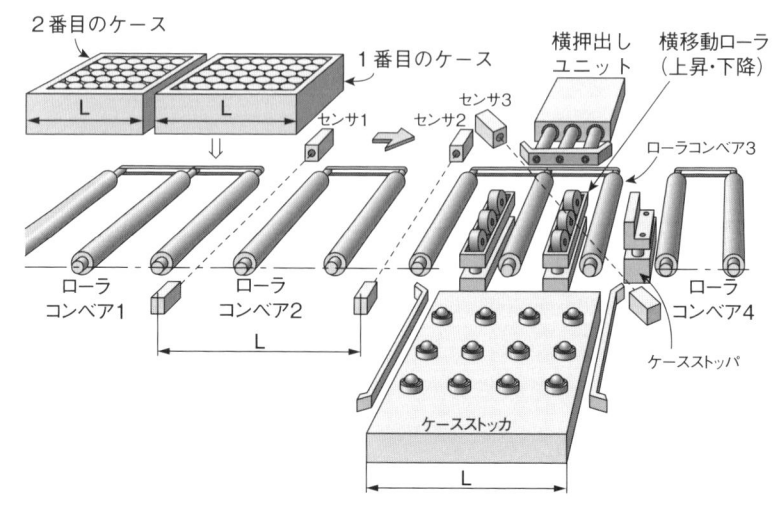

図1-35　フリーフローライン型自動機によるケース搬送

前進してケースをケースストッカの方向に押出します。

　あるいは、ローラコンベア4の方向にケースを流すのであれば、ケースストッパを下げて、ローラコンベア3と4を同時に動かしてケースをそのままローラコンベアで移動します。ケースがローラコンベア4に乗り移ると、センサ3がオフになるので、そうしたらケースストッパを上の位置に戻します。いずれかの方向にケースを移動し終わると、この装置は元の状態に戻ったことになるのでまた最初のローラコンベア1と2を同時に動かすところからはじめて、2番目のケースの移動処理をします。

　この例のように、フリーフローライン型自動機で独立したコンベアを用意すると、コンベアを使ってケースやパレットの分離や位置決めを容易に行うことができるようになります。

　フリーフローラインに流れているパレットやワークを分離するにはコンベアの速度を変える方法もあります。図 1-36 のようにコンベアを3台連続してだんだんコンベア速度が速くなっていくようにしておくとワーク間隔は開いていきます。

　ただし、逆に高速のコンベア上で広い間隔になったものを単純に低速コンベアに移し替えるとまたワーク間隔は狭くなってしまいます。

　確実にワーク間隔を広げるには、先頭のワークが次のコンベアに乗り移った時点で手前のコンベアを一時的に停止して、次のワークを送り出さないようにすることです。

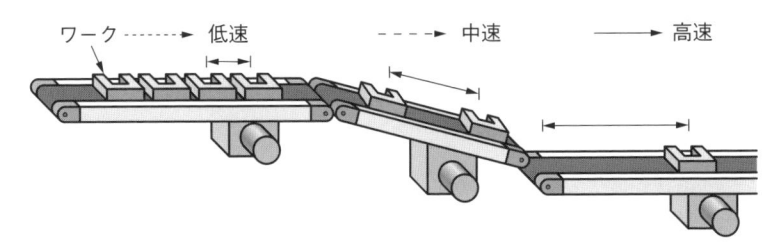

図 1-36　コンベア速度の変更によるワークの分離

●応用編　自動化装置の構成と複雑なシステムのシーケンス制御

2章 複雑なシステムの制御方法

　制御対象となるシステムが複雑になってくるとどこから手をつけたら上手に制御プログラムをつくることができるのか迷うものです。本章ではロボットや複数のユニットが混在するような複雑な機械装置を制御するときの考え方について具体例を使って解説します。

2.1 制御構成と機能

　図2-1はベルトコンベアで搬送されてきたパレットを位置決めして、部品をパレットに供給することを目的としたフリーフローライン型の自動機ですが、装置の中にはインデックステーブルやピック&プレイス（P&P）ユニット、部品供給用の小型コンベア、多関節ロボットなどといった複数のユニットが混在しています。このような複雑な自動機を制御するためにはどうすればよいのかを考えてみましょう。
　この装置全体は**表2-1**のように(a)制御盤、(b)機械装置、(c)操作盤の3つの部分に分けられます。
　制御の対象である(b)の機械装置をPLCを使って動かすことにすると、機械装置をコントロールするための入出力機器の信号のほとんどがPLCに接続されます。その様子をあらわしたイメージが**図2-2**です。
　タッチパネルはPLCの通信ポートに接続します。その他の機器のほ

(a) 制御盤　　　　(b) 機械装置　　　　(c) 操作盤

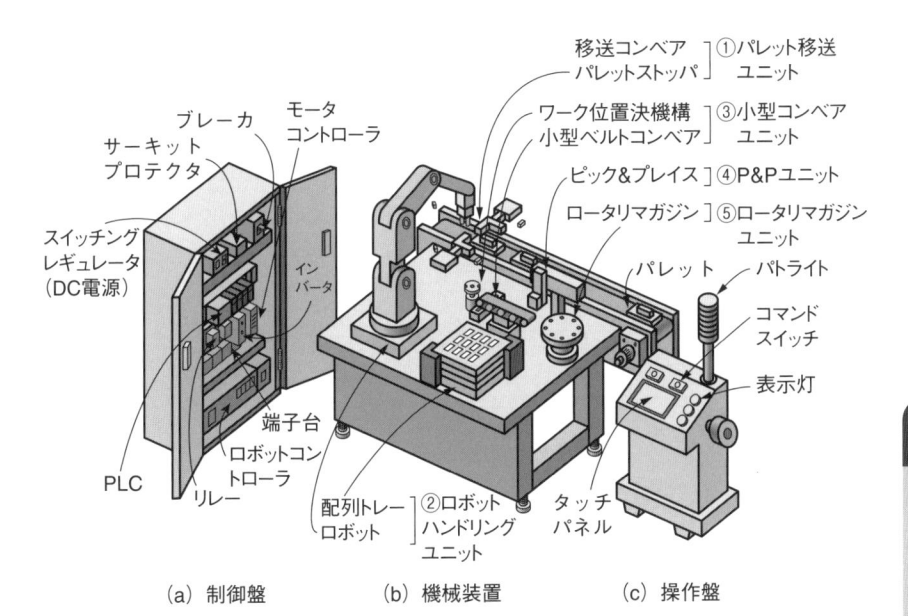

図 2-1 機械装置と制御装置

表 2-1 装置の構成

	名称	構成機器の例	内容
(a)	制御盤	制御ボックス・ブレーカ・サーキットプロテクタ・DC電源・PLC・リレー・インバータ	電源を安全に供給するための機器や制御に使うコントローラなどが格納されている
(b)	機械装置	機械ベース・モータ・シリンダ・センサ・ロボット・コンベア・各種メカニズム	機械装置の本体部分。コンベアや作業ユニットなどがベースに配置されている
(c)	操作盤	制御ボックス・スイッチ・ランプ・表示器・タッチパネル	機械を運転するための操作スイッチや表示灯、タッチパネルなどを装着している

とんどの入出力信号はPLCの入出力ユニットに接続されます。

　機械装置を構成する機器はそれぞれ独立していて、基本的には単独で動けるようになっています。しかしながら、それぞれが、勝手に動いたのでは、ぶつかったり意味のない動きになってしまいます。

　その動作のタイミングや、動く順序を決めて、各機器に動作指令を出

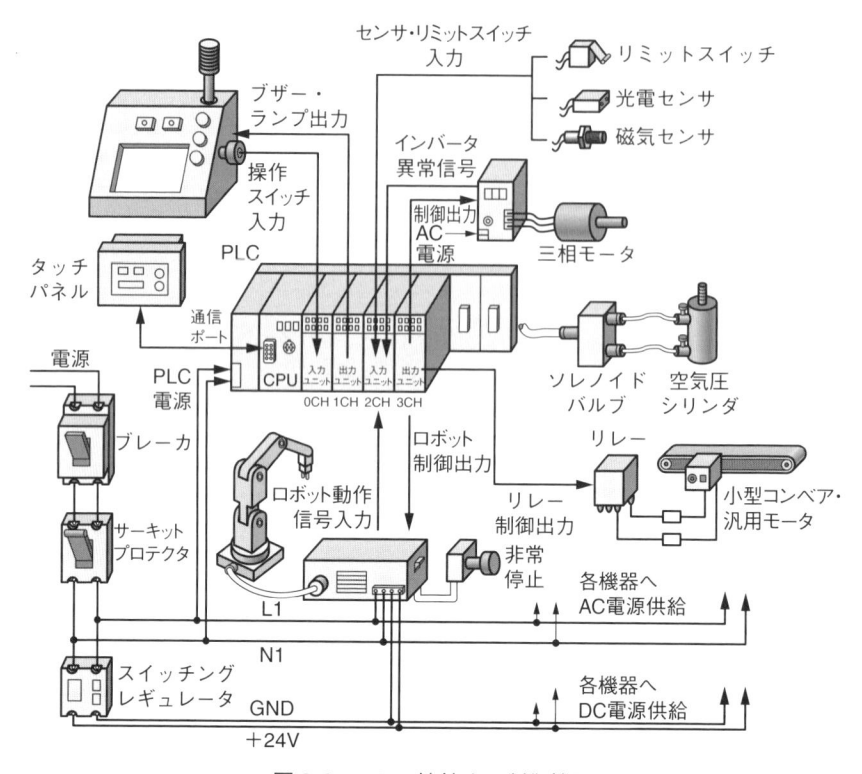

●応用編　自動化装置の構成と複雑なシステムのシーケンス制御

図2-2 PLCに接続する制御機器

すのがPLCの役割です。そして制御プログラムがその動作指令を出すタイミングをつくり出しています。

したがって、当然のことながら、PLCの制御プログラムをどのような形でつくり込むかは機械の動作そのものに直接的に影響してくるのでプログラムのつくり方は非常に重要な要素になります。プログラム次第で機械の能率や使い勝手が大きく左右されるわけです。

このようにPLCには機械装置を構成するほとんどすべての機器の入出力信号が接続され、それらの制御を司っているので、PLCは機械装置の制御の中核的な役割を担っていると言えます。

それでは機械装置を制御するためのプログラムは、どのように構成しておけばよいのか考えてみましょう。図2-1(b)部の機械装置全体をユ

表 2-2 機械装置を構成するユニット

(1)ユニット名	(2)ユニットの機能	(3)ユニットがスタートできる条件
①パレット移送ユニット(フリーフローコンベア)	パレットをコンベアで移送するユニットでパレットストッパによって、作業位置でパレットを位置決めできるようになっている。コンベアに付いている三相誘導モータはインバータで駆動している。	(a)コンベアモータを駆動しているインバータが正常に動作していること (b)パレットストッパが閉じていること
②ロボットハンドリングユニット(多関節ロボット)	配列トレー上ワークをパレットに装入する。さらにワーク位置決め機構上のワークを組み付ける。	(a)ロボット異常がないこと・配列トレー上にワークがあること (b)ロボットの原点復帰が完了していること・配列トレーの位置決めが完了していること
③小型コンベアユニット(部品供給コンベア)	小型ベルトコンベアから流れてくるワークを、ワーク位置決め機構で1個ずつ分離して位置決めする。	(a)コンベアが詰まっていたり、ワークが重なったりしていないこと (b)ワーク位置決め機構が原点位置にあること
④P&Pユニット(2位置間のワーク移動)	ロータリマガジン上のワークを1個ずつかんで、小型ベルトコンベアに移動する。	(a)駆動するモータやシリンダに異常がないこと (b)原点位置に復帰していること
⑤ロータリマガジンユニット(回転テーブルタイプのインデックスユニット)	ロータリマガジンを一定角度ずつ回転して、ロータリテーブルの円周上に配置されているワークを1個ずつP&Pユニットで取り出せるように順番に位置決めするユニット。	(a)マガジン上にワークがあること (b)定位置に位置決めされていること

ニットに分けてみると、表2-2のように①~⑤の5つのユニットから成り立っていると考えることができます。

(1) 装置のスタート条件

これらのユニットは操作盤で、スタートスイッチが押されてから動作を開始します。ところが、機械装置はどんな状態からでもスタートできるわけではありません。それぞれのユニットがスタートするためには表2-2の(3)のような条件が整っている必要があると考えられます。

この条件の中の(a)は各ユニットに異常がないことを示す条件で、(b)は各ユニットが原点位置に復帰しているという条件を意味しています。

このように、単に機械の運転を開始するといっても、各ユニットの状態がわかるようになっていないとスタートできないことになってしまいます。

(2) 作業ユニットの制御と待機信号の受渡し

これらの条件が整って、機械装置の運転が開始すると、それぞれのユニットは動作を開始します。機械的に干渉しない限り、各ユニットが同時に並列して動作するのが効率がよく、理想的です。

前章で述べたようにそれぞれのユニットは独立して動作するようにプログラムするのが一般的ですが、ワークの受渡しがあるときなどには、相手のユニットの動作を待つような待機信号のやりとりも必要になります。たとえば、この装置の中のP&Pユニットでロータリマガジンユニットのワークを小型コンベアユニットにワークを供給する例を考えてみます。ロータリマガジンユニットは回転してワークを位置決めすると、P&Pユニットによってそのワークがつかみ上げられるまで回転しないで待っていることになります。また、小型コンベアユニットのコンベアが満杯であればP&Pユニットはコンベアに空きができるまでワークを供給できませんから動作を停止していなくてはなりません。

(3) 作業ユニットのサイクル停止

自動運転をストップスイッチで停止したときには、各ユニットは残りの作業動作を終えて、原点位置に戻ったところで停止します。このような停止方法はサイクル停止と呼ばれています。

サイクル停止では、次の自動運転をすぐに開始でるように、すべてのユニットが原点位置に戻って終了するようにします。

(4) ベースマシンと作業動作

図2-1の機械装置の最終目的はパレットに対してワークの供給作業を

```
                        ┌─────────┐
                        │  はじめ  │
                        └────┬────┘
                             │
        ┌────────────────────┴────────────────────┐
        │           原点復帰操作                    │
        └────────────────────┬────────────────────┘
                             │
        ┌────────────────────┴────────────────────┐
        │         全ユニット原点停止信号             │
        └────────────────────┬────────────────────┘
                             │
┌──────────────────────────────────────────────────────┐
│  機械装置全体の正常（異常なし）信号                      │
│  （自動運転に支障の出る異常がないことを示す信号）          │
│  異常が出た場合、緊急停止または自動運転停止               │
└──────────────────────────────────────────────────────┘

┌──────────────────────────────────────────────────────┐
│  自動運転開始信号                                      │
│  （スタートスイッチによる自動運転開始）                   │
└──────────────────────────────────────────────────────┘
```

主制御部 / ユニット制御部

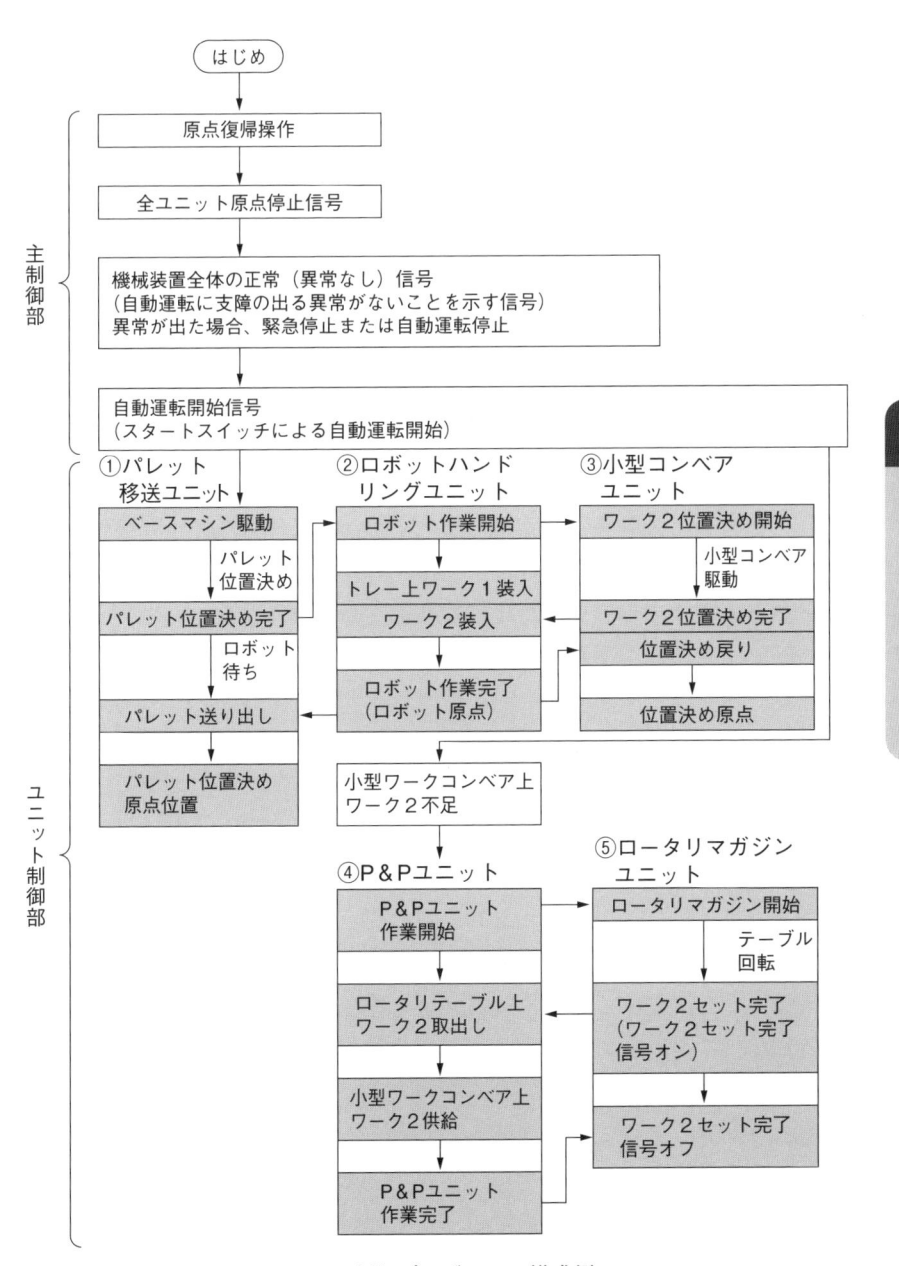

①パレット移送ユニット／②ロボットハンドリングユニット／③小型コンベアユニット／④P&Pユニット／⑤ロータリマガジンユニット

①パレット移送ユニット: ベースマシン駆動 → パレット位置決め → パレット位置決め完了 → ロボット待ち → パレット送り出し → パレット位置決め原点位置

②ロボットハンドリングユニット: ロボット作業開始 → トレー上ワーク1装入 → ワーク2装入 → ロボット作業完了（ロボット原点） → 小型ワークコンベア上ワーク2不足

③小型コンベアユニット: ワーク2位置決め開始 → 小型コンベア駆動 → ワーク2位置決め完了 → 位置決め戻り → 位置決め原点

④P&Pユニット: P&Pユニット作業開始 → ロータリテーブル上ワーク2取出し → 小型ワークコンベア上ワーク2供給 → P&Pユニット作業完了

⑤ロータリマガジンユニット: ロータリマガジン開始 → テーブル回転 → ワーク2セット完了（ワーク2セット完了信号オン） → ワーク2セット完了信号オフ

図2-3 制御プログラムの構成例

2 複雑なシステムの制御方法

することになるので移送コンベアがベースマシンということになります。移送コンベア上でパレットが位置決めされるとロボットが動いて配列トレー上のワーク1と小型コンベアユニット上のワーク2の2つのワークをパレットに装着します。一方、P&Pユニットは小型ベルトコンベアユニットのワーク2が不足するとロータリマガジンユニットからコンベアにワーク2を供給します。

　(1)〜(4)で説明したような動作の制御プログラムをつくるためには、全体の流れを決めるための構成をしっかりとつくることが重要です。**図2-3**にその構成例を示します。全体の構成は主制御部とユニット制御部の2つに大きく分かれます。主制御部では自動運転をスタートする条件（全ユニット原点停止と全ユニット異常なし信号など）が整ったらスタートスイッチで自動運転を開始します。ユニット制御部では自動運転開始信号がオンになっている間、①〜⑤のユニットがお互いに信号を受渡しながら連続して作業を行うようになっています。

　それではこの制御プログラムの構成に従って、具体的な制御プログラムをつくってみましょう。

2.2 主制御部のプログラムのつくり方

　機械の自動運転開始と停止を行う主制御部のプログラムのつくり方を解説します。

　自動運転を開始するには、機械が運転準備完了状態になっている必要があります。たとえば、ロボットは原点位置に復帰していて異常のない運転準備完了状態になっていなくてはなりません。

　運転準備完了とは、機械装置が原点停止していて動作を開始するのに支障となる異常がなく、すぐにスタート信号を受付けられる状態になっていることです。機械装置の原点停止とは、装置を構成している全ユニットが機械的に原点の位置にあることと、それぞれのユニットが制御の上で停止状態にあることの2つのことを意味します。

機械装置の異常は一般異常とユニット異常に分かれます。一般異常としては、非常停止、空圧異常、電圧異常、油圧異常、振動異常、安全センサ作動異常、通信異常、ネットワーク異常、PLC異常などがあります。

　ロボットコントローラから発せられるロボット異常信号やモータをまわすインバータ異常などは、異常を発している装置が組込まれているユニットの異常と考えて一般異常と区別します。

　この関係をまとめたものを**図2-4**に示します。

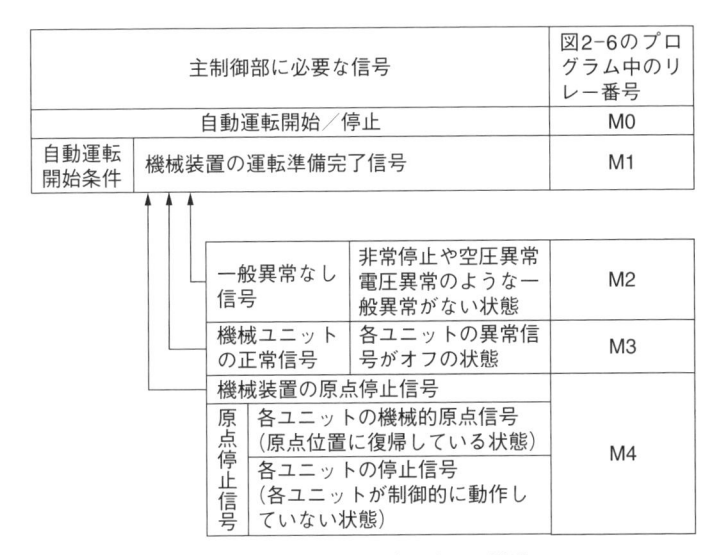

主制御部に必要な信号			図2-6のプログラム中のリレー番号
自動運転開始／停止			M0
自動運転開始条件	機械装置の運転準備完了信号		M1
	一般異常なし信号	非常停止や空圧異常電圧異常のような一般異常がない状態	M2
	機械ユニットの正常信号	各ユニットの異常信号がオフの状態	M3
	機械装置の原点停止信号		
	原点停止信号	各ユニットの機械的原点信号（原点位置に復帰している状態）各ユニットの停止信号（各ユニットが制御的に動作していない状態）	M4

図2-4　主制御部のプログラム構造

　すなわち、自動運転を開始するためには機械装置全体が運転準備完了になっていなくてはならず、運転準備完了になるためには異常が発生しておらず、機械全体が原点で停止していることが必要です。これらの信号をPLCのラダープログラムでつくって、機械装置を安全に起動・停止するのが主制御部の主な役割です。

　次に、主制御部のプログラムの具体的な例を見てみましょう。

　機械装置の操作に必要なスイッチや表示灯を**図2-5**(a)のように操作盤に配置し、(b)のようにPLCの入出力端子に接続してあるものとしま

●応用編　自動化装置の構成と複雑なシステムのシーケンス制御

(a) 操作盤　　　　　(b) PLC入出力割付

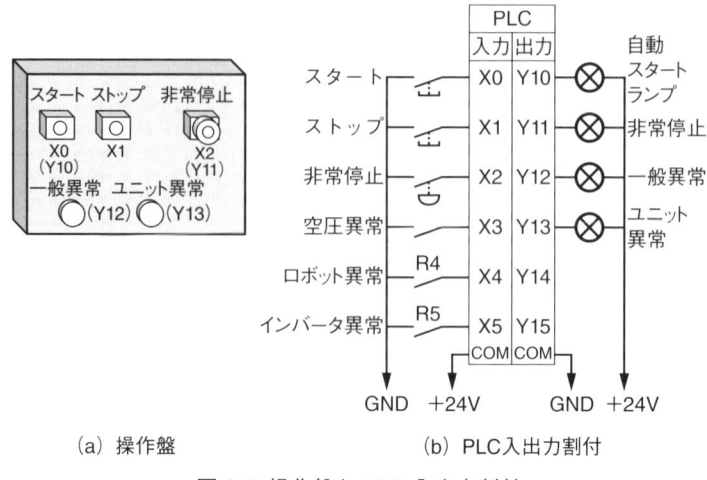

図 2-5 操作盤と PLC 入出力割付

す。自動運転を開始するときに必要な条件は図 2-4 で説明したように、異常がないことと全ユニットの原点停止状態をあらわす運転準備完了信号です。

そこで、運転準備完了信号をあらわす補助リレーを M1、一般異常なし信号を M2、ユニット異常なし信号を M3、原点信号を M4 とすると、M1 は M2、M3、M4 の AND 接続になりますから、M1 は**図 2-6** のプログラムの 2 行目(b)のように記述できます。自動運転を開始するには M1 がオンしていることが条件になりますから、M1 がオンしているときに限ってスタートスイッチ X0 が有効になるように X0 と M1 を AND 接続します。M0 を自動運転開始をあらわす補助リレーとして、この条件を記述したものが図 2-6 の 1 行目(a)のプログラムです。

図 2-5(b) の PLC 入出力割付の中では、一般異常は非常停止と空圧異常の 2 つです。この 2 つが発生していない状態をあらわすリレーとして M2 を 3 行目(c)で使っています。

プログラムの中では M3 をユニット異常としています。

一般異常やユニット異常が、装置全体にかかわる重大な異常にあたるときには運転を中断することが求められます。このときには、1 行目の

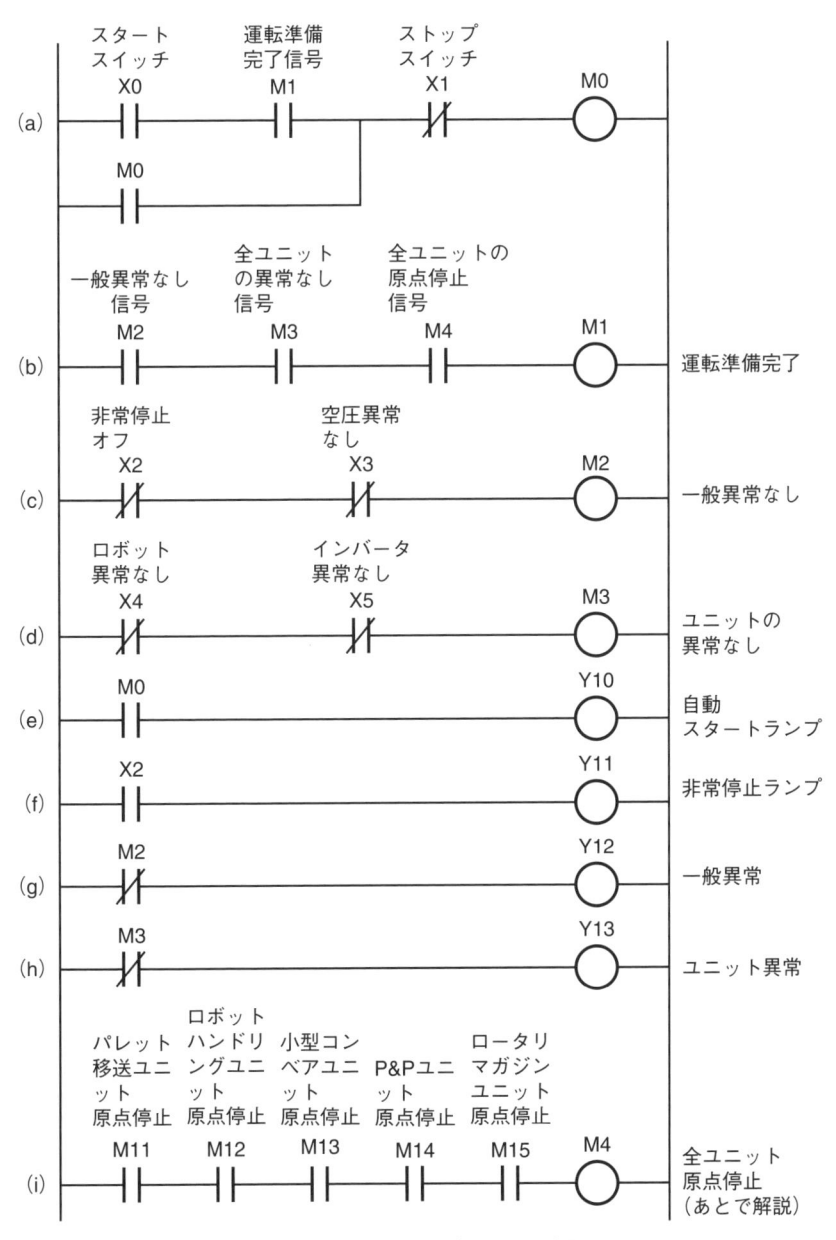

```
         スタート      運転準備      ストップ
         スイッチ      完了信号      スイッチ
          X0          M1          X1          M0
(a) ──────┤├──────────┤├─────┬────┤/├─────────( )──────
          M0                 │
     ─────┤├─────────────────┘

         一般異常なし   全ユニット    全ユニットの
                      の異常なし    原点停止
         信号         信号         信号
          M2          M3          M4          M1
(b) ──────┤├──────────┤├──────────┤├──────────( )────── 運転準備完了

         非常停止      空圧異常
         オフ         なし
          X2          X3                      M2
(c) ──────┤/├─────────┤/├─────────────────────( )────── 一般異常なし

         ロボット      インバータ
         異常なし     異常なし
          X4          X5                      M3
(d) ──────┤/├─────────┤/├─────────────────────( )────── ユニットの
                                                        異常なし
          M0                                  Y10
(e) ──────┤├──────────────────────────────────( )────── 自動
                                                        スタートランプ
          X2                                  Y11
(f) ──────┤├──────────────────────────────────( )────── 非常停止ランプ

          M2                                  Y12
(g) ──────┤/├─────────────────────────────────( )────── 一般異常

          M3                                  Y13
(h) ──────┤/├─────────────────────────────────( )────── ユニット異常

         パレット      ロボット      小型コン              ロータリ
         移送ユニ     ハンドリ     ベアユニ    P&Pユニ    マガジン
         ット         ングユニ     ット         ット       ユニット
         原点停止     ット         原点停止     原点停止    原点停止
                     原点停止
          M11         M12         M13         M14         M15         M4
(i) ──────┤├──────────┤├──────────┤├──────────┤├──────────┤├──────────( )────── 全ユニット
                                                                                原点停止
                                                                                （あとで解説）
```

図 2-6 主制御部のプログラム例

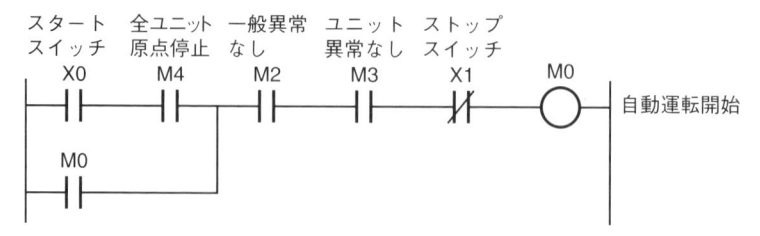

●応用編　自動化装置の構成と複雑なシステムのシーケンス制御

```
  スタート    全ユニット  一般異常    ユニット    ストップ
  スイッチ    原点停止    なし        異常なし    スイッチ
   X0         M4         M2         M3          X1         M0
───┤├────────┤├─────────┤├─────────┤├─────────┤/├────────( )────── 自動運転開始
   │
   M0
───┤├───
```

図2-7　自動運転開始プログラムの修正

M0のプログラムは**図2-7**のように修正します。

この他のユニット異常としては、サーマル異常、カメラ異常、センサ異常などの装置異常、部品なし異常、異品種部品混入異常、部品の位置決め異常などといった部品（ワーク）に関する異常、チャックミス、過負荷異常、動作速度異常、オーバータイムなどというような機械動作に関する異常があります。

これらの異常の中には、機械をその場で停止して、メンテナンスが必要なもの、不良ワークを取り除けばよいもの、そのままつづけて機械を運転してもよいもの、というように異常の種類によって対応が異なることがあります。

次に、機械装置全体の原点停止状態をあらわす補助リレーM4について考えてみましょう。全ユニットが原点位置で停止しているという信号をつくるには、1つひとつのユニットの原点停止信号を集めてくる必要があります。

図2-6のプログラムの一番最後の行(i)では、各ユニットの原点停止信号をAND接続することによって全ユニットの原点停止信号(M4)をつくっています。このM11～M15の各ユニット原点停止信号は各ユニットの動作プログラムから、ユニット毎に原点停止信号をつくったものです。この信号をつくる方法は、次のユニット制御部のプログラムのつくり方の中で解説します。

2.3 ユニット制御部のプログラムのつくり方

　ユニット制御部は、表2-2と図2-3で説明したように①～⑤の5つのユニットに分けられているものとします。

　①のパレット移送ユニットは、自動運転がスタートしたら、パレットを作業位置で停止して位置決めを行います。パレットの位置決めが完了したら、②のロボットの作業が完了するまでそのまま待機します。ロボットの作業が完了したら、位置決めを解放してパレットを次のパレットに交換します。

　②のロボットハンドリングユニットは、①でパレットの位置決めが完了したところでスタートして、トレー上のワーク1をパレットに供給し、つづいて小型のワークコンベア先端のワーク2をパレットに供給します。

　③の小型コンベアユニットは、小型のワーク2用のベルトコンベアを駆動して、ワーク2を次々にコンベアを先端へ運びます。

　④のP&Pユニットは、小型ベルトコンベア上のワーク2が不足したときに、ロータリマガジンからワーク2を取り出して小型ベルトコンベアに供給します。

　⑤のロータリマガジンは、④のP&Pユニットによって供給するワーク2を格納していて、P&Pユニットがスタートしたらインデックスしてワーク2を取出位置に送ります。

🔟 パレット移送ユニットの制御プログラム

　パレット移送ユニットの位置決め機構は**図2-8**のようになっているものとします。このPLC入出力割付図は**図2-9**の通りです。

　ダミー入力スイッチは、メンテナンスやデバッグを行うときなどにパレットの位置決め機構部をサイクル動作させるときに利用するスイッチです。自動運転のときは使いません。

　初期状態ではストッパ1だけが前に出ています。ダミー入力スイッチ

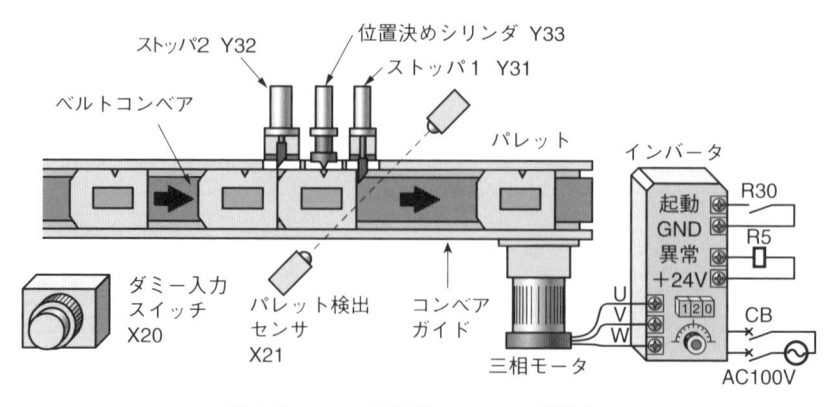

●応用編　自動化装置の構成と複雑なシステムのシーケンス制御

図2-8　パレット移送ユニットの詳細図

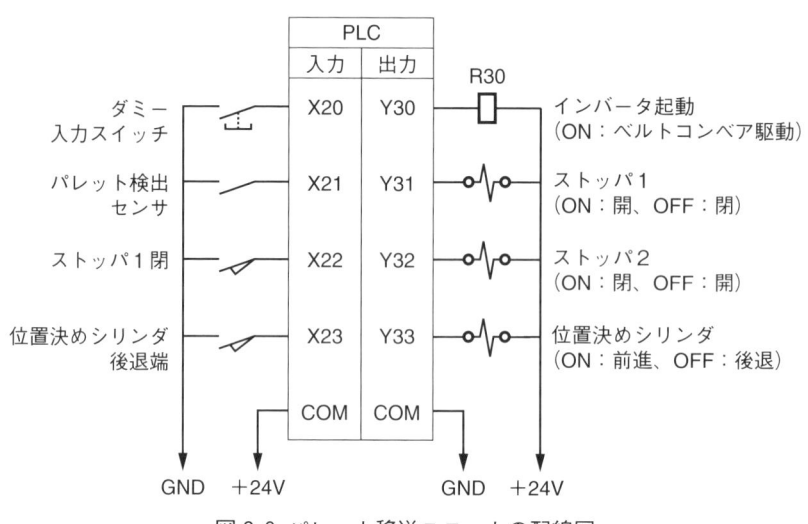

図2-9　パレット移送ユニットの配線図

が押されるか、自動運転開始信号が入ると位置決めの動作を行います。パレットがパレット検出センサ(X21)をさえ切ると位置決めシリンダが前進してパレットをコンベアガイドに押しつけて位置決めします。位置決めと同時にストッパ2も閉じておきます。パレットの位置決めが完了すると、その完了信号でロボットを起動して、ロボットの作業が完了したら位置決めを後退し、ストッパ1も開いて作業が終ったパレットを送り出し、X21がオフしたらストッパ1を閉じてからストッパ2を開いて

(a) 順序制御部

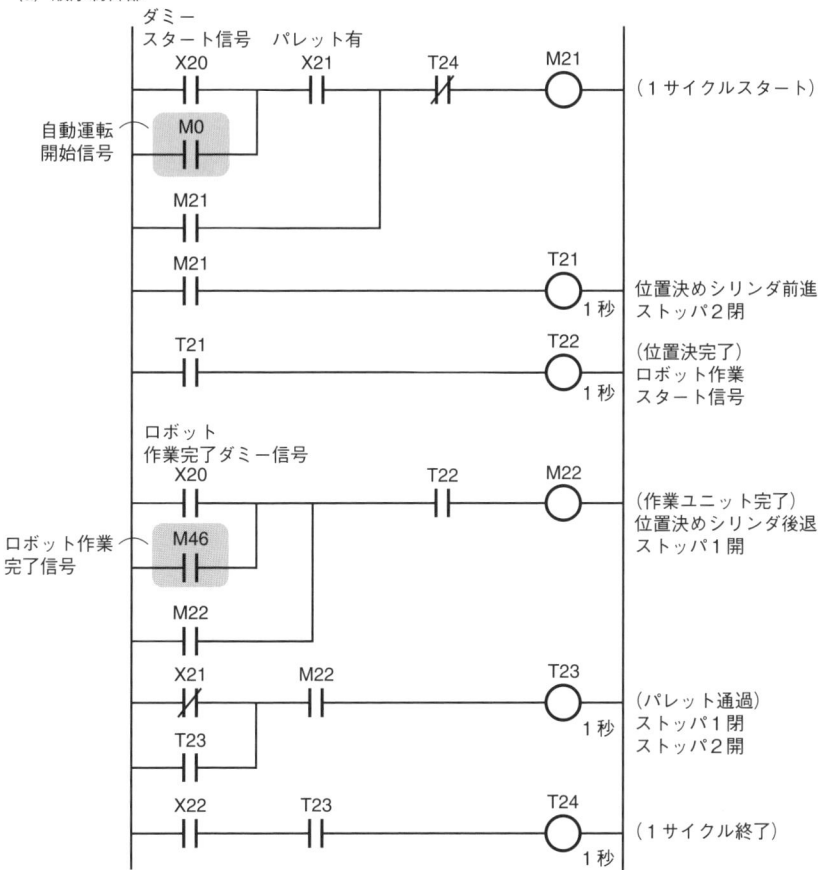

```
          ダミー
          スタート信号  パレット有
          X20          X21       T24                M21
          ─┤├─┬──────┤├────────┤/├──────────( )──    （1サイクルスタート）
  自動運転  M0 │
  開始信号─ ─┤├─┤
              │
          M21 │
          ─┤├─┘

          M21                                        T21
          ─┤├──────────────────────────────────( )──  位置決めシリンダ前進
                                                1秒  ストッパ2閉

          T21                                        T22
          ─┤├──────────────────────────────────( )──  （位置決完了）
                                                1秒  ロボット作業
                                                     スタート信号

          ロボット
          作業完了ダミー信号
          X20                        T22             M22
          ─┤├─┬──────────────────┬──┤├──────────( )── （作業ユニット完了）
  ロボット作業 M46 │                  │                   位置決めシリンダ後退
  完了信号 ─ ─┤├─┤                  │                   ストッパ1開
              │                  │
          M22 │                  │
          ─┤├─┘

          X21          M22                          T23
          ─┤/├─┬──────┤├───────────────────────( )── （パレット通過）
               │                                 1秒 ストッパ1閉
          T23  │                                     ストッパ2開
          ─┤├─┘

          X22          T23                          T24
          ─┤├─────────┤├──────────────────────( )── （1サイクル終了）
                                                1秒
```

(b) 出力部

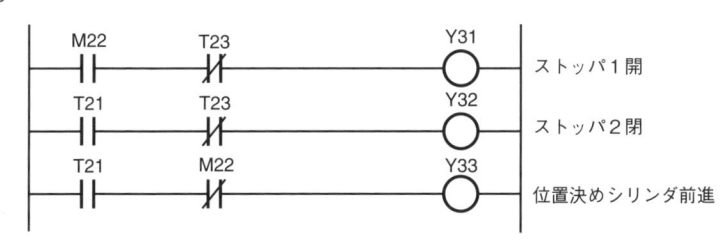

```
          M22          T23                          Y31
          ─┤├─────────┤/├──────────────────────( )── ストッパ1開

          T21          T23                          Y32
          ─┤├─────────┤/├──────────────────────( )── ストッパ2閉

          T21          M22                          Y33
          ─┤├─────────┤/├──────────────────────( )── 位置決めシリンダ前進
```

図2-10 パレットの位置決めとエスケープメント

●応用編　自動化装置の構成と複雑なシステムのシーケンス制御

次のパレットと交換します。この動作を記述した制御プログラムは**図2-10**のようになります。この制御プログラムは動作時間制御型のプログラム構造を使っています。

この装置のベルトコンベアをまわしているモータはインバータで駆動しています。フリーフローラインのコンベアは、異常や非常停止が入っていない間はまわり続けるものとして、**図2-11**のようなプログラムにしておきます。

このユニットの原点停止信号は、**図2-12**のM11のようになります。

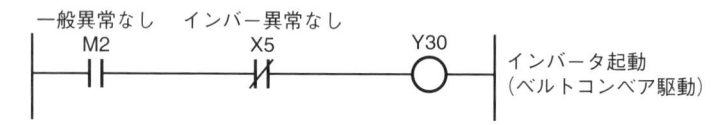

図 2-11　ベルトコンベア駆動プログラム

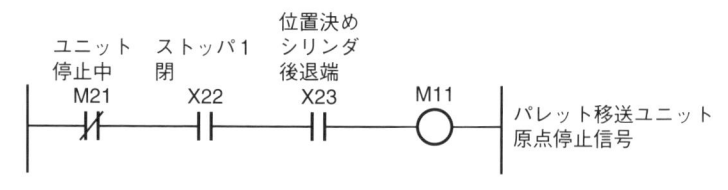

図 2-12　パレット移送ユニットの原点停止信号

2 ロボットハンドリングユニットの制御プログラム

この機械装置のロボットハンドリングユニットの目的はトレー上のワーク1と小型コンベア先端のワーク2を順番にパレットに供給することです。

ロボットコントローラにはあらかじめプログラム2（ワーク1供給）とプログラム3（ワーク2供給）としてプログラムされているものとします。ロボットを制御するときには、もうひとつ、ロボットを原点に復帰するプログラムも必要です。この原点復帰のプログラムは、電源を新たに投入したときや、非常停止などでロボットが中途半端な姿勢で停止しているときなどに、ロボットを安全な初期位置に戻すためのプログラ

表2-3 プログラム番号の選択と動作内容

プログラム番号	動作内容	プログラム選択信号			備考
		PRO-1	PRO-2	PRO-3	
1	原点復帰	ON	OFF	OFF	PRO-1、PRO-2、PRO-3をON/OFFして動作させるプログラム番号を指定してSTART信号を入れるとそのプログラムを実行する
2	パレット上のワーク1供給	OFF	ON	OFF	
3	小型コンベア先端ワーク2供給	ON	ON	OFF	

ムです。ロボットコントローラにはプログラム1（原点復帰）としてプログラムされているものとします。

表2-3にロボットコントローラに書き込まれている3つのプログラムをまとめました。各々のプログラムを実行するにはロボットコントローラの、PRO-1～PRO-3の接点オンオフによって呼び出すプログラム番号を選択してからSTART端子をオンにすると、その選択したプログラムを実行します。

このような信号をPLCで制御するために、PLCとロボットコントローラを図2-13のように配線します。各端子をPLCに接続すると、START端子、PRO-1端子、PRO-2端子、PRO-3端子をオンにするには、それぞれ、PLCのY34、Y35、Y36、Y37の出力をオンにすればよいことになります。

たとえば、プログラム1（原点復帰）をするのであればPRO-1端子(Y35)だけをオンにしておいて、スタート端子(Y34)をオンにします。

プログラム3を呼び出すにはPRO-1(Y35)とPRO-2(Y36)をオンにしてからSTART信号(Y34)を入れます。

一方、PLCでロボットを制御するにはロボットの動作状況がわからなくてはなりません。たとえば、ロボットに異常や非常停止がなく、動作可能になっているときにはREDY信号がオンになります。プログラムが実行されて、ロボットが動作しているときにはBUSY信号がオンになります。

最低限この2つのREADYとBUSYの信号があればロボットの動作

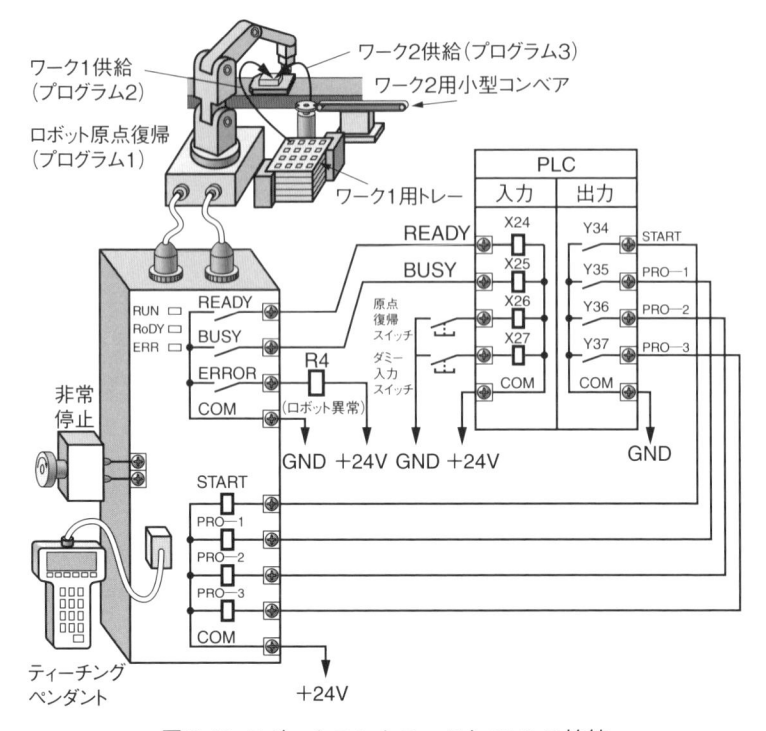

●応用編　自動化装置の構成と複雑なシステムのシーケンス制御

図2-13 ロボットコントローラとPLCの接続

状態がわかるので、図2-13のようにPLCのX24とX25にREADY端子とBUSY端子を接続しておきます。

ロボット入出力信号の外部機器とのやり取りは、ロボットの取扱説明書で確認します。ロボットを動作させる信号のオン／オフのタイミングはタイムチャートなどを使ってあらわされています。

いま仮に、このロボットの入出力信号が図2-14のようなタイムチャートになっているものとして、PLCの制御プログラムをつくってみます。

まず、ロボットに電源を入れてREADY状態になったら、原点復帰を行います。すなわち、X24がオンしたら、原点復帰スイッチ（X26）でプログラム1（原点復帰）を起動するわけです。このプログラムを図2-15に示します。

信号名	タイムチャート

電源投入後10秒以内にREADY信号オン　　　非常停止または
　　　　　　　　　　　　　　　　　　　　　ERROR信号

[ロボット準備完了信号] READY

プログラム1選択　　　　プログラム3選択
(PRO-1:ON)　　　　　　(PRO-1:ON, PRO-2:ON)

[プログラム選択用] PRO-1
　　　　　　　　　 PRO-2

　　　　　　0.1秒以上あけて　　 0.1秒以上
　　　　　　START信号オン

[プログラム実行用] START

　　　　　0.1秒以内　　　　　0.1秒以内

[動作中信号] BUSY

プログラム1動作中

プログラム1動作開始　　プログラム3動作開始　プログラム3動作完了
〔BUSY信号がオンしたら、START・PRO-0・PRO-1の信号はオフにする〕
　　　　　　　　　　プログラム1動作完了

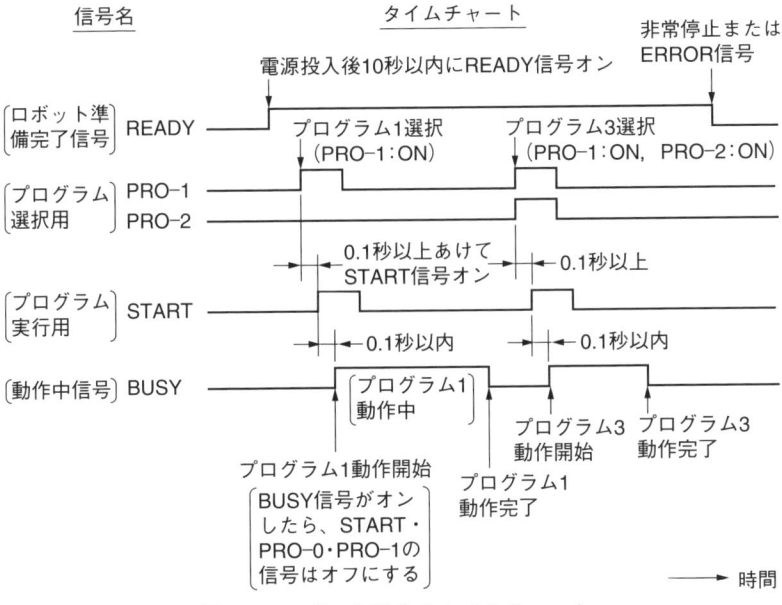

→ 時間

図 2-14 ロボット動作のタイムチャート

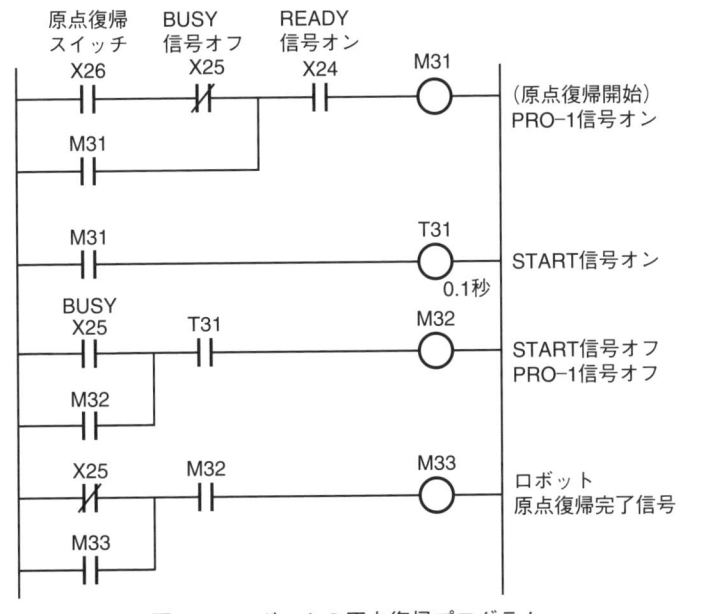

```
原点復帰      BUSY      READY
スイッチ      信号オフ   信号オン
 X26         X25        X24         M31
──┤├────┤/├────┤├────────( )──── (原点復帰開始)
                                      PRO-1信号オン
 M31
──┤├──

 M31                              T31
──┤├──────────────────────( )──── START信号オン
                                   0.1秒
 BUSY
  X25        T31                  M32
──┤├────┤├──────────────( )──── START信号オフ
                                      PRO-1信号オフ
 M32
──┤├──

 X25        M32                   M33
──┤/├────┤├──────────────( )──── ロボット
                                      原点復帰完了信号
 M33
──┤├──
```

図 2-15 ロボットの原点復帰プログラム

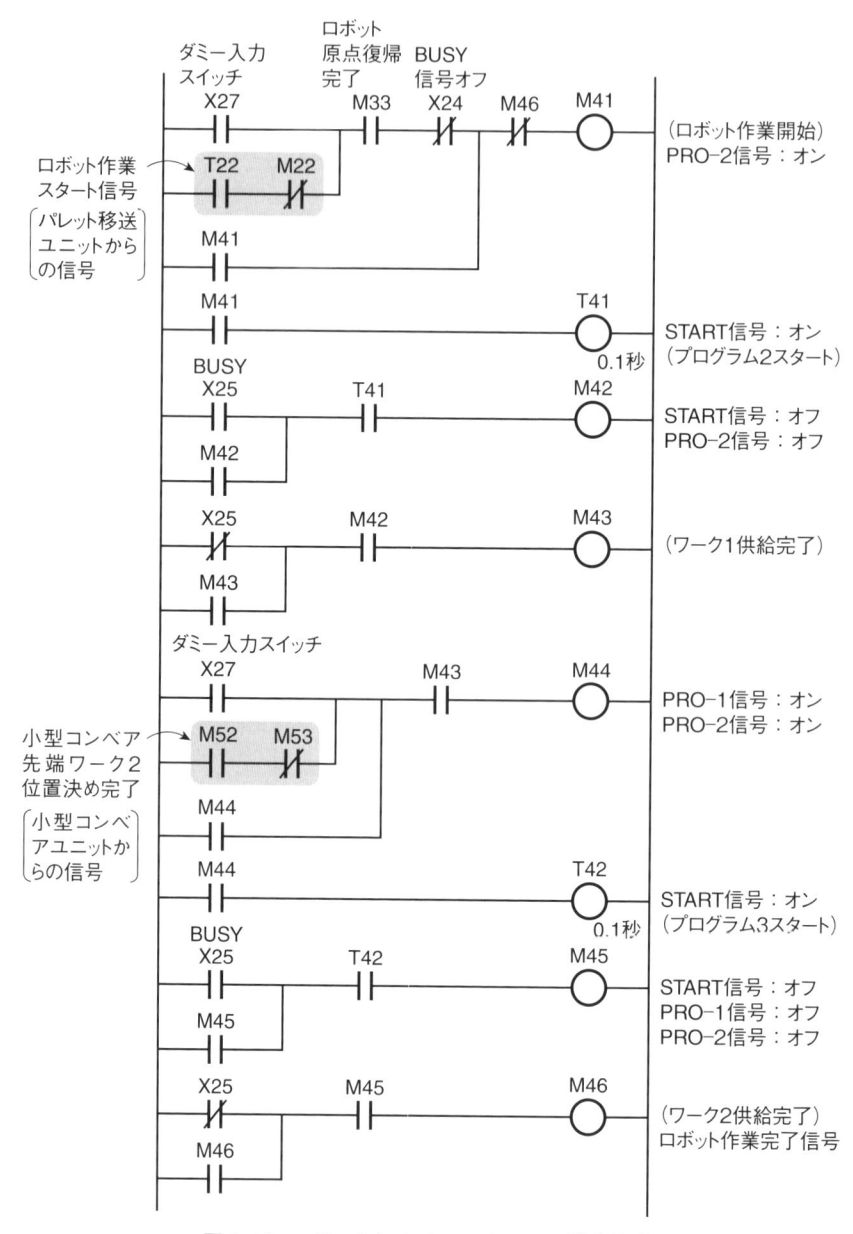

●応用編　自動化装置の構成と複雑なシステムのシーケンス制御

図2-16　ロボットによるワーク1、2供給作業

次にロボットによってワーク1、ワーク2を順番に供給するには、プログラム番号2と3を順に呼び出せばよいので、図2-16のようなラダープログラムにします。出力部のプログラムは図2-17にまとめて記述してあります。

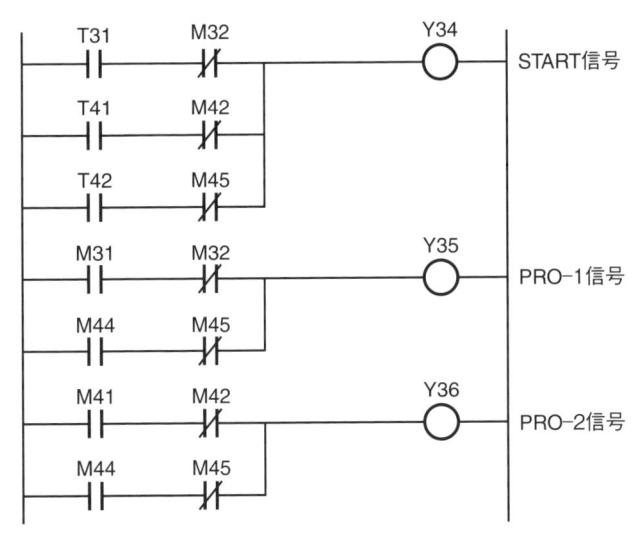

```
    T31    M32              Y34
────┤├─────┤/├──────────────(  )──── START信号
    T41    M42
────┤├─────┤/├──┤
    T42    M45
────┤├─────┤/├──┤

    M31    M32              Y35
────┤├─────┤/├──────────────(  )──── PRO-1信号
    M44    M45
────┤├─────┤/├──┤

    M41    M42              Y36
────┤├─────┤/├──────────────(  )──── PRO-2信号
    M44    M45
────┤├─────┤/├──┤
```

図2-17 ロボットハンドリングユニットPLC出力部のプログラム

　ロボットの原点復帰が完了して、ロボットが停止しているとき（BUSY信号がオフのとき）にロボット作業スタート信号が入ると、まずプログラム2を実行します。つづいて、小型コンベアユニットの先端にある位置決め機構でワーク2が位置決めされていたら、プログラム3を実行して、そのワーク2をパレットに供給します。この一連の動作が完了するとロボット作業完了信号M46が1スキャンだけオンして、ロボット作業開始信号M41をオフにします。このロボットハンドリングユニットの原点停止信号M12は図2-18のようになります。

```
    M33    M41    X24    X25    M12
────┤├─────┤/├────┤├─────┤/├────(  )──── ロボットハンドリング
                                         ユニット原点停止信号
```

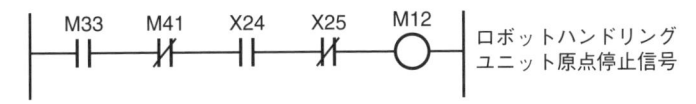

図2-18 ロボットハンドリングユニットの原点停止信号

●応用編　自動化装置の構成と複雑なシステムのシーケンス制御

3 小型コンベアユニットの制御プログラム

　小型コンベアユニットは図 2-19 のような構成になっていて、目的は、小型コンベアで連続して送られてくるワーク 2 を回転治具で 1 つずつ分離して位置決めし、ロボットハンドリングユニットのチャックで取り出せるようにすることです。

　小型コンベアで送られてきたワーク 2 は、回転治具の溝部に足が入って、その状態を回転治具上ワーク検出センサ（X29）で検出すると、回転治具が 180°回転してワーク 2 をコンベアの反対側で位置決めします。図 2-19 の回転治具はロータリアクチュエータで 180°回転したところをあらわしています。回転治具がこの位置に来たことを検出するために、リミットスイッチ（X2A）が付けられています。ロボットによるワーク 2 の取出しが完了すると回転治具はさっきとは反対向きに 180°回転して、溝がちょうどコンベアの先端に来る位置で停止します。

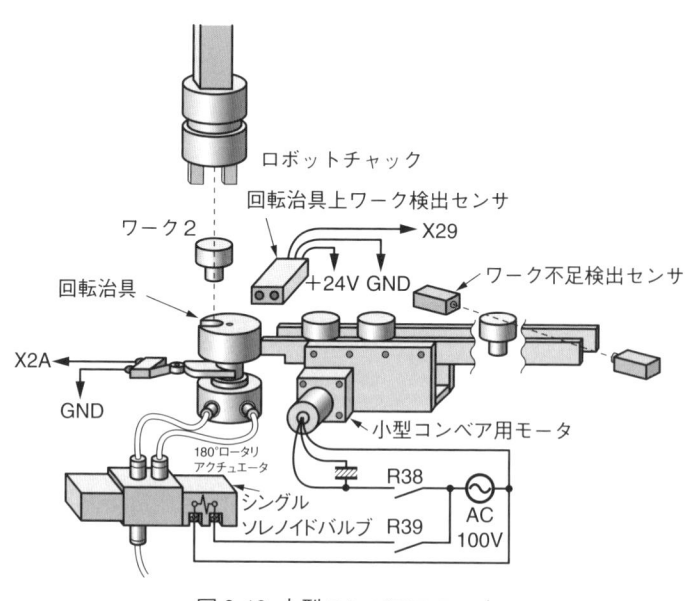

図 2-19　小型コンベアユニット

PLC との入出力割付は図 2-20 のようにしてあります。コンベアモータとソレノイドバルブは AC100V タイプを選定して、リレーを介して動作させています。

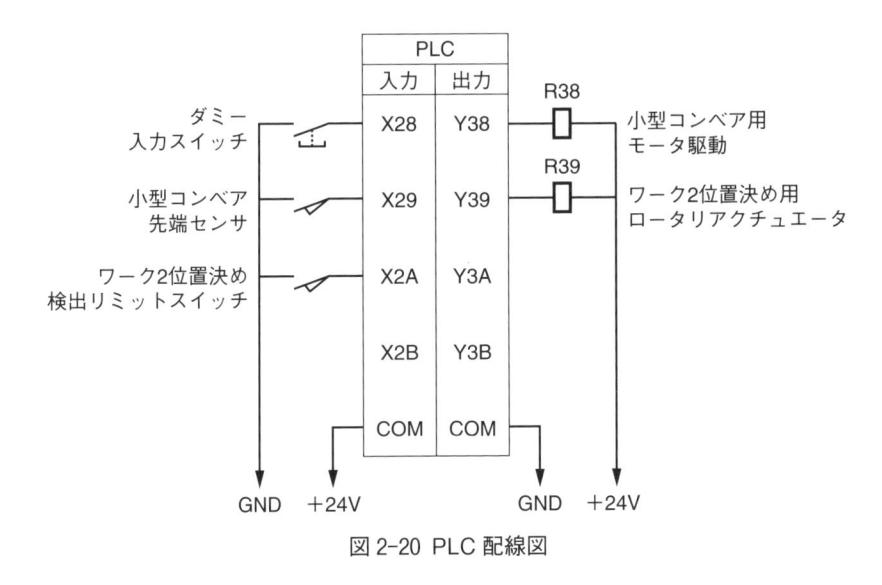

```
              ┌─────────────┐
              │    PLC      │
              │ 入力  出力  │
ダミー         │            │  R38    小型コンベア用
入力スイッチ ──┤ X28   Y38 ├──▭──── モータ駆動
              │            │  R39
小型コンベア   │            │         ワーク2位置決め用
先端センサ  ──┤ X29   Y39 ├──▭──── ロータリアクチュエータ
              │            │
ワーク2位置決め │           │
検出リミットスイッチ┤X2A  Y3A │
              │            │
              │ X2B   Y3B  │
              │            │
              │ COM   COM  │
              └──┬─────┬───┘
                 │     │
                GND  +24V      GND  +24V
```

図 2-20 PLC 配線図

　小型コンベアユニット全体の制御プログラムは図 2-21 のようになります。

　図の中の四角で囲んだ部分はロボットハンドリングユニットから受け取る信号です。また、ワーク 2 の位置決めが完了した M52 の信号はロボットハンドリングユニットの中でプログラム 2 の起動の条件として利用されます。

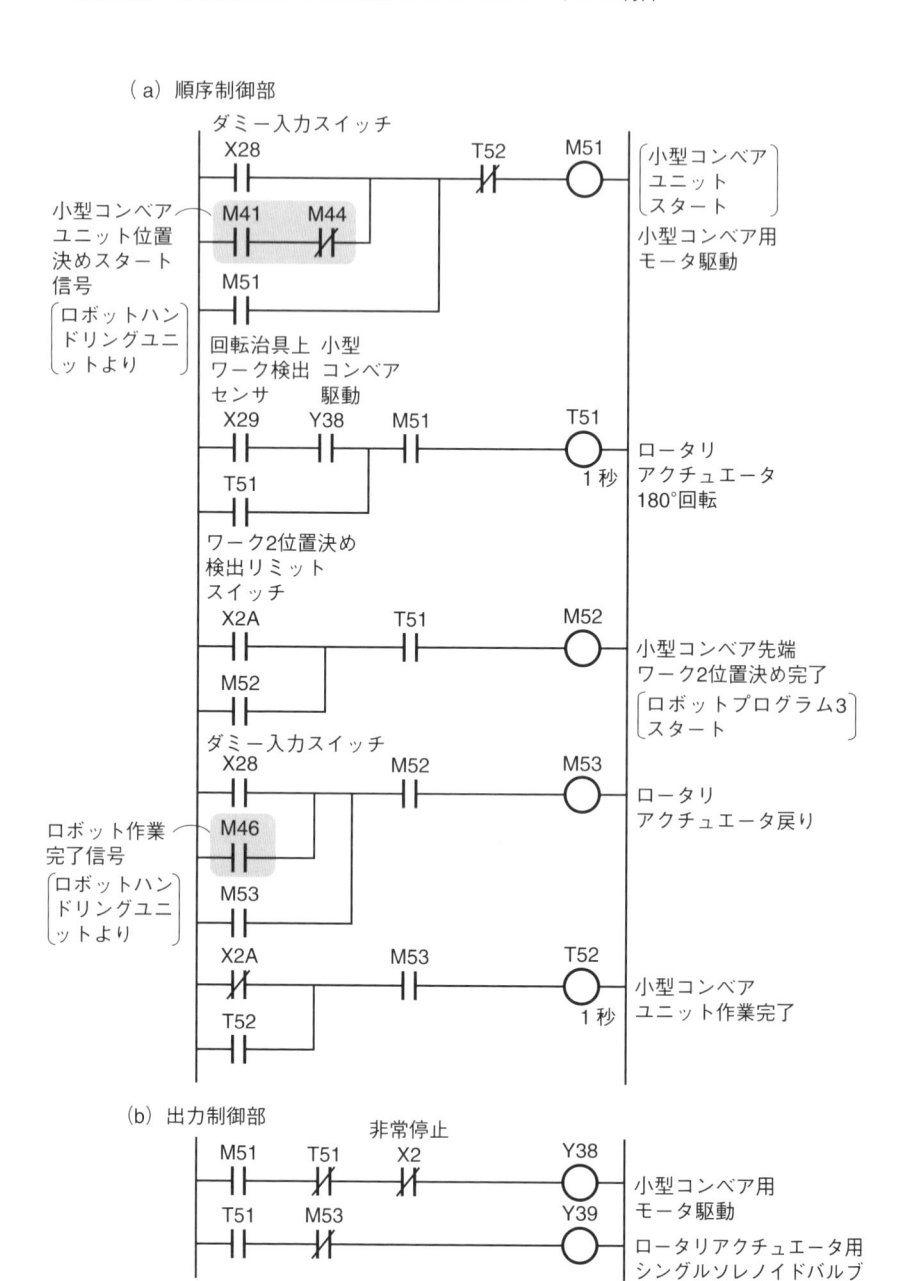

●応用編　自動化装置の構成と複雑なシステムのシーケンス制御

（a）順序制御部

図 2-21　小型コンベアユニット制御プログラム

```
     M51    X2A                M13
──────┤/├────┤/├─────────────────( )───────   小型コンベアユニット
                                              原点停止信号
```

図 2-22 小型コンベアユニット原点停止信号

　小型コンベアユニットの原点停止信号は**図 2-22** のようになります。

　なお、P&P ユニットとロータリマガジンユニットに関しましては省略させて頂きます。

2.4 システム全体を制御するプログラムの構成

　ここまで主制御部と装置を構成する各ユニットの具体的な制御プログラムのつくり方を紹介してきましたが、そのまとめとして、全体のプログラムがどのようになっているかを見ておきましょう。

　PLC プログラムの中で利用したリレーコイルの割付は**表 2-4** のようになっています。このように各部分で使うリレーの番号を分けておくと、プログラムが見やすくなり、デバッグやメンテナンスも楽にできる

表 2-4 PLC プログラムで利用したリレー割付

リレー割付	主制御部	ユニット制御部		
		①パレット移送	②ロボットハンドリング	③小型コンベア
入力リレー	X0〜X5	X20〜X23	X24〜X27	X28〜X2A
出力リレー	Y10〜Y15	Y30〜Y33	Y34〜Y37	Y38〜Y3A
補助リレー	M0〜M19	M21〜M29	原点復帰 M31〜M39 作業プログラム M41〜M49	M51〜M59
タイマ	T0〜T19	T21〜T29	原点復帰 T31〜T39 作業プログラム T41〜T49	T51〜T59
原点停止信号	—	M11	M12	M13

●応用編　自動化装置の構成と複雑なシステムのシーケンス制御

ようになります。

　たとえば、部品2を供給する小型コンベアが動かないというトラブルであれば、この表2-4の③の列にある出力リレーに着目し、コンベアを動かしている出力リレーY39を見つけ出します。そして、図2-21の小型コンベアの制御プログラムのY39のリレーコイルの出力が出ていないとすれば、M51かT51かX2のいずれかの不具合によって小型コンベアが、止まっているということがすぐにわかります。このときに使われている補助リレーやタイマは表2-4の範囲のものですから、すぐにその場所を見つけることができるでしょう。

　図2-23はここまでの制御プログラムを重要なリレー番号とともにブ

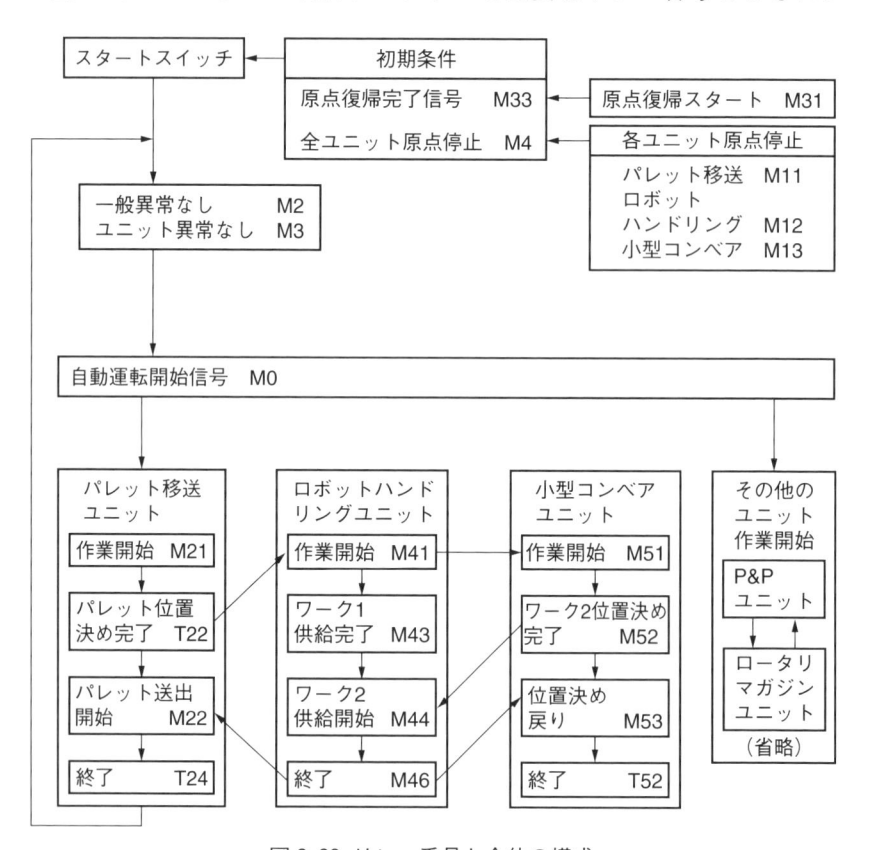

図2-23　リレー番号と全体の構成

ロック表示したものです。自動運転開始信号から上が主制御部で、下がユニット制御部になります。

このシステムの制御は図2-3でだいたいの制御プログラムの構造を決めてから、具体的につくり込んでいったので、図2-3の構成と図2-23を比較してみると、ほぼ同じ構造でより具体的になっていることがわかります。

このようにして複雑なシステムであっても、機械装置全体を機能ごとに独立したユニットとして分割し、ユニット毎にていねいに動作プログラムをつくり込んでいくことが重要です。ユニット毎の動作を記述できれば、ユニット同士で制御信号を受け渡すことによって図2-23に示した例のように全体のプログラムをつくることができるようになります。

本章で紹介したPLC制御はフリーフロー型自動化装置を対象にしましたが、制御プログラムのつくり方や考え方は、ほとんどの機械装置に共通して使えます。

1章で述べたインデックス型自動機の制御プログラムの構造を見直してもらえば、やはり同じように機能ごとにわけたユニットの制御プログラムが動作の基本になっていることがわかります。

機械装置の制御プログラムをつくるときには、装置全体を動かすことを考える前に、装置がどのような機構のユニットから成り立っているのかを見極めることが重要です。

そしてそのユニットごとの制御を核として考えて全体を構築するようにすればうまくいきます。言い換えると、制御装置や制御プログラムをつくるためには機械そのものの動作や構造まで理解しなくてはなりません。

単なる制御屋やプログラマで終わらずに優秀な制御技術者になるためには、機械装置の構造や動作の特徴などを見る目を養うことが必要です。

機械の動作に不具合を見つけたときに、機械を調整するのかプログラムを修正するのかを的確に判断できなくてはならないわけです。

機械装置とひとことで言っても現代の機械装置の多くは電子制御の機

械になっていて制御プログラムがなければ動作しないものであふれています。その制御の中核的な役割を果たすPLCによる制御技術の重要度は今後ますます高くなっていくことでしょう。

索 引

数
- 10 進数 …………………………… 93
- 16 進数 …………………………… 92
- 2 進数 ……………………………… 94

欧
- A/D 変換 ………………………… 140
- ACC ……………………………… 150
- ASCII コード表 ………………… 162
- a 接点 ……………………………… 7
- BCD ……………………………… 93
- BIN データ ……………………… 92
- b 接点 ……………………………… 7
- CC リンク ……………………… 168
- CMP ……………………………… 98
- COM ポートの設定 …………… 162
- CPU ユニット …………………… 78
- c 接点 ……………………………… 7
- D/A 変換 ………………………… 140
- DIFD ……………………………… 69
- DIFU ……………………………… 69
- Excel ……………………………… 156
- Excel を使った通信 …………… 156
- G.OUTPUT ……………………… 159
- I/O メモリ ………………………… 78
- I/O リフレッシュ ………………… 80
- INI ………………………………… 150
- JIS 記号 …………………………… 16
- MOV ………………………… 94, 146
- ORG ……………………………… 150
- PLC ………………………………… 41
- PLC ネットワーク ……………… 165
- PLF ………………………………… 69
- PLS ………………………………… 69
- PULS ……………………………… 150
- RST ……………………………… 111
- RXD ……………………………… 162
- SET ……………………………… 111
- TXD ……………………………… 162
- Visual Studio …………………… 157

ア
- アクチュエータ …………………… 19
- アップダウンカウンタ …………… 23
- アナログ出力 …………………… 140
- アナログ入力 …………………… 140
- 異常 ……………………………… 213
- 異常の種類 ……………………… 216
- 位置制御ユニット ……………… 149
- 一般異常 ………………………… 213
- イベント順序制御型 ……… 100, 134
- インターフェイス機能 …………… 11
- インデックス型自動機 …… 185, 187
- 運転準備完了 …………………… 212
- エスケープメント ……………… 203
- エンドコード …………………… 162
- オーバーラン ……………………… 61
- オープンフィールドネットワーク
  …………………………………… 168
- オンディレイタイマ ………… 21, 63

カ
- 回転角度分割機構 ……………… 186
- カウンタ …………………… 23, 39, 67
- 機能スイッチ …………………… 143
- 近接センサ ………………… 60, 61, 68
- 空気圧回路図 …………………… 28
- 空気圧シリンダ ………………… 57
- 空気圧制御 ……………………… 28
- 計測器のシリアル通信ポート …… 162
- 減算カウンタ ……………………… 23
- 原点停止 ………………………… 212
- 原点復帰 …………………… 152, 220
- 高機能ユニット ………………… 139
- 高速カウンタ ……………………… 23
- 光電センサ ……………………… 73
- コンフィグレーションソフトウェア
  …………………………………… 152

サ
- サーキットブレーカ ……………… 25
- サーマルリレー …………………… 25

233

サイクル停止	210
作業ステーション	198
作業ユニットの開始信号	197
作業ユニットの終了信号	190
三相誘導モータ	19, 25
シーケンサ	41
シーケンス制御	2
時系列制御方式	99
自己保持回路	13, 36
姿勢信号制御型	104
姿勢制御型	99
自動運転開始	212
自動運転開始信号	201
自動化装置	175
自動機	175
自動スタート	191
シャトル型半自動機	181
終了信号	196
主制御部のプログラム	213
出力ポート	47
出力リフレッシュ	81
出力リレー	47
受信バファ	160
順序制御	2
常開接点	7
状態遷移制御型	100, 120, 180, 193
常閉接点	7
シリアル通信	158
真空発生器	30
シングルソレノイドバルブ	35, 57
スイッチ	16
数値演算命令	95
スキャン	81
スキャンタイム	56
スキャンタイム	81
ステージ型半自動機	177
スプール	28
積算タイマ	23
接点容量	9
セット・リセット命令	111
セル生産方式	176
センサ	16

送信バファ	160
タ	
ターミネータ	162
タイマ	19, 39, 63
タイムチャート	21, 64, 222
タッチパネル	154, 206
ダブルソレノイドバルブ	181
単相誘導モータ	19
単動エアシリンダ	30
直流モータ	19
通信設定	159
通信用のコンポーネント	157
データ転送命令	94
データメモリ	92
手作業	196
手順あり通信	158
デテント	31, 181
デバイスネット	170
デバッグ	175
手をはさみ込む事故	178
電気回路として解析する方法	87
電磁弁	19
電磁リレー	6
動作時間制御型	100, 112
ナ	
内蔵位置制御ユニット	150
ナイフスイッチ	25
ニーモニック	53, 78
ニーモニック言語	53
入出力割付図	48
入力条件制御方式	99
入力ポート	45
入力リフレッシュ	80
入力リレー	45
ハ	
バファメモリ	145, 152
パルス信号	69, 73
パルス信号制御型	99, 108, 185
パルス発生命令	69
パルス命令	73
パルス列信号	149
パルス列制御	151
バルブ	28

パレットの位置決め ……………… 217
反射制御型
　………… 99, 101, 180, 182, 191
比較演算命令 …………………… 98
表示器 …………………………… 19
表示灯 ……………………… 19, 64
ブザー …………………………… 19
フリーフローコンベア ………… 198
フリーフローライン …………… 206
フリーフローライン型自動機 …… 199
プログラマブルコントローラ …… 41
プログラミングコンソール ……… 56
分解能 …………………………… 140
ベース装着タイプ ……………… 139
方向制御弁（2方弁）…………… 28
方向制御弁（3方弁）…………… 30
方向制御弁（4方弁）…………… 31
補助リレー …………………… 62, 71

● マ
マイナスの数 …………………… 93
マグネットスイッチ ……………… 25
無手順通信 ……………………… 158

● ヤ
誘導負荷 ………………………… 9
ユニット異常 ……………… 213, 216

● ラ
ラダー図 …………………… 42, 53
ラダープログラム ……………… 42
ラダープログラムの演算 ………… 80
両手押ボタンスイッチ ………… 177
リレー番号 ……………………… 8
リンクリレー …………………… 167
リンクレジスタ ………………… 167
ローラコンベア ………………… 205
ロボットコントローラ ………… 220
ロボット作業完了信号 ………… 225
ロボットを動作させる信号 …… 222
論理演算で解析する方法 ………… 89

● ワ
ワード …………………………… 92

235

■著者紹介
熊谷英樹（くまがいひでき）
慶應義塾大学電気工学科卒業、同修士課程修了。東京大学大学院博士後期課程単位取得退学。現在、株式会社新興技術研究所専務取締役、日本教育企画株式会社代表取締役、NPO法人自動化推進協会理事、神奈川大学非常勤講師、山梨県立産業技術短期大学校非常勤講師などを勤める。

■主な著書
『MATLABと実験でわかるはじめての自動制御』（2008 日刊工業新聞社）『はじめてつくるVisual C# 制御プログラム』（2007 日刊工業新聞社）『PLC 制御基礎のきそ』（2007 日刊工業新聞社）、『シーケンス制御を活用したシステムづくり入門』（2006 森北出版）、『必携 シーケンス制御プログラム定石集』（2003 日刊工業新聞社）、『はじめての油圧システム』（2009年技術評論社）、『基礎からの自動制御と実装テクニック』（2011 年技術評論社）、『事故を未然に防ぐ安全設計とリスク評価』（2011 年技術評論社）ほか多数。

現場の即戦力
使いこなすシーケンス制御

2009年4月25日 初版 第1刷発行
2016年10月15日 初版 第4刷発行

●装丁　　田中望
●組版　　美研プリンティング㈱

著　者　熊谷英樹
発行者　片岡巌
発行所　株式会社 技術評論社
　　　　東京都新宿区市谷左内町21-13
　　　　電話 03-3513-6150　販売促進部
　　　　　　 03-3267-2270　第三編集部
印刷／製本　株式会社加藤文明社

定価はカバーに表示してあります。

本書の一部または全部を著作権法の定める範囲を超え、無断で複写、複製、転載、テープ化、ファイル化することを禁じます。

©2009　熊谷英樹

造本には細心の注意を払っておりますが、万一、乱丁（ページの乱れ）や落丁（ページの抜け）がございましたら、小社販売促進部までお送りください。送料小社負担にてお取り替えいたします。

ISBN978-4-7741-3780-3　C3054
Printed in Japan

■お願い
　本書に関するご質問については、本書に記載されている内容に関するもののみとさせていただきます。本書の内容と関係のないご質問につきましては、一切お答えできませんので、あらかじめご了承ください。また、電話でのご質問は受け付けておりませんので、FAXか書面にて下記までお送りください。
　なお、ご質問の際には、書名と該当ページ、返信先を明記してくださいますよう、お願いいたします。

宛先：〒162-0846
　　　株式会社技術評論社　書籍編集部
　　　「使いこなすシーケンス制御」質問係
　　　FAX: 03-3267-2271

　ご質問の際に記載いただいた個人情報は質問の返答以外の目的には使用いたしません。また、質問の返答後は速やかに削除させていただきます。